中国石油勘探开发梦想云研究与应用

杜金虎　杨剑锋　张仲宏　等编

石油工业出版社

内 容 提 要

本书是中国石油勘探开发梦想云技术总结，共收录了论文20篇，包括平台技术篇、集成开发篇和应用实践篇，系统介绍了梦想云研发背景、关键技术、平台功能及其规模应用的成果成效，展望了平台技术和应用的前景，对推动石油石化行业实现数字化转型及智能油气田建设具一定的指导作用。

本书可供石油企业读者全面系统地了解石油行业信息化前沿技术的最新发展和应用情况，为石油及其能源相关企业领导和从事业务管理、生产运行、科学研究和信息化建设等方面的相关人员提供学习和参考。

图书在版编目（CIP）数据

中国石油勘探开发梦想云研究与应用/杜金虎等编
. — 北京 ：石油工业出版社，2020. 1
ISBN 978-7-5183-3777-4

Ⅰ. ①中… Ⅱ. ①杜… Ⅲ. ①云计算-应用-油气勘探-中国-文集②云计算-应用-油田开发-中国-文集
Ⅳ. ①TE-39

中国版本图书馆 CIP 数据核字（2019）第 264683 号

中国石油勘探开发梦想云研究与应用
杜金虎　杨剑锋　张仲宏 等编

出版发行：石油工业出版社
（北京安定门外安华里 2 区 1 号楼　100011）
网　址：www. petropub. com
编辑部：（010）64523736
图书营销中心：（010）64523633
经　销：全国新华书店
印　刷：北京中石油彩色印刷有限责任公司

2020 年 1 月第 1 版　2020 年 1 月第 1 次印刷
787×1092 毫米　开本：1/16　印张：13
字数：270 千字

定价：150. 00 元
（如发现印装质量问题，我社图书营销中心负责调换）

《中国石油勘探开发梦想云研究与应用》
编　委　会

前　言

勘探开发梦想云是中国石油具有独立自主知识产权的智能共享平台，是国内油气行业主营业务第一个智能云平台，在中国石油信息化建设史上具有重要的里程碑意义。

中国石油上游业务信息化建设始于20世纪80年代，历经了分散建设、集中建设、集成建设、共享服务建设多个阶段，从数据库到系统、单一应用到集成、竖井到平台。到“十二五”末，基本建成了从作业区、采油气厂、油气田公司到股份公司，涵盖勘探开发全业务链的信息化支撑体系，在量化决策、降本增效、增储上产、提高效率、转变生产组织模式等方面取得重要成效。受当时技术条件的限制，且信息化工作的不断展开，数据多头录入、标准不统一、功能重复开发、信息与业务融合不紧密等问题逐步显现，数据库多、平台多、孤立应用多的“三多”现象日趋突出，部分油田统建、自建系统多达上百个，接口上千个，数据难以共享、业务无法协同。然而，纵观国际信息化发展的大趋势，信息化发展进入了一个新时代，平台化共享应用成为信息化发展的主要趋势，模块化、迭代式、敏捷开发成为现代信息化建设重要标志，智能油气田是上游业务信息化发展方向，智能协同成为生产与研究的主流方向。

面对日趋复杂的地下与地面条件，日趋严峻的勘探开发形势，基于“三多”现状分析及国际信息化行业最佳实践的调研，“十二五”末，中国石油勘探与生产分公司积极践行中国石油“共享中国石油”的发展战略，按照“业务驱动，需求导向”的建设理念，创新提出了以“两统一、一通用”为核心的建设蓝图，重点是建设统一数据湖和统一技术平台，搭建油气勘探、开发生产、协同研究、生产运行、经营管理和安全环保六大通用业务应用，实现上游业务“四个一”，即“一朵云、一个湖、一个平台、一个门户”，支撑“油公司”模式改革和一流综合性国际能源公司建设。

勘探开发梦想云项目一期建设以“两统一”为重点，在此基础上构建勘探业务协同研究应用环境，驱动、验证勘探开发梦想云落地，于2016年7月启动，历经专家论证、需求分析、方案设计、功能开发等阶段，经过两年多的努力，构建了统一数据湖、统一技术平台，建成了勘探业务研究环境，在中国石油全面推广应用。2018年11月27日，中国石油在北京隆重召开了勘探开发梦想云（E&P Cloud 1.0）发布会，国家有关部委，中国石油总部及有关油气田，中国石化、中国海油等国内各大石油集团，斯伦贝谢公司等工程技术合作伙伴，华为等18家IT企业莅临。

梦想云的发布标志着国内油气行业首个共享智能云平台落地，上游业务信息化建设全面进入“厚平台、薄应用、模块化、迭代式”发展的新时代。梦想云的发布，在国内外产生巨大反响，中央电视台、新华网、腾讯科技等20余家主流媒体进行了专题报道。评价认为，勘探开发梦想云将推动中国石油驶入数字化转型快车道，支撑上游业务迈向智能、智慧新时代。

宝剑锋自磨砺出。在上游板块总体建设蓝图指引下，一年来梦想云团队栉风沐雨、砥砺前行，融合最新IT技术提升数据湖、云平台，升级打造梦想云2.0版本，持续推进协同研究深入和创新应用，全面支撑统建项目与油田优秀应用云化集成共享，梦想云的研发和规模应用取得重大进展。

打造智能、连环数据湖初见成效。构建了勘探开发知识图谱，开发了数据洞察和数据充实模块，激活了海量的非结构化数据资产；搭建了全流程大数据分析环境，提供预计算技术、亚秒级响应及丰富的可视化工具；开发了“小梦”语音搜索引擎，赋予了梦想云听话、说话的能力；研发连环湖数据架构，支持上游全业务链数据逻辑统一、分布式存储、就近访问，大幅提升数据服务效率。

自助、多元云平台功能大幅提升。增强技术底台能力，提升软件开发流水线，构建多样化开发环境，新增了Windows容器和对.NET等多种开发语言的支持；构建上游业务服务中台，打造用户中心、文件管理、流程管理等共享能力，支撑业务应用的“积木式”敏捷开发与技术共享；引入深度学习与认知计算框架，凝聚行业AI服务引擎，支撑创新智能化应用开发；扩展移动应用框架，支持移动应用敏捷开发，梦想云步入工业互联网移动APP时代。

规范标准建设取得重要进展。制定了数据入湖、微服务等标准和规范50多个，涵盖数据入湖、数据交换标准、数据共享、云化应用集成、微服务开发等领域，以“技术白皮书”的形式发布，按照众创众筹、共建共赢的理念，倡议中国石油内部信息化队伍、国内外信息化厂商共同按照梦想云发布的技术标准规范，共同参与梦想云的建设，共同绘制勘探开发技术云化的宏伟蓝图，其中，部分将成为中国石油企业标准和国家石油行业标准。

协同研究应用效果显著。基于云平台开展的勘探开发协同研究项目从2018年上线验收时的158个快速增长到现在的1300多个，用户6000多个，数据入湖量达到1.7PB。云平台构建了全线上协同研究工作环境，为研究人员提供了基础数据一框式选取、专业软件数据一键推送、研究成果一键归档、专业图形一键成图、解释质量一圈验证、多图联动井位部署等常用功能，实现了综合研究工作模式由线下到线上、由手工到自动、由单兵到协同的重大转变。2019年，各油气田研究单位在平台的应用过程中，与业务场景深度结合，形成一大批创新应用亮点，基于平台的创新应用爆发式发展态势初步显现。塔里木油田创新采用多媒体与云平台交互联动汇报模式，实现了从“我汇报什么，领导就只能看什么”到“领导想看什么，我们就展示什么”的转变；中国石油集团东方地球物理勘探有限责任公司、塔里木油田、冀东油田、西南油气田等单位基于云平台实现前后方异地协同、甲乙方一体化质控、处理解释一体化开展，积极探索异地协同的生产组织新模式；大庆油田、西南油气田基于数据湖、云平台实现目标区块业务数据的跨单位授权，有效解决了矿权流转区块数据资产的共享应用问题；冀东油田、大港油田等单位大力推进协同研究应用由勘探向开发延伸，积极探索基于梦想云的勘探开发研究一体化协同与共享新模式。应用梦想云平台，大幅度节省了基础数据准备时间，提高了研究工作效率，降低了软硬件采购成本，云原生的协同研究环境深得广大研究人员好评与更多期待。

已建业务应用系统模块云化快速推进。以“四个一”为原则，中国石油 A1、A2、A5、A8、A11 等统建系统全面上云，目前上云模块达 80 个；油田特色应用模块上云工作快速起步，各油气田多年来，分散建设、自主开发的一系列典型特色系统、特色应用正在逐步分批上云，目前已有 100 个模块上云。万个应用模块共享的时代在召唤！

基于梦想云，初步实现了对六大通用业务的集成、共享应用，上游全业务链共享格局初步形成；基于梦想云，可以在线进行探井部署、钻井设计，掌握重点探井动态，实现正钻井远程监控与工程异常智能预警，支持勘探工程全线上管理；基于梦想云，可以对井、站、库等一线生产运行状况进行动态监视和分析，支持老井挖潜分析与“三高”井管理，掌控油气生产状况和油藏开发水平，实现油气生产全面感知、油气生产智能分析，确保油气生产受控运行；基于梦想云，可以支撑中国石油勘探与生产分公司和油气田两级生产指挥、应急协调、生产保障、安全监控等综合性业务，初步实现生产指挥智能调度；基于梦想云，探索实现了安全、环保、职业健康重点指标与重点业务的在线管理，使 HSE 状态一目了然。

共享生态的建设迈出重要一步。应用商店的建设，提供完整的商家入住、产品上架、企业订单交易与服务计量计费流程，商品种类包括油田专业应用软件、大数据类软件、人工智能类软件、信息安全类软件以及面向开发人员的小工具。目前。应用商店上架专业软件 10 款、软件接口 12 款、在线分析工具 33 个、SaaS 应用 10 个，共享微服务 21 个，为企业用户提供导购式、自助式及免费咨询的一站式服务。基于数据湖、云平台的开放应用生态初显端倪，以开放的接口标准、统一的规则规范建立了全方位的应用接入策略，通过系列化的实战培训，向油田信息队伍、第三方厂商敞开了“共创、共建、共享、共赢”生态大门，华为、腾讯、百度等合作伙伴，金双狐、侏罗纪、GPT、网格天地、吉奥索特等业内厂商纷纷支持，共融大场面正在形成。

勘探开发梦想云是一个开放的平台，更是一个共享的生态，未来将继续携手各油气田公司、研究单位、统建项目组和第三方合作厂商，搭建上游业务全栈技术平台，支撑油气行业全业务链协同，培育大众科技创新环境，营造开放共享的信息生态。梦想计划全面启航。

展望未来，按照中国石油“共享中国石油”发展战略和“一个整体、两个层次”总体原则，遵循上游业务信息化顶层设计“三步走”规划，力争“十三五”末建成“数字油田”，“十四五”末初步建成“智慧油田”，“十六五”末全面建成“智慧油田”。梦想云在未来将加快连环湖数据生态落地，在上游业务全面实现“一朵云、一个湖、一个平台、一个门户”的建设愿景；应用大数据、人工智能等技术开启油气行业智能发展的新时代，融合区块链等前沿技术构建开放技术运营生态，向着“形成智能数据生态、建成一流智能平台、综合研究智能协同、生产运行智能指挥、方案决策智能优化、生产过程智能操控、经营管理精细高效、安全环保智能管控”的建设目标奋力前行。

为了集中展示梦想云研发的新产品、新技术、新方法，规模推广应用的新成果、新成效，加快梦想云共创、共建、共享、共赢信息生态建设，推动智能油气田建设的战略落地，在梦想云 2.0 发布之际，组织征集并编辑出版了本书。本书共征集收录了论文 20 篇，包括平台技术篇、集成开发篇、应用实践篇三个部分，涵盖上游业务信息化建设蓝图、梦想云平台架构与技术研究、数据湖建设研究、梦想云中台能力建设研究、梦想云应用环境建设、梦想云集成应用建设研究、梦想云应用实践等内容。希望能以本书的出版，引导各界专家、学者、学生、广大 IT 精英、广大平台用户，了解梦想云、喜欢梦想云、支持梦想云、应用梦想云、用好梦想云、离不开梦想云，让梦想云成为我们共同交流、共同交友、共同竞技、共同创新、共同创业、共同提升、共同发展、共创共赢的大平台。希望以本书的出版，衷心感谢有关国家部委、行业内外、中国石油各级领导、著名院士专家几年来对梦想云成长的关心关注和支持帮助，没有大家的鼓励就没有梦想云的今天。我们还想以本书的出版庆祝梦想云 2.0 发布会的隆重召开，呼唤梦想云 3.0、4.0……希望梦想云发布会年年如期而至，让 11.27 成为我们共同期待的盛典。我们更想以本书的出版，衷心感谢梦想云建设团队——梦之队的所有专家和同志长期夜以继日、不知疲倦、奋不顾身、任劳任怨的无私奉献。同志们，辛苦啦！你们是梦想云建设的功臣！

本书的出版得到了中国石油天然气股份有限公司副总裁李鹭光、中国石油信息管理部总经理古学进、中国石油集团东方地球物理勘探有限责任公司总经理苟亮、中国石油勘探开发研究院、中国石油集团东方地球物理勘探有限责任公司、各油气田公司和石油工业出版社的大力支持，在此表示诚挚的谢意。

希望本书能为读者提供帮助。

杜金虎

目　录

平台技术篇

集成开发篇

应用实践篇

平台技术篇

中国石油上游业务信息化建设总体蓝图

杜金虎[1]　时付更[2]　杨剑锋[3]　张仲宏[1]　丁建宇[1]　龙　涛[4]

（1. 中国石油勘探与生产分公司；2. 中国石油勘探开发研究院；
3. 中国石油集团东方地球物理勘探有限责任公司；4. 中国石油大港油田公司）

摘要　为适应数字时代发展需求，中国石油上游板块组织开展了上游业务信息化顶层设计。以中国石油上游业务信息化发展现状、国际信息化发展趋势、上游业务需求分析为背景，以未来发展愿景为指导，以全面建成世界一流智能油气田为总体目标，提出了八项预期指标。对上游业务信息化总体架构、业务架构、数据架构、技术架构、应用架构、网络安全架构等进行了全面阐述，明确了相应的工作重点和保障措施，形成了中国石油上游业务信息化建设蓝图，成为上游业务信息化建设与发展的基本的遵循。

关键词　上游业务　信息化建设　总体蓝图　智能油气田

1　引言

当今世界已经进入数字时代和智能时代，习近平总书记在党的十九大报告中提出要善于利用互联网技术和信息化手段开展工作，敏锐抓住信息化发展的历史机遇，发挥信息化对经济社会发展的引领作用。中国石油天然气集团有限公司（以下简称集团公司）深入学习领会习总书记推动产业数字化、网络强国的战略思想，进一步增强信息化工作自觉性和紧迫性，以信息化推动科技创新和管理改革，让信息化成为推动上游业务高质量发展强劲动能。2019 年 3 月中国石油天然气股份有限公司（以下简称股份公司）新版信息化管理办法，要求信息化遵循“化是过程、统是原则、建是重点、用是目的”的方针，注重整体性、系统性、兼容性和专业性，按照“一个整体，两个层次”的总体要求，实行“六统一”原则，依据股份公司信息技术总体规划，搭建集

第一作者简介　杜金虎（1959—），男，陕西合阳县人，1983 年毕业于成都地质学院石油地质专业，教授级高级工程师，国家科技进步二等奖、中国石油杰出成就奖获得者，长期从事油气勘探开发研究、风险勘探管理及科技信息管理工作；梦想云“两统一、一通用”构架的提出人，梦想云建设的主要组织者。通信地址：北京市东城区东直门北大街 9 号中国石油勘探与生产分公司，邮政编码：100007，E-mail：dujinhu@petrochina.com.cn。

中统一信息平台，大力推进数字化、可视化、自动化、智能化发展。

为适应新时代趋势和发展需求，开展上游业务信息化顶层设计，根据集团公司战略发展规划，从全局和顶层的高度，对上游业务信息化工作加以统筹考虑、总体设计，绘就上游业务信息化发展蓝图，指导各阶段信息化建设发展，明确信息化未来发展总体思路和方向，引领上游业务信息化发展。支撑“共享中国石油”战略，助力中国石油建成世界一流综合性国际能源公司。

2 信息化发展现状

自20世纪80年代以来，中国石油上游业务信息化历经三十多年探索发展，历经了从分散到集中、从集中到集成、从集成到共享的发展阶段，目前已经迈入共享智能新阶段。上游业务信息化建成了从作业区、采油气厂、油气田公司到股份公司，涵盖勘探开发全业务链的信息化支撑体系[1]。A1（勘探与生产技术数据管理系统）、A2（油气水井生产数据管理系统）、A5（采油与地面工程运行管理系统）、A6（上游业务信息一体协同共享平台）、A8（勘探与生产调度指挥系统）、A11（油气生产物联网系统）、D2（勘探与生产 ERP 系统）等统建系统[1]的全面推广应用，在量化决策、降本增效、增储上产、提高效率、转变生产组织模式等方面取得显著成效。信息系统应用提高了生产管理效率；协同研究环境使研究工作效率全面提升，大幅节约了软硬件成本；物联网建设构建了劳动组织模式扁平化，减少一线生产人员，提高一线生产效率；经营管理 ERP 系统实现了上游生产经营一体化管控和重点项目全生命周期管理，降低库存资金占用；勘探开发梦想云基本建成勘探开发统一数据湖，管理了海量的勘探开发数据资产；搭建了上游业务统一技术平台，支持业务协同、智能化创新、专业软件共享、应用集成、敏捷开发等五大功能，服务于油气勘探、开发生产、生产运行、协同研究、经营管理及安全环保等六项业务；完成了统一门户建设，主要统建系统及油气田公司部分自建系统已初步完成云化集成应用。

各油气田公司根据自身特点，自主开发了一系列典型特色应用系统，这些应用系统完善了统建系统功能，满足了油气田公司特色业务需求。

3 国际信息化发展趋势

通过对国际油公司信息化情况调研，分析总结信息化发展趋势，概括为以下几点。

（1）平台化共享成为信息化发展的主要趋势。为解决信息化建设集成共享难的问题，微软、谷歌、华为、阿里巴巴、斯伦贝谢等各大 IT 公司和油服公司纷纷开展云平台建设，信息化进入从 N 到 1 的平台化集成共享新时代。

（2）模块化、迭代式、敏捷开发模式成为现代信息化建设的重要标志。与传统开发模式相比，敏捷开发以微服务和模块化方式，实现快速迭代，快速响应用户需求变化。

（3）智能协同成为生产与研究的主流方向。基于核心业务流，机器学习和人工智能在勘探开发业务领域的应用日趋广泛。一体化经营管理、一体化协同研究、智能化分析和预测成为生产与研究的主流方向。

（4）智能油气田是上游业务信息化发展方向。国际油公司通过大数据、人工智能、边缘计算等新技术，纷纷开展智能油气田建设，实现生产数据自动采集、现场实时监控、智能生产优化。

4 需求分析

中国石油上游业务对信息化的需求主要体现在以下 4 个方面。

（1）应对面临的挑战。上游企业在实现业务发展战略目标过程中，面临资产总量大、降本增效压力大、安全环保责任大、深化改革任务重等诸多挑战。信息化是实现战略目标的重要手段。

（2）支撑业务发展。上游企业积极响应党和国家的号召，大力提升勘探开发力度，确定了增储上产、稳油增气、提质增效、高质量发展的战略目标。信息化是实现业务和管理目标的重要手段。

（3）助力“油公司”模式与“三项制度”改革。上游企业积极推动“油公司”改革各项工作任务有效落实，为国内勘探与生产业务高质量稳健发展奠定坚实基础。信息化是助力改革的重要支撑手段。

（4）推动业务与信息深度融合，加快智能油气田建设。加强业务与信息深度融合，提高工作效率、提升决策水平、支撑业务创新发展。信息化是加快智能油气田建设的重要手段。

中国石油上游业务信息化水平在国内总体处于领先位置，主要体现在战略管理、业务覆盖、勘探开发业务应用管理和研究等方面，但与国际领先油公司相比，在人工智能/大数据创新发展、一体化经营管理与协同研究等方面有待进一步提升。此外，信息系统建设在业务、管理、数据、技术等方面还存在不足。上游业务信息化在“共享、协同、融合、创新”等能力方面需求迫切。

5 总体蓝图

通过对上游业务需求、信息化现状、国际信息化发展趋势和信息化差距及能力提升需求的分析，中国石油勘探与生产分公司提出了上游业务要全面应用物联网、大数据、云计算、人工智能等先进信息技术，确定了以建设“智能油气田”为上游业务信息化建设总体目标和建设蓝图，包括智能数据生态建设、智能技术平台建设和智能业务应用建设。

5.1 基本原则

（1）践行“共享中国石油”战略，坚持集团公司“六统一”原则。

（2）把握国际信息化发展趋势，采用主流先进技术，确保顶层设计先进性。

（3）坚持业务主导、问题导向，突出发展目标、突出主营业务、以用户为中心。

（4）坚持顶层设计的统领性、整体性、可操作性，统筹各方面、各层次、各要素，集中有效资源，实现数字化转型发展，推动“油公司”模式改革。

（5）坚持上游“一朵云、一个湖、一个平台、一个门户”的“四个一”建设原则。

（6）坚持分步实施原则，先试点，后推广，突出重点、急用先建、以用促建，坚决杜绝重复建设。

5.2 总体目标

全面建成以“四化”为标志的智能油气田，即利用数字化构建全连接的油田；用自动化降低员工劳动强度；通过协同化改变劳动组织模式；通过智能化提高企业的生产效率，增储增产增资不增人，用工总量持续优化。建成覆盖勘探开发、生产运行、经营管理、安全环保全领域、全业务链的智能化生态应用，形成具有数字化、自动化、协同化、智能化的生态运营模式，为建设世界一流智能油气田助力。

提出以下 8 个方面的预期指标。

（1）形成智能数据生态。生产物联网全覆盖，95%以上数据实现自动采集；各类数据智能入湖、智能治理与共享应用；基于机器学习实现智能分析，全面建成数据智能新生态。

（2）建成一流智能平台。建成性能卓越、功能强健、服务完备、安全稳定的一流云平台，具备全业务链的智能化应用能力，打造智能共享、智能开发、智能运维的一流智能技术生态。

（3）综合研究智能协同。以油气知识图谱、机器学习等人工智能技术为核心建立智能协同研究环境，支持勘探、开发、工程、储量等全领域线上综合研究，实现多学科跨部门前后方异地智能协同，智能处理解释、实时自动模拟与智能预测等成为日常主流研究模式。

（4）方案决策智能优化。通过油气大数据模拟，辅助决策分析和全局优化，实现勘探部署、开发方案、钻井完井、增产措施、修井作业、地面工程等全领域、多方案自动编制，实时跟踪评价、智能优化和精准科学决策。

（5）生产过程智能操控。生产现场全面实现智能监控、智能诊断、自动预警与自动控制，简单的、重复性的人工劳动被机器智能所取代，实现井、站、厂、设备生产全过程智能联动与实时优化。

（6）生产运行智能指挥。全面实现生产数据智能分析，生产运行协同调控，保障应急科学有序，实现上游全业务链协同发展。

（7）经营管理精益高效。项目、投资、物资、设备、销售等一体化智能管控分析，新建规模油气田实现全生命周期智能管理、生产经营全过程实现智能预测、精准优化；全面实现高效经营和精益生产。

（8）安全环保智能管控。高危工作岗位被机器人替代，事故警情全面感知和自动处置，风险隐患全面智能预判最优预案，全面实现安全环保智能受控。

5.3 实施步骤

制定智能油气田建设“三步走”的战略（图 1）：第一步：“十三五”末（2019—2020 年）基本建成数字油气田；第二步：“十四五”末（2021—2025 年）初步建成智能油气田；第三步：“十六五”末（2026—2035 年）全面建成智能油气田。

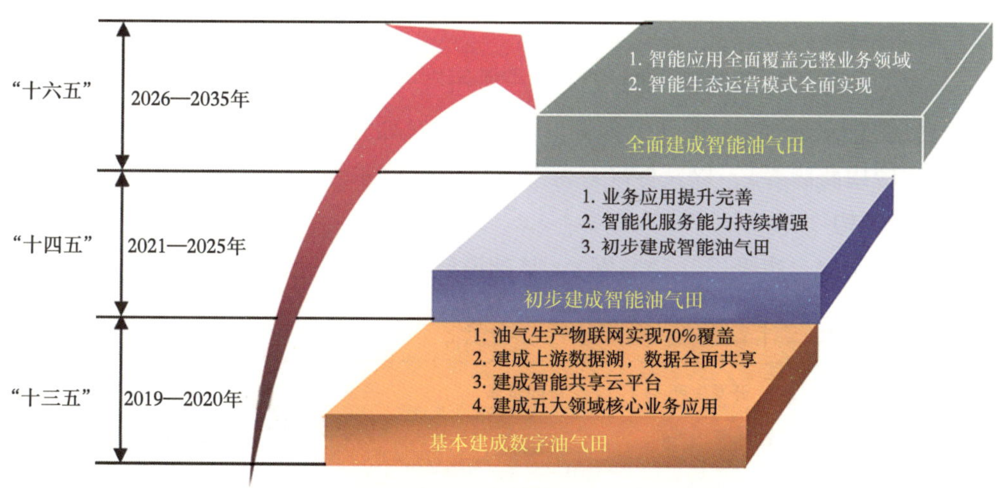

图 1　上游业务信息化顶层设计实施步骤

5.4 总体架构设计

上游业务信息化总体架构设计，以推进集约建设、信息共享和业务协同为着力点，对勘探开发信息化发展进行统筹考虑，完成 6 个方面的架构设计：业务架构、总体架构、技术架构、数据架构、应用架构、网络安全架构。

5.4.1 业务架构

上游板块主营业务包括油气勘探、油藏评价、油气田开发和生产经营，贯穿于勘探与生产分公司、油气田公司、采油气厂等不同层级，业务类型包括生产操作、生产管理、协同研究、经营管理、安全环保等运营支撑业务（图2）。

图2　上游业务架构

5.4.2　总体架构

上游业务信息化建设遵循“两统一、一通用”原则，由数据层（数据源、数据湖等）、平台层（基础底台、服务中台等）、应用层（通用应用、特色应用、扩展应用、门户入口、应用商店等），以及标准规范及支持保障体系等部分组成（图3）。

5.4.3　技术架构

分为七个层次：边缘层（物联网）、基础设施（IaaS）、数据湖（DaaS）、基础底台

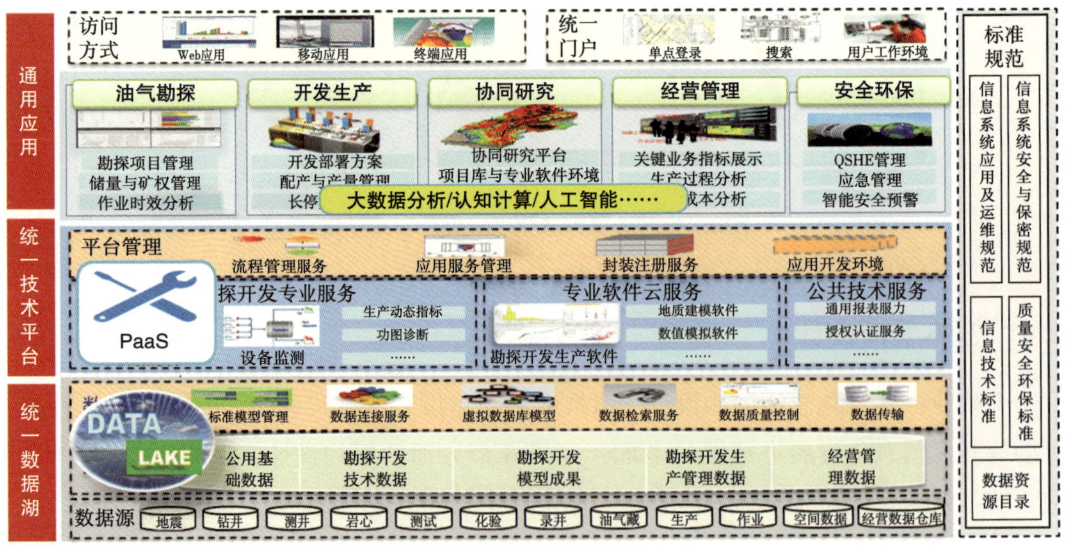

图3　上游业务信息化总体架构

(通用 PaaS)、服务中台、应用前台、统一入口(含移动)及一系列标准规范(图 4)。打造安全稳定的技术平台、智能化的应用平台、自助式的开发平台、一体化的运维平台、协同共享的应用平台、共创共赢的运营生态。

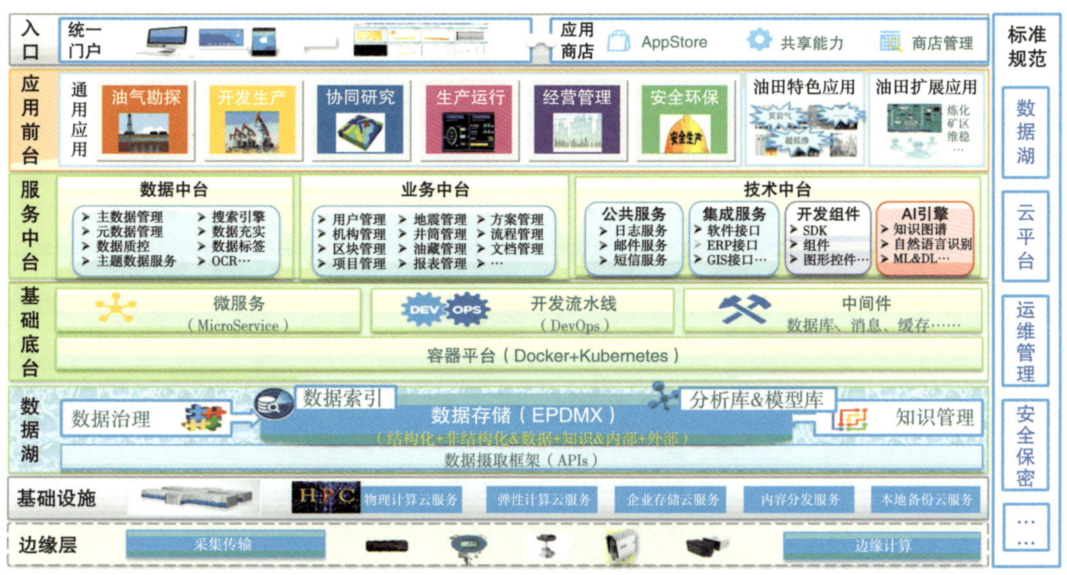

图 4　上游业务信息化技术架构

5.4.4　数据架构

数据架构由数据源、数据存储、数据分析三部分组成,实现对数据源的统一管理、数据集中存储与统一治理,支持数据智能分析及共享应用(图 5)。通过连环湖架构实现数据逻辑统一、分布存储、互联互通,主湖管理企业核心业务数据,支持股份公司

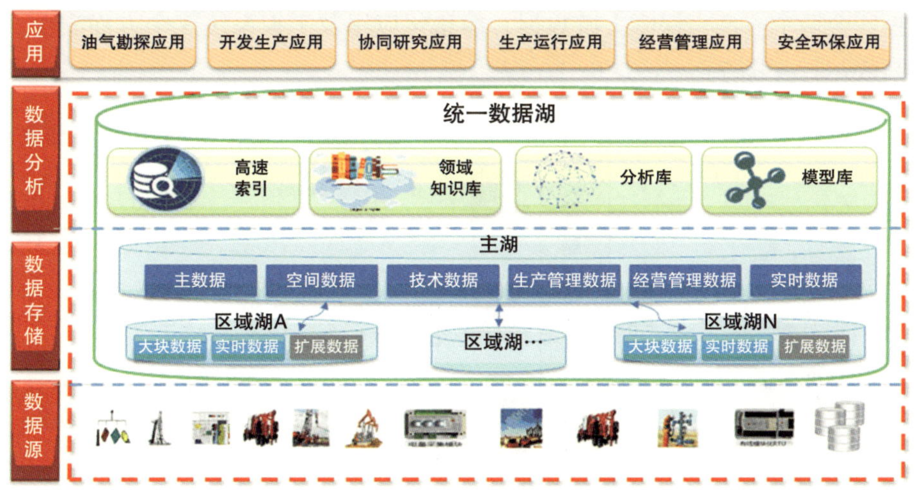

图 5　上游业务信息化数据架构

的共享应用；区域湖管理本地区各类数据资产，支持本地区的共享应用。

5.4.5 应用架构

应用架构包括业务流程与业务应用模块功能两部分，通过核心业务流串接业务应用功能模块，全面支撑油气勘探、开发生产、协同研究、生产运行、经营管理和安全环保等通用业务应用（图6）。

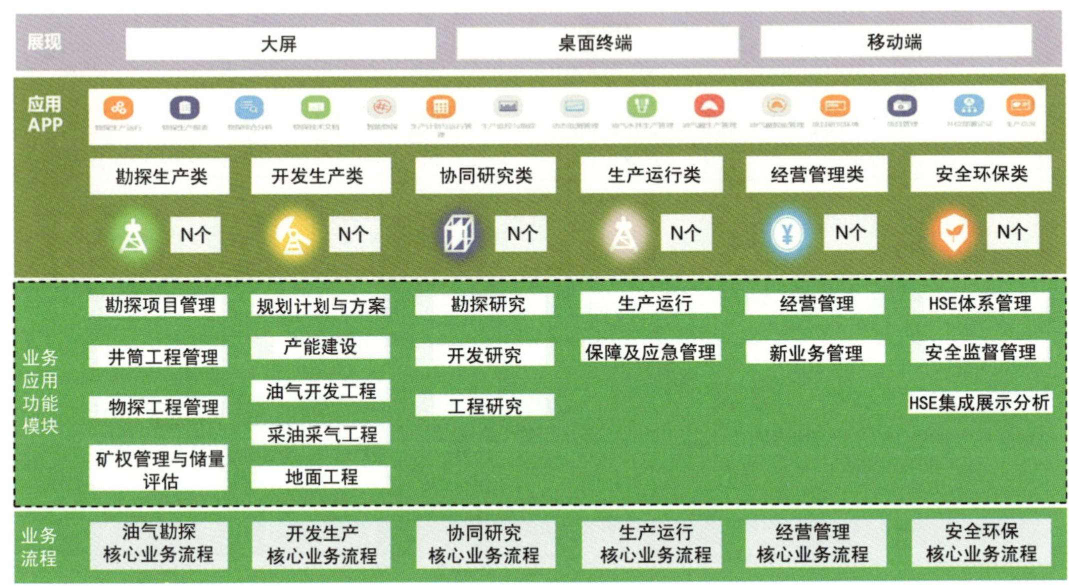

图6　上游业务信息化应用架构

5.4.6 网络安全架构

按照集团公司网络安全管理办法，考虑油气田公司是数据源头和工控系统应用主体，上游网络安全架构分为集团公司、板块公司、油气田公司3个层次，以及信息安全和工控安全两个方面，保障上游数据、信息化应用及工控系统3个方面安全、稳定、保密、高效运行（图7）。

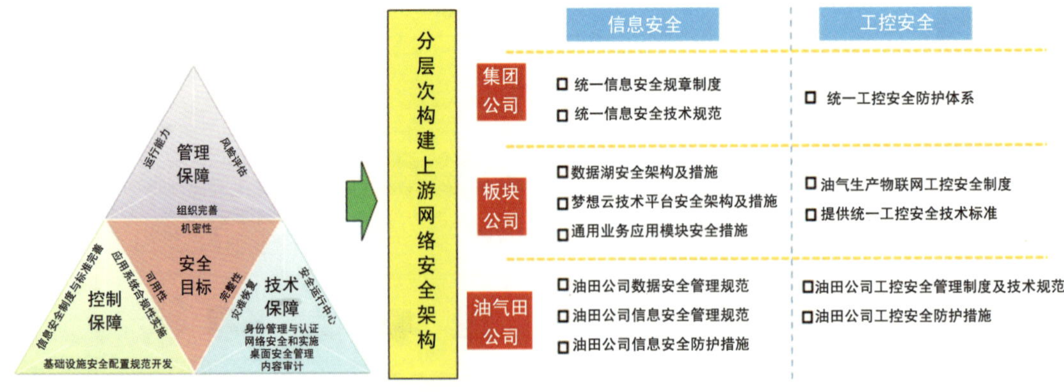

图7　上游业务信息化网络安全架构

6 保障措施

上游业务信息化建设的具体实施需充分整合各方资源，调动各方力量，搭建共创、共建、共享、共赢的信息生态。为确保信息化建设按顶层设计和规划顺利实施、有效推进，达到预期建设目标，规避各类风险，需要做好以下几方面的工作。

（1）加强领导，落实一把手工程。上游业务信息化建设是一项复杂的系统工程，需要各方全力配合、统筹推进，确保按照整体规划顺利实施，逐步实现智能油气田建设愿景。需要各级领导高度重视，特别是“一把手”强力支持，在组织管理、流程优化、资金落实、资源调度等方面，加大组织协调力度，保障信息化建设和应用的持续推进。

（2）强化组织，创新建设模式。创新协同建设管理模式，设置项目经理部，依靠科技与信息化委员会，统筹信息化建设，制定新的信息化管理办法，统一协调组织管理上游相关的统建及配套项目建设。

（3）突出治理，推进数据共享。以业务流为核心，以数据流为主线，统一专业数据标准，落实数据治理责任，数据采集单位负责源头治理，油气田公司负责区域湖治理，板块公司负责共享主湖治理，提升数据质量；梳理共享数据范围，制定数据共享规则，落地数据共享应用，推动数据共享。

（4）持续提升，大力实施平台化战略。认真研究借鉴公有云、混合云平台的设计理念、技术优势及运营模式，持续提升梦想云功能，打造国际一流、智能共享、开放安全的云平台。做好 3 方面的工作。①加强组织，成立梦想云研发与技术支持中心，以平台为核心，围绕战略规划、平台安全、数据湖、一体化运维等核心任务，加强组织领导，整合各种力量，积极开展技术合作，为梦想云平台战略实施提供组织和技术保障。②采用按年度拨付的方式稳定持续投入，为梦想云战略提供经费保障，确保梦想云不间断持续研发提升需要。③加强对外合作，以更加开放的态度，积极参加全球性行业开放社区，降低开发成本、提高开发效率、加速应用创新。

（5）强化推广，突出核心应用。强化应用考核及激励措施，确保“十三五”末完成核心应用的云化推广。做好 5 方面的工作。①加大平台推广力度，实现业务管理、综合研究、方案编制等应用在线运行。②推动实战培训的常态化，促进应用上云，统建项目及油气田公司特色应用实现全部上云应用。③将梦想云应用情况量化评估纳入油气田公司信息化考核范围。④建立用户年会及应用技术交流制度，对应用突出单位及个人进行表彰奖励。⑤开展基于梦想云的信息应用技术创新大赛。

（6）创新管理、强化一体化运维。创新一体化运维管理模式，成立勘探开发梦想云一体化运维支持中心，包括梦想云平台组、各通用应用实施组，建立统一的运维中心体系，根据需要，在油气田公司设立分中心，在专家中心统一指导下，开展系统运维工作。未来形成“一朵云、一个运维中心”的模式。

（7）共创共赢，建设开放生态。以定期组织实战演练的方式，对各油气田公司、研究单位、统建项目组大力开展基于梦想云的云化集成、开发和部署应用培训。在提高信息人员开发水平的同时，充分发挥梦想云集成共享作用。研究制定应用商务运营模式，打造共创共赢的开放生态。

7 结束语

中国石油上游业务信息化总体架构设计，描绘了上游勘探开发信息化发展总体蓝图，给出了实现智能油气田的总体目标、方向、路径、原则和指标，是“十三五”乃至“十四五”上游业务信息化建设与发展的基本遵循；总体蓝图体现了业务主导、业务协同、智能智慧、质量效益以及技术驱动、技术融合、安全可控、共建共赢、可持续发展新生态的理念，为上游业务信息化建设、数字化转型、智能化发展奠定了坚实基础。

参 考 文 献

［1］杜金虎，张仲宏，章木英，等．中国石油上游信息共享平台建设方案及应用展望［J］．信息技术与标准化，2017（8）：67-70

梦想云平台架构研究

马　涛[1,2]　张仲宏[3]　王铁成[1,2]　丁建宇[3]
项　建[1,2]　王建宇[4]

（1. 中国石油集团东方地球物理勘探有限责任公司；
2. 北京中油瑞飞信息技术有限责任公司；
3. 中国石油勘探与生产分公司；4. 中国石油大港油田公司）

摘要　油气上游企业经过三十多年的信息化建设，正在步入数字化转型、智能化发展的新阶段。面对数字化转型和在用信息系统改造提升的迫切需求，如何改？怎么改？已成为油气上游企业信息化建设者们努力研究和探索的重要课题。基于全球信息技术最新发展和国际实践案例的启示，中国石油上游板块制定了建设上游业务信息与应用共享平台的蓝图规划，组织开展了勘探开发梦想云平台的建设实践，探索了一条上游业务数字化转型和油气田数字化、智能化可持续发展之路。论述了勘探开发梦想云平台建设实践中，平台架构研究及实践中的技术方案及实现方法。

关键词　勘探开发　梦想云　IaaS　DaaS　PaaS　SaaS

1　引言

1.1　背景与挑战

勘探开发作为中国石油主营业务，经过三十多年的信息化建设，陆续建成了第一代以数据资产管理为核心的信息系统，第二代以经营管理与业务运行为核心的生产运行管理系统，并通过以经营管理为核心的应用集成系统建设，实现了从分散到集中、从集中到集成两次阶段性跨越，推动了企业从传统管理向数字化、信息化的转型发展，带动了生产组织、经营管理、商业模式、管理与决策方式等方面的创新与变革，成为

第一作者简介　马涛（1962—），男，河北涿州市人，1990 年 6 月毕业于成都地质学院，教授级高级工程师，主要从事石油上游业务信息化及数字油田、智慧油田研究与建设工作。通信地址：北京市石景山区京原路 7 号东方地球物理公司信息技术中心，邮政编码：100043，E-mail：matao@cnpc.com.cn。

上游业务提质增效的重要支撑。

纵观国内外上游业务信息化建设，经历了以监测与管理为中心的业务报表电子化、生产自动化、应用网络化的数字化阶段；以信息集成共享、业务优化提升为重点的数字油田成熟发展和智能油田探索阶段；预计在不久的将来，以人工智能为代表的新技术将进入全面普及应用的智能化阶段，并为未来以智慧化管理与决策为重点的智慧油气田建设奠定基础。

受技术发展水平和项目管控等方面的局限，上游业务信息化遵从了按业务域划分的顶层设计、集团公司统建与油企自建相结合的循序渐进、滚动提升的建设方法，基本实现了数字化、自动化、网络化建设目标。但也由于长期采用专业化管理、按业务域的分散建设模式，导致油企及油服企业都面临着数据库多、平台/系统多、孤立应用多的“三多”问题和信息孤岛现象，难以满足企业级勘探开发一体化、地质工程一体化、动静态一体化资源共享需求，不能满足智能油气田建设与智慧油气田未来发展需要。

1.2 技术发展趋势

正如 Gartner 专题会与 ITxpo 会议主席、著名分析师 Andy Rowsell-Jones[1] 在 2018 年专题研讨会议上的致辞中所说的那样，未来很快就要到来，适应“持续的下一个”世界的能力是一个不能忽视的任务，项目管理必须成为产品管理，过程必须灵活和简化，业务模型必须通过新技术进行重新构想和实现。另据国际能源署（IEA）《数字化和能源》预测：数字化技术的大规模应用，能够让油气生产成本减少 10%~20%，让全球油气技术可采储量提高 5%。按照 2019 年 7 月 18 日埃森哲公司与世界经济论坛联合发布的《数字化转型倡议：油气行业白皮书》预计，2016—2025 年，数字化战略有望为整个油气行业带来 1.58 万亿美元的新增价值。正是基于这一超级规模的石油行业数字化潜力市场和石油企业对降本增效的急迫需求，因此吸引了华为、IBM、微软、GE 等一大批科技公司前来掘金并重塑油气行业。

据惠春琳[2]《能源数字化：重塑全球能源发展态势》一文，在石油行业新一轮数字化浪潮下，诸多传统石油企业都已纷纷牵手 IT、互联网、数字公司，深入开展油气田操作与维护、提高传统油气公司的运营效率、能源与科技创新等方面的合作。据不完全统计，石油公司同科技公司形成战略组合的已经有斯伦贝谢公司与谷歌公司、雪佛龙公司与微软公司、英国石油公司（BP）与通用电气公司、壳牌公司与惠普公司、道达尔公司与谷歌公司、贝克休斯公司与通用电气公司、BHGE 和英伟达公司、澳大利亚伍德赛德石油公司与 IBM、哈里伯顿公司与微软公司、威德福公司与英特尔公司、远景能源联合微软公司及埃森哲公司、IBM 与 Flotek、IBM 与 KBR、中国石油与华为、中国石化与京东、中国中化集团有限公司与华为等。此外，通用电气公司与微软公司将运营技术和信息技术结合起来，旨在消除工业企业在推进数字化转型方面面临的障碍。

据侯瑞宁等[3]《石油巨头掘金数字新“油藏”》一文，BP 联合贝尔蒙特科技初创公司，利用 AI 人工智能技术，开发了一款名为 Sandy 的地球科学云平台，专家为 Sandy 提供地质学、地球物理学、油藏和历史项目信息，然后，Sandy 自动将这些信息结合在一起，识别新的连接和工作流程，从而创建出 BP 整个地下资产知识图。BP 的工程师们可查询数据，使用自然语言向功能强大的知识图提出特定问题，还可使用 AI 神经网络解释结果，进行快速模拟。假设原先对一个问题进行数据收集、解释和模拟，需要 10 小时，利用这套平台后，只需要 1 小时。2018 年，BP 发布的《BP 技术展望》表示，随着数字工具依托云网络得到应用，到 2050 年能源系统内各分支的一次能源需求和成本将降低 20%~30%，其中，数字工具包括了传感器、超级计算、数据分析、自动化、人工智能等。

斯伦贝谢公司作为全球领先的油服企业，联手谷歌公司，利用谷歌公司基础设施和人工智能技术，在谷歌公司公有云平台上，开发云原生勘探与生产应用程序来帮助客户从数据中获得可行的见解、知识并发掘价值。基于云平台，整合结构化、非结构化、公共数据源，为认知应用提供开放、安全的数据环境。采用了开放的 PaaS（Platform-as-a-Service）平台技术，基于微服务架构的软件云平台，支撑开放生态建设。面向勘探、开发、钻井工程、油气生产和经济评价的全生命周期认知应用，研发了 DELFI 勘探开发认知环境，支持云原生应用和其原有产品的整合，构建勘探开发全过程应用链，支撑流程优化。

全球另一油服巨头哈利伯顿公司，联合微软公司，基于共享地质模型，面向勘探开发、地面地下、地质工程三位一体，研发了 DSP 技术平台，包括核心数据整合平台 DSIS（虚拟数据库）、DecionSpace 365 云平台、Ienergy 共享社区（知识共享、专家支持）、基于 PaaS 技术的联合社区 Open Earth 创新环境。

IBM 作为全球著名 IT 公司，集成了其数据治理及数据分析体系及产品；基于成熟的容器技术，构建了 PaaS 平台云，支持公有云、私有云部署实施；基于人工智能技术打造了 Watson 认知计算系统，成为认知计算领域的引领者，并与多家油企和油服企业开展合作，拥有石油行业成功案例。

据华为与全球权威的咨询与服务机构 IDC 发布的《拥抱变化，智胜未来——数字平台破局企业数字化转型》白皮书，通过数字平台可以助力组织数字化能力建设，“破局”数字化转型，即：数字化转型路在何方？转型的重点和关键在哪里？数字平台是融合技术、聚合数据、赋能拥有机构的数字服务中枢，以智能数字技术为部件、以数据为生产资源、以标准数字服务为产出物。数字平台能够使机构业务创新和高效运营，助力机构数据管理和价值挖掘，降低机构技术运营和技术管理复杂度。数字平台能够对外提供可动用、松耦合、弹性的标准化数字服务，通过数字服务横向链接产业链上下游，纵向链接企业各机构部门，为其提供快速、灵活的数字化能力。

IDC 数字平台作为融合技术、聚合数据和赋能服务的“中枢”，成为破局企业数字化转型之剑，同时，指导企业信息化建设步入从 N 到 1 的时代。

平台化、智能化、共享化成为信息化发展的主要趋势。

2 常用信息系统架构简介

正如“MVC 框架”作者（笔名“新效率”）在 CSDN 博客中所说的那样：如何选择一个好的框架应用在项目中，将会对项目的效率和可重用是至关重要的。

下面先从最传统和“最古老”的 M-V-C 说起。

2.1 M-V-C 架构[4-8]

M-V-C 即 MVC，是模型—视图—控制器（Model-View-Controller）的简称，是 Xerox PARC 在 20 世纪 80 年代为编程语言 Smalltalk-80 发明的一种软件设计模式，被广泛使用，后被推荐为 Java EE 平台的设计模式，并受到越来越多的使用 ColdFusion 和 PHP 的开发者的欢迎。

MVC 是一种软件设计模式，用一种业务逻辑、数据、界面显示分离的方法组织代码，将业务逻辑聚集到一个部件里面，在改进和个性化定制界面及用户交互的同时，不需要重新编写业务逻辑。MVC 被独特地发展起来用于映射传统的“输入—处理—输出”功能在一个逻辑的图形化用户界面的结构中。

MVC 同时提供了对 HTML、CSS 和 JavaScript 的完全控制，用于设计创建 Web 应用程序。

Model 是应用程序中用于处理应用程序数据逻辑的部分，通常模型对象负责在数据库中存取数据。

View 是应用程序中处理数据显示的部分，通常视图是依据模型数据创建的。

Controller 是应用程序中处理用户交互的部分，通常控制器负责从视图读取数据，控制用户输入，并向模型发送数据。

MVC 分层有助于管理复杂的应用程序，便于用户可以在一段时间内专门关注一个方面，例如，用户可以在不依赖业务逻辑的情况下专注于视图设计；同时也让应用程序的测试更加容易。MVC 分层同时也简化了分组开发，不同的开发人员可同时开发视图、控制器逻辑和业务逻辑。

MVC 的优点有以下几个方面。

（1）耦合性低：视图层和业务层分离，这样就允许更改视图层代码而不用重新编译模型和控制器代码，同样，一个应用的业务流程或者业务规则的改变只需要改动 MVC 的模型层即可。因为模型与控制器和视图相分离，所以很容易改变应用程序的数据层和业务规则。模型是自包含的，并且与控制器和视图相分离，所以很容易改变应用程序的数据层和业务规则。由于运用 MVC 的应用程序的三个部件是相互独立，改变其中一个不会影响其他两个，所以依据这种设计思想能构造良好的松耦合的构件。

（2）重用性高：MVC 允许使用各种不同样式的视图来访问同一个服务器端的代码，因为多个视图能共享一个模型，由于模型返回的数据没有进行格式化，所以同样的构件能被不同的界面使用。例如，很多数据可能用 HTML 来表示，也有可能用 WAP 来表示，而这些表示所需要的命令是改变视图层的实现方式，而控制层和模型层无须做任何改变。由于已经将数据和业务规则从表示层分开，所以可以最大化的重用代码。模型也有状态管理和数据持久性处理的功能，例如，基于会话的购物车和电子商务过程也能被 Flash 网站或者无线联网的应用程序所重用。

（3）生命周期成本低：MVC 使开发和维护用户接口的技术含量降低。

（4）部署快：使用 MVC 使开发时间得到相当大的缩减，使程序员（Java 开发人员）集中精力于业务逻辑，界面程序员（HTML 和 JSP 开发人员）集中精力于表现形式上。

（5）可维护性高：分离视图层和业务逻辑层也使得 Web 应用更易于维护和修改。

（6）有利软件工程化管理：由于不同的层各司其职，每一层不同的应用具有某些相同的特征，有利于通过工程化、工具化管理程序代码。给定一些可重用的模型和视图，控制器可以根据用户的需求选择模型进行处理，然后选择视图将处理结果显示给用户。

同时，MVC 也有以下几个方面的缺点。

（1）没有明确的定义。完全理解 MVC 并不是很容易。使用 MVC 需要精心的计划，由于它的内部原理比较复杂，所以需要花费一些时间去思考。同时由于模型和视图要严格的分离，这样也给调试应用程序带来了一定的困难。每个构件在使用之前都需要经过彻底的测试。

（2）不适合小型、中等规模的应用程序。

（3）增加系统结构和实现的复杂性。对于简单的界面，严格遵循 MVC，使模型、视图与控制器分离，会增加结构的复杂性，并可能产生过多的更新操作，降低运行效率。

（4）视图与控制器间过于紧密的连接。视图与控制器是相互分离，但却是联系紧密的部件，视图没有控制器的存在，其应用是很有限的，反之亦然，这样就妨碍了他们的独立重用。

（5）视图对模型数据的低效率访问。依据模型操作接口的不同，视图可能需要多次调用才能获得足够的显示数据。对未变化数据的不必要的频繁访问，也将损害操作性能。

（6）一般高级的界面工具或构造器不支持模式。改造这些工具以适应 MVC 需要和建立分离的部件的代价是很高的，会造成 MVC 使用的困难。

2.2 SOA[9]

SOA（Service Oriented Architecture）即面向服务的架构，它是一个组件模型，将应用程序的不同功能单元（即服务）进行拆分，并通过服务之间定义的接口和契约联系起来。接口是采用中立的方式进行定义的，SOA 应该独立于实现服务的硬件平台、操作系统和编程语言。这使得构建在各种各样的系统中的服务可以以统一和通用的方式进行交互。

SOA 是一种粗粒度、松耦合服务架构，服务之间通过简单、精确定义接口进行通讯，不涉及底层编程接口和通信模型。SOA 可以看作是 B/S 模型、XML（标准通用标记语言）的子集/Web Service 技术之后的自然延伸。

SOA 能够帮助软件工程师站在一个新的高度理解企业级架构中的各种组件的开发、部署形式，并帮助企业系统架构者以更迅速、更可靠、更具重用性的方式来架构整个业务系统。较之以往，以 SOA 的系统能够更加从容地面对业务的急剧变化。

面向服务的架构也是一种设计方法，服务之间通过相互依赖最终提供一系列的功能。一个服务通常以独立的形式存在于操作系统进程中，各个服务之间通过网络调用。随着互联网与 Web Service 的出现，系统朝小型化和分布式发展，SOA 被誉为 Web 服务的基础框架，并成为计算机信息领域的一个发展方向。

SOA 的出现给传统的信息化产业带来新的概念，不再是各自独立的架构形式，能够轻松地互相联系、组合和共享信息。

基于不同种类的操作系统、应用软件、系统软件和应用基础结构相互交织，SOA 凭借其松耦合的特性，使得企业可以按照模块化的方式添加新服务或更新现有服务；为解决新的业务需求，可以选择不同的渠道提供服务，可以把企业现有的或已有的应用作为服务，从而保护已有的 IT 基础建设投资。

依赖于可扩展标记语言 XML 等方面的进展，SOA 通过使用基于 XML 语言的子集 WSDL（Web 服务描述语言，Web Services Definition Language）来描述接口，并将服务转到更动态且更灵活的接口系统中，不再使用以前的 CORBA 接口描述语言（Interface Definition Language，简写为 IDL）。

Web 服务通过 SOAP（Simple Object Access Protocol）协议标准传递信息，Web 服务并不是实现 SOA 的唯一方式，为了建立体系结构模型，软件工程师所需要的并不只是服务描述，还需要定义整个应用程序如何在服务之间执行其工作流。SOA 可以将业务流程与其技术流程联系起来，实现两者之间的映射。安全、信任和可靠的消息传递，在 SOA 中起着重要的作用。

在一个企业内部，SOA 服务通过一个目录列表（Directory Listing）的注册处（Registry）进行维护，应用程序在注册处寻找并调用某项服务。统一描述、定义和集成 UDDI（Universal Description，Definition and Integration）是服务注册的标准。

每项 SOA 服务都有一个与之相关的服务品质 QoS（Quality of Service）。QoS 的一些关键元素有安全需求（例如认证和授权）、可靠消息（确保消息“仅且仅仅”发送一次）以及谁能调用服务的策略。

SOA 的主要特征：支持从企业外部访问、随时可用、粗粒度的服务接口分级、松散耦合、可重用的服务、服务接口设计管理、标准化的服务接口、支持各种消息模式、精确定义的服务契约。

SOA 可以借助现有的应用来组合产生新服务的敏捷方式，提供给企业更好的灵活性来构建应用程序和业务流程。

2.3 ED-SOA[10-17]

ED-SOA 是具有事件驱动机制（Event Driven）的面向服务的体系架构的简称，是将事件驱动机制与 SOA 进行融合的产物，或者说是使 SOA 具有事件驱动异步响应机制特性的架构方法。

SOA 提供了按照业务逻辑服务框架及规范开发的组件及装配技术，支持基础组件、通信组件、数据访问组件、专业组件和业务组件等，为业务动态管理与集成提供了灵活架构。

SOA 技术在海内外数字油田、智能油气田系统中得到了广泛应用，为解决数据整合、应用集成、服务集成、业务流程管理等提供了适用的软件架构方法。然而，随着油气田企业对实时性、智能监控、智能预警、复杂事件处理（CEP）等业务需求的日益迫切，对数字油田、智能油气田系统架构提出了更高要求。

事件驱动体系架构（EDA）提出了一种构建实时及准实时系统、服务和响应程序的方法。基于这种架构的系统，当一个事件（可以是一项新数据诞生、一个用户触发、一个接口调用或一个消息到达等）产生时，会利用系统本身提供的关联机制（订阅与分发），触发后续事件的处理，从而形成“连锁反应”，而这种“连锁反应”机制恰为业务逻辑的实现提供了活力。

产生事件驱动的系统由事件产生者和事件接收者组成，事件产生者可以将事件发布到事件通道，后者可以将事件分发到订阅事件的接收者。如果没有可用的接收者，事件通道会将事件存储起来，然后将其转发到稍后可用的接收者。

EDA 方法很快被人们所认可，并将事件处理的能力引入 SOA，衍生出了有 ED-SOA。在这种架构中，一个事件的产生可以触发一个或多个服务被调用，这样就把这些静态的功能动态地串联起来；服务本身也可以根据自身需要产生某个事件。

ED-SOA 技术成功应用于长庆油田数字油气藏研究中心建设中。该系统除采用了自主研发的 ED-SOA 技术外，还使用了企业服务总线（ESB）、数据服务总线（DSB）、数据服务和信息共享引擎（DSE）、应用软件适配器（ASI）、业务逻辑编排（BPM）、消息队列（eMQ）等自主研发的技术，实现了订阅（Subscribe）与发布/推送（Push）机制，增强了应用者的良好体验；通过集成已有的多专业数据资源、地质研究成果和水平井随钻信息等，为油气田建立了多学科一体化协同研究平台，实现了实时研究与决策支持。

EDA 的重点是事件驱动，是对实时与增量的响应，而 SOA 本身服务的同步机制是支持服务的实时响应的，但为何还要引入 EDA 事件驱动机制呢？对于 SOA 中的同步服务一般是关系到两个系统间，即 A 系统→ESB→B 系统，但是很多时候实际的业务场景比这个复杂，即到达 B 系统且没有结束，B 系统还需要去分发和通知消息和数据，即 A 系统→ESB→B 系统→ESB→（C，D，E，F）系统，在这种复杂业务场景下，如果简单地用 SOA 同步服务是无法解决类似复杂事件处理（CEP）问题的。

可以看到，在 EDA 应用场景中，源系统将新增数据推送到 ESB 即返回，不用等待 ESB 将事件发布完，因此大大缩短了事务响应与处理周期，实现了较好的解耦。基于 ESB 本身的消息队列，支持异常下的重试，保证不会丢失数据。

2.4 微服务架构[18]

微服务架构是最近几年兴起并逐渐成熟的一项在云环境中部署应用和服务的新技术。

企业和服务提供商都在寻找更好的方法将应用程序部署在云环境中，微服务被认为是未来的发展方向。通过将应用和服务分解成更小的、松散耦合的组件，使其可以更容易升级和扩展。

微服务可以在“自己的进程”中运行，并通过“轻量级设备与 HTTP 型 API 进行沟通”。如图 1、图 2 所示，在微服务架构中，只需要在特定的某种服务中增加所需功能，而不影响整体进程的架构。

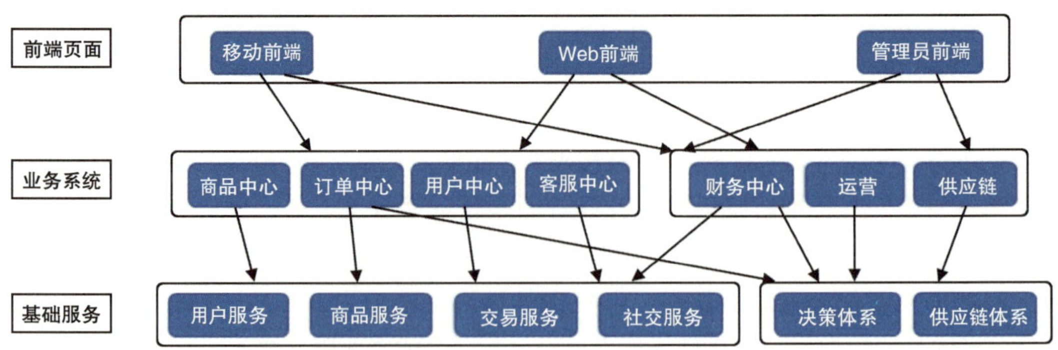

图 1　微服务架构示意图（据百度百科：微服务架构）

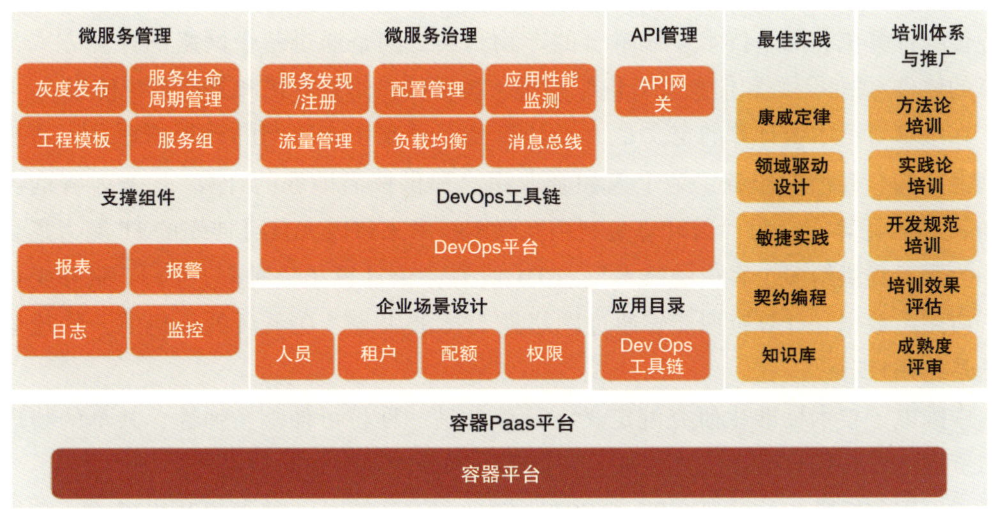

图 2　微服务架构示意图（据北京中油瑞飞信息技术有限责任公司：微服务架构）

微服务架构是传统 SOA 的进化，微服务架构强调的一个重点是“业务需要彻底的组件化和服务化”，原有的单个业务系统会拆分为多个可以独立设计、开发、运行的小应用，这些小应用之间通过服务完成交互和集成。

微服务架构落地通常需要融合 Docker 容器和 DevOps 技术，解决租户隔离和统一开发平台的需求，通常基于 IaaS 基础设施云实现云化。

微服务架构的主要特性：每个微服务可独立运行在自己的进程里；一系列独立运行的微服务共同构建起整个系统；每个服务为独立的业务开发；一个微服务只关注某个特定的功能，如订单管理、用户管理等；微服务之间通过一些轻量的通信机制进行通信，如 REST API 接口进行调用；可以使用不同的语言与存储技术；全自动地部署机制。

微服务设计原则：（1）单一职责原则；（2）服务自治原则；（3）轻量级通信原则；（4）接口明确原则。

微服务和传统 SOA 的区别：（1）微服务架构强调的第一个重点就是业务系统需要彻底的组件化和服务化；（2）微服务强调去中心化，不再依赖传统 SOA 里面比较重的 ESB 企业服务总线，但 SOA 的思想会应用到单个业务系统内部，实现真正的组件化。

CSDN 博主 zpoison[19] 认为，微服务架构 = 80% 的 SOA 思想 + 100% 的组件化架构思想 + 80% 的领域建模思想。

2.5　云计算架构[20-23]

云计算（Cloud computing）是继 20 世纪 80 年代由大型计算机向客户端/服务器（C/S）模式大转变后，信息技术的又一次革命性变化。2006 年 8 月 9 日，谷歌公司首席执行官 Eric Schmidt 在搜索引擎大会（SES San Jose，2006）上首次提出云计算概念。

云计算是网格计算、分布式计算、并行计算、效用技术、网络存储、虚拟化和负载均衡等传统计算机和网络技术发展融合的产物。其目的是通过基于网络的计算方式，将共享的软件/硬件资源和信息进行组织整合，按需提供给计算机和其他系统使用。

在维基百科中云计算的定义是“云计算是一种基于互联网的计算新方式，通过互联网上异构、自治的服务，为个人和企业用户提供按需即取的计算”；著名咨询机构Gartner将云计算定义为“云计算是利用互联网技术来将庞大且可伸缩的IT能力集合起来作为服务提供给多个客户的技术”；IBM认为“云计算是一种新兴的IT服务交付方式，应用、数据和计算资源能够通过网络作为标准服务，在灵活的价格下，快速地提供给最终用户”。

中国电子技术标准化研究院定义：云计算是一种将可伸缩、弹性、共享的物理和虚拟资源池以按需自服务的方式供应和管理，并提供网络访问的模式。

美国国家标准与技术研究院（NIST）定义：云计算是一种资源利用模式，它能通过网络以方便、友好、按需访问的方式，访问计算机资源共享池（包括网络、服务器、存储、应用软件和服务），可以快速供应并以最小的管理代价提供服务。

ISO/IEC标准化组织定义：云计算是一种以网络方式接入到一个可扩展、弹性的共享物理或虚拟资源池的服务模式，用户可以通过自服务和管理的方式来按需购买该服务。

云计算，至少作为虚拟化的一种延伸，虽然影响范围越来越大，但对复杂的企业环境支持不足。因此，云计算架构呼之而出。

实践证明，不同厂商、不同行业对云计算基本架构认识趋同的前提下，在具体设计和构建上，会按照自身的特征，加入个性化或行业属性。目前，大家比较公认的云计算架构包括基础设施层或资源层（IaaS）、平台层（PaaS）、软件服务层或应用层（SaaS）三个层次，如图3至图5所示。

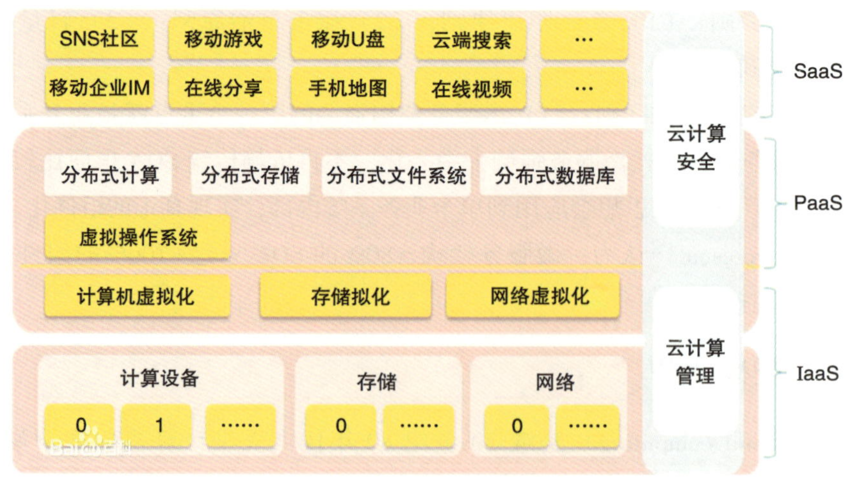

图3 云计算架构示意图（据百度百科：云计算架构）

用户访问层
服务目录
订阅管理
服务访问
应用层
企业应用服务
个人应用服务
平台层
中间件服务
数据库服务
资源层
服务器服务
网络服务
存储服务
物理资源
管理层
安全管理
服务组合
服务目录管理
服务使用计量
服务质量管理
部署管理
服务监控

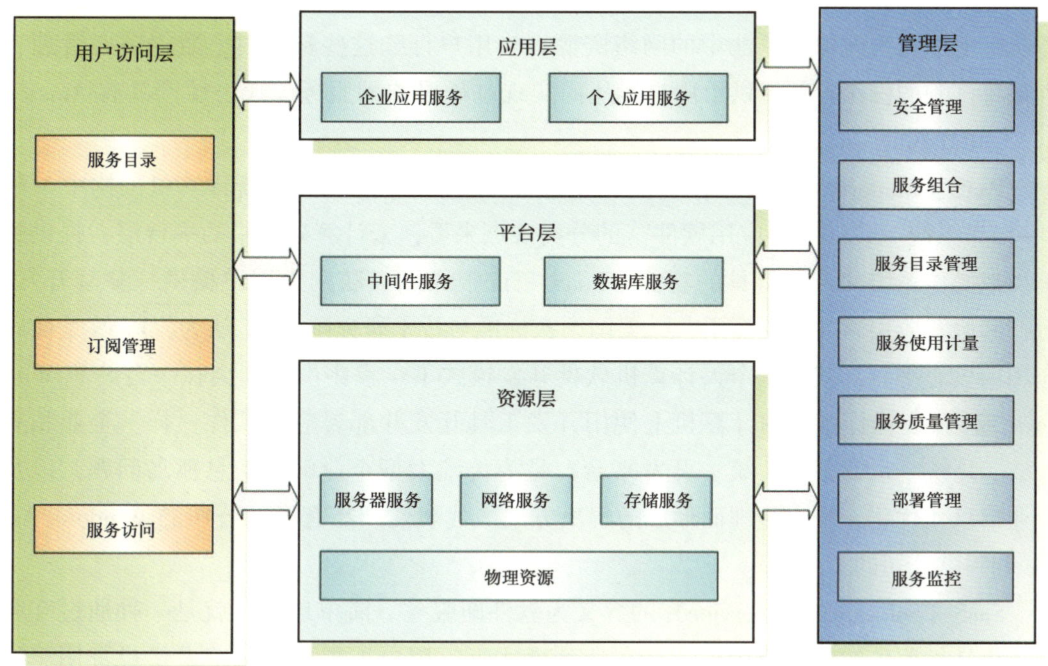

图 4　云计算的体系结构（据腾讯云社区：cloudskyme）

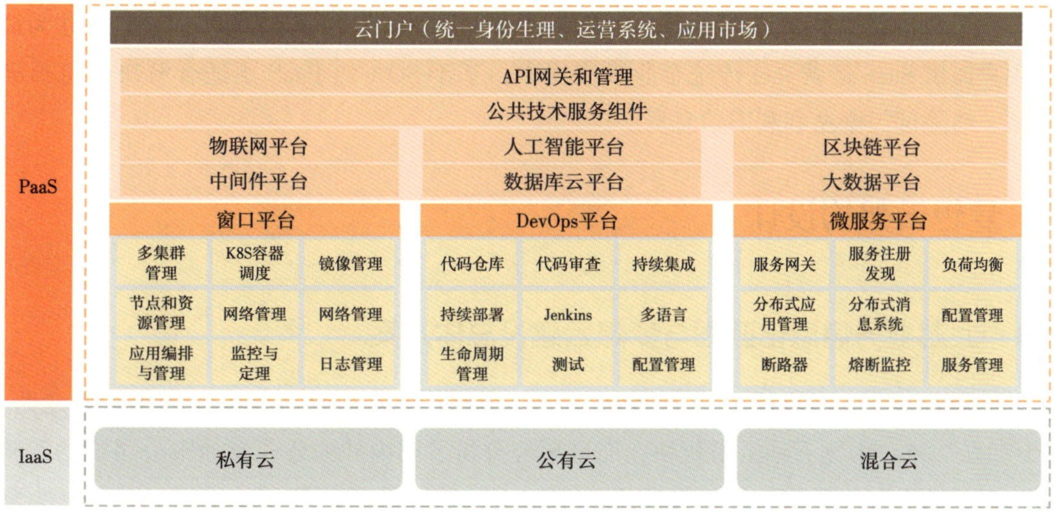

PaaS
云门户（统一身份生理、运营系统、应用市场）
API网关和管理
公共技术服务组件
物联网平台
人工智能平台
区块链平台
中间件平台
数据库云平台
大数据平台
窗口平台
多集群管理
K8S容器调度
镜像管理
节点和资源管理
网络管理
网络管理
应用编排与管理
监控与定理
日志管理
DevOps平台
代码仓库
代码审查
持续集成
持续部署
Jenkins
多语言
生命周期管理
测试
配置管理
微服务平台
服务网关
服务注册发现
负荷均衡
分布式应用管理
分布式消息系统
配置管理
断路器
熔断监控
服务管理
IaaS
私有云
公有云
混合云

图 5　云计算的体系结构（据北京中油瑞飞信息技术有限责任公司）

IaaS（Infrastructure as a Service）的含义为基础设施即服务，主要包括计算机服务器、通信设备、存储设备等，能够按需向用户提供计算能力、存储能力及网络能力等IT 基础设施类服务，也就是能在基础设施层面提供的服务。IaaS 能够得到成熟应用的核心在于虚拟化技术，通过虚拟化技术可以将各种各样的计算设备统一虚拟化为虚拟

资源池中的计算资源，将存储设备统一虚拟化为虚拟资源池中的存储资源，将网络设备统一虚拟化为虚拟资源池中的网络资源。当用户订购这些资源时，数据中心管理者直接将订购的份额打包提供给用户，从而实现基础设施即服务。代表性产品有 Amazon EC2、IBM Blue Cloud 等。

PaaS（Platform as a Service）的含义为平台即服务，如果以传统计算机架构中“硬件+操作系统/开发工具+应用软件”的分类观点来看，云计算架构中的平台层，提供的是类似操作系统和开发工具的功能。PaaS 定位于通过互联网为用户提供一整套开发、运行和运营应用软件的支撑平台，美国国家标准与技术研究院 NIST 认为，PaaS 是面向应用的核心平台。就像在个人计算机软件开发模式下，程序员可能会在一台装有 Windows 或 Linux 操作系统的计算机上使用开发工具开发并部署应用软件一样。企业私有 PaaS，是统一运营平台、统一开发平台，是为传统大型企业解决信息孤岛问题，以及企业信息化优化、统一管理而形成的解决方案。代表性产品有微软公司的 Windows Azure 和谷歌公司的 GAE 等。

SaaS（Software as a Service）的含义为软件即服务。简单地说，就是一种通过互联网提供软件服务的软件应用模式，在这种模式下，用户不需要再花费大量投资用于硬件、软件和开发团队的建设，只需要支付一定的租赁费用，就可以通过互联网享受到相应的服务，而且整个系统的维护也由厂商负责。

SOA 可以使用 PaaS 云化方案，微服务云平台与 SOA 云平台都能实现云化，并为最终用户提供 SaaS 运营。在传统企业级应用中，基于 SOA 的 PaaS 更适合解决信息孤岛问题、消除部门壁垒和利旧信息资产。

3 梦想云架构设计

3.1 上游业务信息化蓝图与梦想云建设总体方案

伴随着信息技术高速发展的大潮，中国石油不断探索数字化、智能化发展之路。“十二五”末，中国石油上游板块在充分研究分析了国内外油公司及油服公司成功经验后，在总结上游业务信息化建设成果的基础上，结合最新的信息技术发展趋势，为落实集团公司“共享中国石油”的发展战略，提出了 2016—2020 年上游业务信息化发展规划。该规划融合了最新的信息技术，制定了以“两统一、一通用”为重点的上游业务信息与应用共享平台的建设蓝图（图 6），为中国石油“数字油气田—智能油气田—智慧油气田”建设和上游业务“数字化、自动化、协同化、智能化”转型、可持续和高质量创新发展奠定了基础，明确了目标和方向。

针对上游业务信息化建设存在的：(1) 信息系统多，缺少统一平台技术；(2) 数据库多，数据横向共享困难；(3) 应用多，业务协同困难；(4) 系统分散，软硬件资产利用率低等不足问题，上游板块提出了“两统一、一通用”的顶层设计方案[24]，将勘探开发梦想云建设列为上游业务数字化转型发展的重点实施项目，通过上游业务统一数据湖、统一云平台和六大通用业务应用建设，打造一流的数字化、智能化平台，实现上游全业务链数据互联、技术互通、业务协同与智能化发展，支撑油气勘探、开发生产、协同研究、生产运行、经营管理、安全环保与科学决策的一体化运营，构建共创、共建、共享、共赢的智能新生态，开启中国石油上游业务信息资源共享、软件开发快速迭代、业务需求敏捷响应的全面平台化发展新时代。

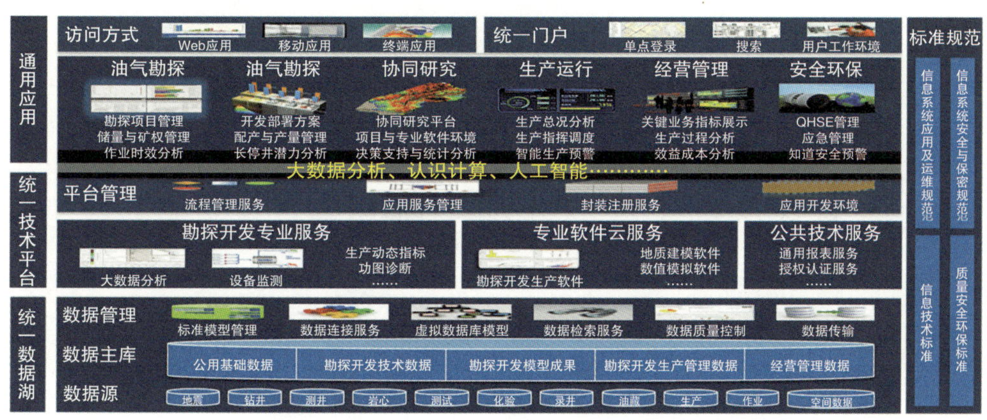

图 6　中国石油勘探开发信息与应用共享平台蓝图规划

为实现上游业务信息化建设目标，中国石油上游板块通过勘探开发一体化协同研究与应用平台项目（简称 A6 项目）开启了勘探开发梦想云平台的设计与建设，包括云计算基础设施 IaaS、统一技术平台 PaaS、勘探开发一体化数据湖 DaaS、通用云应用环境 SaaS，形成上游业务统一的勘探开发梦想云生态（IaaS+PaaS/DaaS+SaaS），为业务提供一体化云化应用服务，如图 7 所示。

图 7　梦想云（IaaS+PaaS/DaaS+SaaS）总体架构

IaaS 基于中国石油“三地四中心”搭建的云计算基础设施及基础平台服务（图 8），提供存储、网络、算力、操作系统、虚拟化、安全控制等基础设施云化服务，也提供了数据库、中间件、Web 发布等基础软件与平台云化服务，具备了“IaaS+”平台及其能力，如图 9 所示。

图 8　中国石油“三地四中心”基础设施云平台

数据中心服务

云服务

基础软件服务（SaaS）/基础平台服务（PaaS）

Oracle服务	Redis服务	SQL Server服务	瑞信服务	WebSphere服务	云桌面服务	Tomcat服务
Apache服务	Nginx服务	Hadoop服务	MYSQL服务	WebLogic服务	电子邮件服务	瑞飞云盘服务

基础设施服务（IaaS）

物理计算云服务	弹性计算云服务	企业存储云服务	内容分发存储服务	本地备份云服务	虚拟私有云服务
巡控服务	域名服务	对象存储服务	虚拟专用网络服务	负载均衡服务	网络云服务
巡检服务	补丁分发服务	归档存储服务	数据迁移服务	操作系统服务	异地容灾云服务

云服务运营管理

云服务运维管理

企业数据中心服务	咨询服务	机房租赁服务	机柜服务	网络资源服务	增值服务

图 9　中国石油云计算基础设施及基础平台服务“IaaS+”

PaaS 基于“IaaS+”平台，采用 Docker+Kubernetes、微服务、DevOps 等基础构件，搭建统一 PaaS 云技术平台，融合了中间件、大数据、认知计算、人工智能和油气上游专业服务引擎，支持对业务需求及企业流程优化的敏捷响应。

DaaS 利用数据湖技术和“PaaS+”平台提供的敏捷、开放、可扩展能力，基于 EPDM V2.0+勘探开发数据存储模型以及 EPDMX 数据交换模型，围绕数据治理、数据入湖、领域知识库、数据服务等核心功能，构建勘探开发梦想云统一数据湖集成与应用服务能力。

SaaS 基于 IaaS+PaaS/DaaS 云平台，按照“一朵云、一个平台、一个湖、一个门户”建设要求，为用户提供统一应用入口；根据用户身份，为其提供资料检索、统计分析、流程管理、专业软件集成、移动应用，支持快速搭建面向现场自动化管理、生产运营管理、综合研究等应用场景的专业化应用 App（SaaS）。

3.2 梦想云架构设计

3.2.1 云计算基础设施 IaaS

IaaS 是企业基础设施类资源的共享中心，中国石油结合了自身的数据中心布局，自主设计、研发了支持多区域、多数据中心资源统一管控的云管理平台，开发了面向业务应用和运维管理的 14 大类云服务，实现了资源服务化供给，满足用户的按需自助服务需求。

通过商业套件、OpenStack 等开放架构软件，形成虚拟计算的分级服务体系，建立高 SLA（服务等级协议）和中高 SLA 基础架构资源池。

计算资源全部使用 X86 服务器，从而避免了与厂商的绑定，大幅降低了设备采购成本。同时，提供虚拟化计算服务和物理机计算服务，能够全面满足各类应用系统的使用需要。

通过应用集中式存储技术满足数据库等共享存储的访问需求，通过应用软件定义存储技术，降低存储成本，提升存储资源的线性增长能力，实现存储资源的弹性伸缩。

基于多链路透明互联（Trill）网络技术，在大大提高网络接入能力的同时，构建高带宽、无阻塞的大二层网络，实现数据中心模块内和模块间的虚拟机在线调度。通过应用 SDN 控制器等软件定义网络技术，提升对网络资源的自动化管控水平，提高云计算网络资源供给的灵活性。

建立以数据安全和私密保护为目标、面向云计算数据中心的整体云安全技术框架，包括虚拟化安全、网络安全、应用安全、数据安全和运维安全等 9 个方面，形成从底层基础设施到顶层应用、从资源池建设到运行维护的安全防护体系。

3.2.2 统一技术平台 PaaS

统一技术平台 PaaS 是对整个上游业务的支撑平台和赋能中心，包括技术平台及管理、勘探开发专业服务、专业软件云服务、公共技术服务等服务组件，全局可用的大数据分析、认知计算和人工智能算法组件等，为上游业务应用开发提供统一的标准规范和技术框架，改变传统“烟囱式”信息系统建设模式，实现对业务应用需求的敏捷响应，为上游业务用户提供统一的应用入口，如图 10 所示。

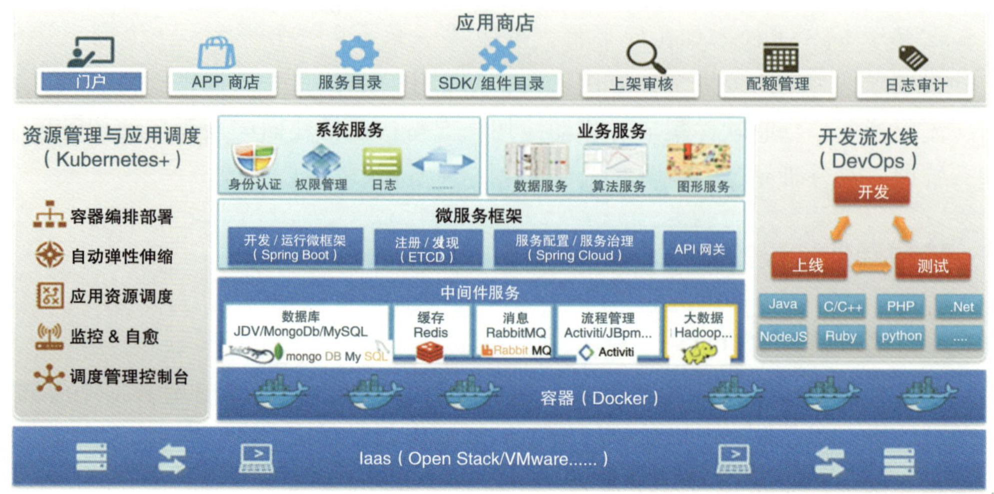

图 10　梦想云统一技术平台技术架构

3.2.3　勘探开发一体化数据湖 DaaS

勘探开发一体化数据湖 DaaS 是企业核心业务资源的汇聚与应用服务中心。中国石油针对当前分散建库、数据孤岛的现状，基于上游统一的勘探开发数据模型 EPDM V2.0+及数据交换模型 EPDMX，应用数据湖技术，实现上游全业务链数据的逻辑统一、互联互通，支持跨地域、跨专业、跨机构的数据共享，如图 11 所示。

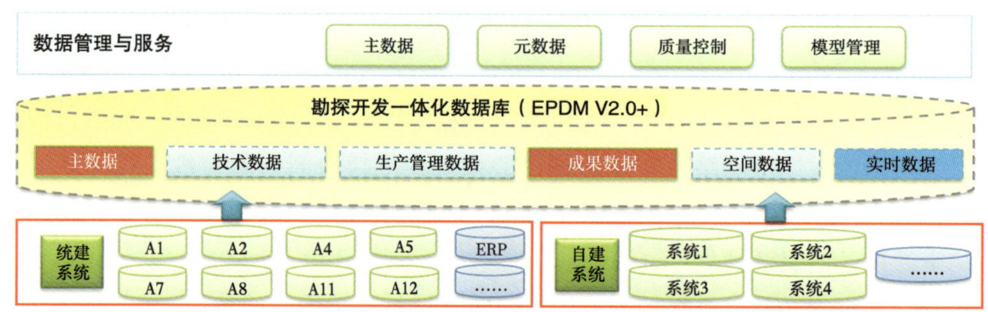

图 11　梦想云统一数据库逻辑架构

A1、A2 等为中国石油统建项目编号；EPDM 为中国石油发布的勘探开发数据模型标准

统一数据库技术架构如图 12 所示。

依托 PaaS 平台，基于统一的数据模型 EPDM V2.0+及其数据交换标准 EPDMX，统一数据库及其服务层整合了虚拟数据库、ElasticSearch、PostgreSQL、Hadoop 等技术，构建了上游业务统一的数据湖，支撑多源数据接入、综合数据治理和安全、高效、高质量的“一站式”数据服务，并为大数据分析、认知计算等智能化应用提供基础服务，如图 13 所示。

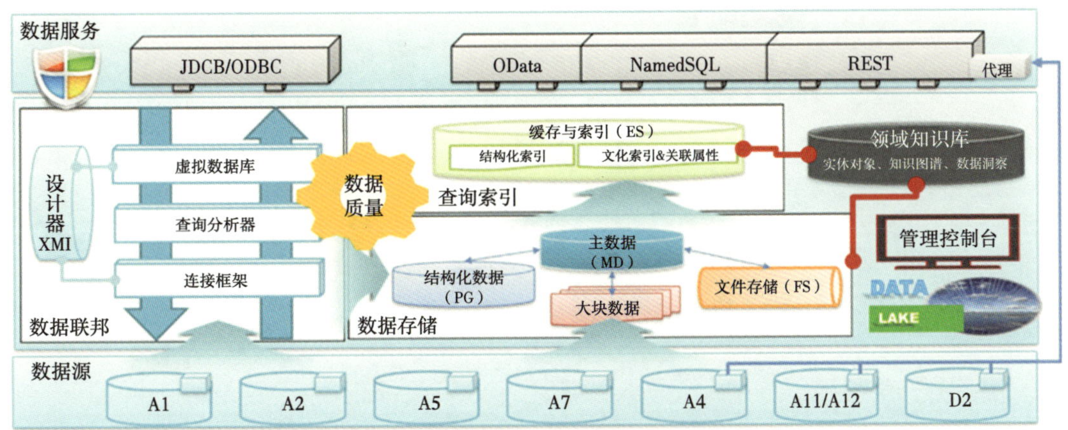

图 12　梦想云统一数据库技术架构

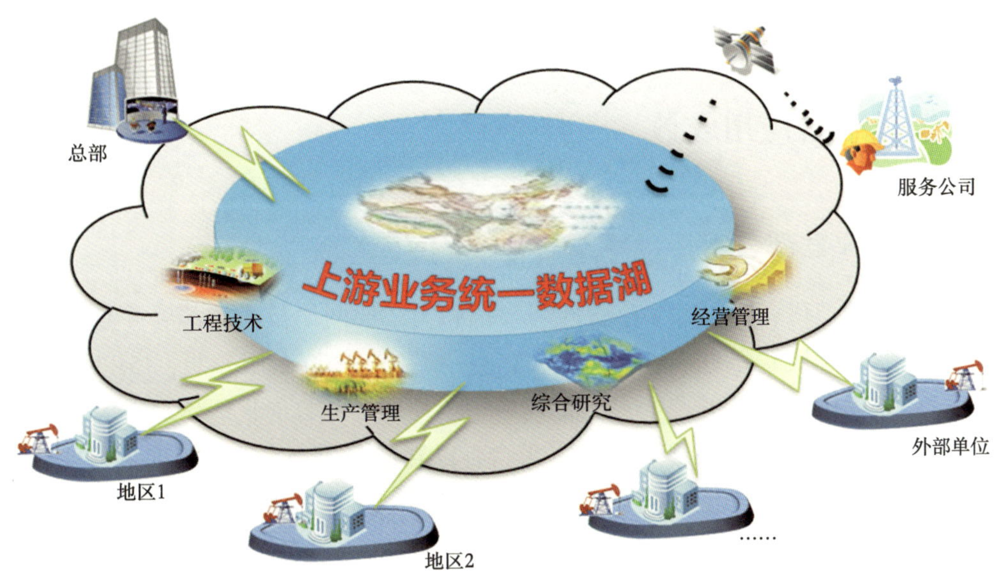

图 13　梦想云统一数据库应用架构

3.2.4　通用云应用环境 SaaS

通用云应用环境 SaaS 是用户的应用共享中心，用户通过多种访问方式单点登录到梦想云统一门户中，使用门户中已有的“私人定制”或进入应用商店查找新的授权 APP 应用。主要应用场景包括勘探业务管理、开发生产管理、生产运行管理、协同研究、安全环保、经营管理与决策等业务工作场景，如图 14 所示。

按照企业 IT 治理体系方法，在组织管理、制度保障、技术标准与流程管理、技术实现 4 个方面，以业务需求为主导，实现业务与数据管理的统一；落实管理制度，规范业务流程，提高标准化程度；统一开发规范，构建开放、共享的新生态。

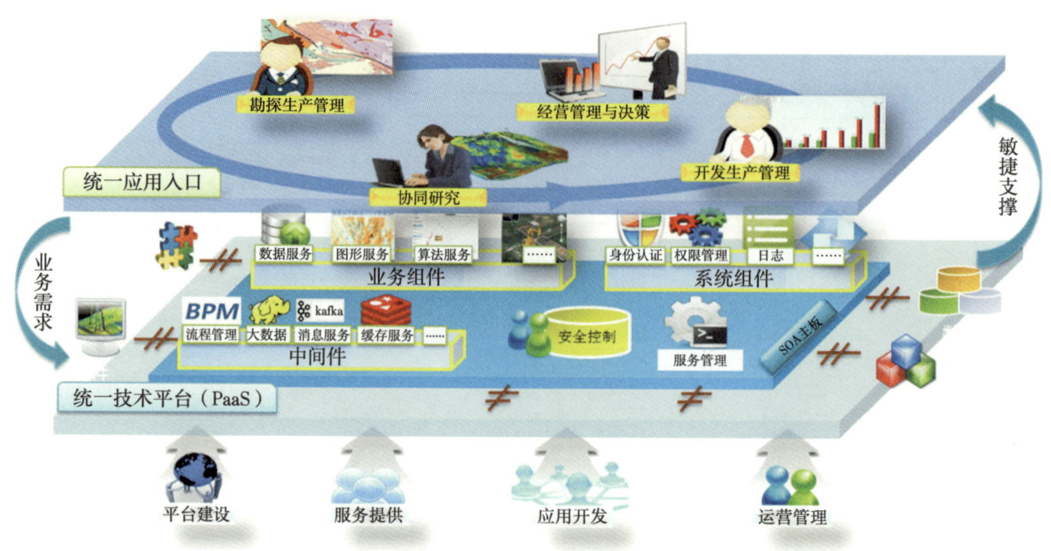

图 14　梦想云通用应用环境

4　梦想云平台应用成效

4.1　梦想云平台部署

利用计算虚拟化、核心边缘存储网络架构和大二层网络技术，部署并建成了灵活共享、统一管控、按需分配的基础架构资源池，配备了 4300 台服务器、15PB 存储的服务能力，可以提供 14 类云服务，是目前能源行业规模最大的企业私有云计算平台。

基于 PaaS 云框架，研发了统一技术平台，以容器 Docker、资源编排与调度 Kubernetes 为基础，整合开发与运行微框架、服务注册与发现、服务配置与服务治理、API 网关等服务，引入 MongoDB、MySQL、Redis 缓存、RabbitMQ 消息、Activiti/Bpm 流程管理、Hadoop 大数据等中间件服务，集成了 DevOps 开发流水线，开发了身份认证、权限管理、日志管理等系统服务和专业数据、专业算法、专业图形等业务服务，搭建了梦想云门户、应用商店、服务目录等，全面支持系统开发、集成、运行、维护统一管理。

基于梦想云 PaaS 平台，为业务用户及系统建设者提供了一体化环境，支持油气勘探、开发生产等六大上游业务领域的工作环境的快速构建，包括应用开发工作平台、应用集成平台、专业软件共享平台、智能化 AI 创新平台、业务协同工作平台。

基于梦想云 PaaS 平台、勘探开发应用软件云服务平台以及专业软件接口技术，支持快速构建勘探开发一体化协同研究环境（SaaS），提供按研究业务流程定制的数据推送、成果管理与可视化、在线成图与统计分析、专业软件云化管理与集成应用等 APP 功能，支持跨地域、跨组织、跨专业的协同研究与决策应用，如图 15 所示。

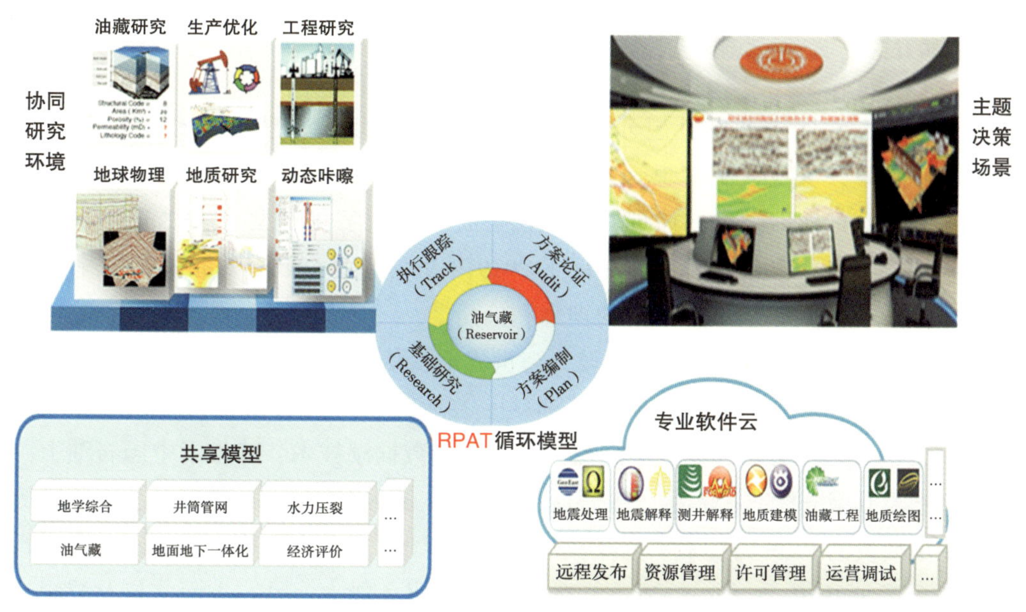

图 15　基于模型、软件共享的一体化协同研究与决策环境

4.2　梦想云平台应用

围绕统一数据库（即数据湖），建立了四大工作环境：开放的数据集成环境、统一数据治理环境、大数据分析环境、统一数据应用环境。梦想云项目一期成果应用于中国石油 16 家油气田企业、中国石油勘探开发研究院和中国石油集团东方地球物理勘探有限责任公司，管理了勘探开发数据资产 1.7PB，涵盖井筒、地震、油气藏、生产、经营等 6 个领域，物探、钻井、经济评价等 15 个专业，数据表、数据体、实时数据等 8 种类型。完善了 136 款业务工具/算法，集成 7 款第三方专业软件，应用于 1181 个勘探开发研究项目/环境（截至 2019 年 10 月 8 日），取得了优异的效果（图 16）。目前已启动基于梦想云平台对上游统建项目 A1、A2、A5、A8、A11 系统进行全面的云化改造，覆盖了油气勘探、开发生产、生产经营等各领域。

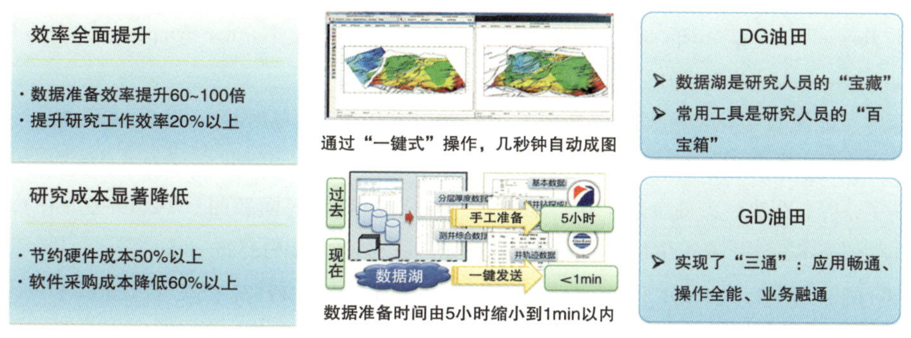

图 16　梦想云平台之协同研究环境应用效果

5 结束语

通过中国石油勘探开发梦想云平台建设，首次提出了梦想云（IaaS+PaaS/DaaS+SaaS）技术方案，实践证明梦想云方案的可靠性、有效性、开放性和适用性。基于云计算技术平台化的实践结果，体现了阿里巴巴公司对数字化转型本质“一切业务数据化，一切数据业务化”的认识，也印证了2019年华为与IDC联合发布的《数字平台破局企业数字化转型》白皮书所提出的理念和论断。

中国石油通过梦想云等平台化建设，与世界前沿信息技术发展基本保持了同步。并通过自主设计、自主协作开发，形成了油气上游业务新一代数据存储及数据交换标准（EPDM V2.0+及EPDMX），研发了勘探开发一体化数据湖技术，建设了中国石油上游开放数据生态及其服务标准和体系。基于Docker+Kubernetes+DevOps、微服务、中间件等开源技术集成研发的PaaS云技术平台，一方面，与中国石油成熟的基础实施云IaaS进行了无缝对接，形成了iPaaS（IaaS+PaaS）的一体化云服务能力；另一方面，与上游统一数据湖及其服务体系DaaS进行了融合建设，形成了面向数据应用的dPaaS（PaaS+DaaS）数据服务能力和面向业务应用的aPaaS（PaaS/DaaS+SaaS）业务集成能力。通过对大数据分析与人工智能等技术的内嵌，扩展了数据分析、生产优化、安全预警、业务智能化功能，初步形成了iSaaS（DaaS+Intelligence+APP）支撑能力；基于APP技术，研发了面向业务应用的应用商店，形成了上游业务应用新生态SaaS。因此，梦想云平台技术方案及建设实践全面扩展和提升了传统IaaS+PaaS+SaaS云平台的理念和内涵。

利用勘探开发梦想云平台的数据集成、智能化服务与应用集成、敏捷迭代、快速扩展能力，可以有效支撑油气田企业的“数字油气田—智能油气田—智慧油气田”建设和绿色可持续发展。

勘探开发梦想云技术与建设方案，具有较强的普适性，可以作为油气乃至整个能源行业的数字化转型、智能化发展的最佳实践加以借鉴。

参考文献

[1] Andy Rowsell-Jones. Adapt today, Succeed tomorrow [EB/OL]. Gartner Symposium/ITxpo highlights 2018. (November 4-8, 2018)

[2] 惠春琳．能源数字化：重塑全球能源发展态势［J/OL］. 学习时报．（2019-6-21）. http：//www. ccps. gov. cn/dxsy/201906/t20190621_132477. shtml

[3] 侯瑞宁，等．石油巨头掘金数字新“油藏”［N/OL］. 新浪界面新闻．（2019-07-18）. http：//finance. sina. com. cn/stock/relnews/cn/2019-07-18/doc-ihytcerm4512525. shtml

[4] 百度百科．MVC［EB/OL］. https：//baike. baidu. com/item/MVC% E6% A1% 86% E6% 9E% B6?fromtitle = mvc&fromid = 85990

[5] 詹子知．MVC架构探究及其源码实现（1）-理论基础［EB/OL］. CSDN博客（版权声明：本文

为博主原创文章）．（2009-10-19）．https：//blog. csdn. net/zhiqiangzhan/article/details/4697443

［6］王桂合．基于中间件技术的制造执行系统架构设计与实现．智造网—助力中国制造业创新［J/OL］．（2011-9-21）．http：//www. idnovo. com. cn/article/2011/0921/article_70227. html

［7］aa8945163. mvc 原理和 mvc 模式的优缺点［EB/OL］．ITeye 网博客．（2011-02-23）．https：//www. iteye. com/blog/aa8945163-918995

［8］默默淡然．为什么要使用 MVC［EB/OL］．博客园．（2013-12-26）．https：//www. cnblogs. com/liangxiaofeng/p/3493248. html

［9］百度百科．SOA（面向服务的架构）［EB/OL］．https：//baike. baidu. com/item/SOA/2140650

［10］百度百科．事件驱动架构［EB/OL］．https：//baike. baidu. com/item/%E4%BA%8B%E4%BB%B6%E9%A9%B1%E5%8A%A8%E6%9E%B6%E6%9E%84

［11］马涛，等．数字油田软件系统架构研究［J］．信息技术与信息化，2010（6）：41-45

［12］lishijia. 事件驱动架构（Event-Driven Architecture，EDA）简介［EB/OL］．博客园．（2016-05-09）．https：//www. cnblogs. com/lishijia/p/5475452. html

［13］cxzhq2002. EDA 和 SOA 的融合以及实践［EB/OL］．CSDN 博客．（2016-03-02）．https：//blog. csdn. net/cxzhq2002/article/details/50782206

［14］SUNSHINEC. SOA，EDA，和 ESB［EB/OL］．博客园．（2018-01-16）．https：//www. cnblogs. com/SUNSHINEC/p/8297201. html

［15］曾玲．CEP，SOA 和 EDA 这三者有什么相互关系［EB/OL］．电子发烧友网．（2018-11-04）．http：//m. elecfans. com/article/808663. html

［16］木马童年．EDA 和 SOA 的融合以及实践［EB/OL］．多智时代．（2019-4-15）．http：//www. duozhishidai. com/article-60126-1. html

［17］许增魁等．数字油田技术发展探讨［J］．中国信息界，2012（9）：28-32

［18］百度百科．微服务架构［EB/OL］．https：//baike. baidu. com/item/%E5%BE%AE%E6%9C%8D%E5%8A%A1%E6%9E%B6%E6%9E%84

［19］zpoison（CSDN 博主）．SOA 架构和微服务架构的区别［EB/OL］．CSDN 博客（版权声明：本文为原创文章，遵循 CC 4.0 BY-SA 版权协议）．（2018-06-19）．https：//blog. csdn. net/zpoison/article/details/80729052

［20］百度百科．云计算架构［EB/OL］．https：//baike. baidu. com/item/%E4%BA%91%E8%AE%A1%E7%AE%97%E6%9E%B6%E6%9E%84

［21］ZhaoYingChao88（CSDN 认证博客专家）．云计算架构介绍［EB/OL］．CSDN 博客．（2018-07-03）．https：//blog. csdn. net/ZYC88888/article/details/80903530

［22］总有刁明想害朕．面向微服务架构与传统架构、SOA 对比，以及云化对比［EB/OL］．CSDN 博客．（2018-03-05）．https：//blog. csdn. net/Crystalqy/article/details/79441870

［23］cloudskyme. 云计算的体系结构［EB/OL］．腾讯云社区．（2018-03-20）．https：//cloud. tencent. com/developer/article/1066470

［24］杜金虎，张仲宏，章木英，等．中国石油上游信息共享平台建设方案及应用展望［J］．信息技术与标准化，2017（8）：67-70

梦想云平台技术研究

黄兆越　王铁成　辛　麒　朱明新
赵博良　王正庭　迟　汇
（中国石油集团东方地球物理勘探有限责任公司；
北京中油瑞飞信息技术有限责任公司）

摘要　勘探开发梦想云平台是中国石油搭建的第一个主营业务智能共享平台，旨在实现上游业务数据互联、技术互通、业务协同，推进勘探开发智能化。整个平台依托数据湖和 PaaS 云平台技术，建设统一勘探开发数据湖和统一云平台，搭建了通用的协同研究环境，实现勘探开发生产管理、协同研究、经营管理及决策的一体化运营，支撑勘探开发业务的数字化、自动化、可视化、智能化转型发展。梦想云是打造“共享中国石油”的重要组成部分，标志着集团公司信息化迈入全新时代，在国内油气行业数字化、智能化转型及信息化建设中具有里程碑意义。

关键词　勘探开发　梦想云　平台技术　容器　微服务　DevOps

1　引言

中国石油的信息化建设历经了分散建设、集中建设、集成应用三个阶段，石油信息人一直致力于数据库及深化应用的建设，然而受技术的限制，一直没有统一的技术平台。数据多头录入、标准不统一、功能重复开发、数据流与业务流分离，“三多”现象突出，部分油田公司的统建、自建系统多达上百个，接口上千个，数据不能共享，业务不能协同。为响应集团公司“共享中国石油”发展战略，把握国际信息化的发展大势，迎接上游信息化建设面临的挑战，梦想云平台建设的倡导者和主要推动者、中国石油勘探与生产分公司副总经理杜金虎于“十二五”末提出了“统一数据湖，统一技术平台，强化通用应用建设”的构想，着手构建“共创、共建、共享、共赢”的信息化新生态。此构想符合集团公司信息化建设方向与趋势，得到了主管领导和相关部门的大力支持和积极响应。

第一作者简介　黄兆越（1978—），男，山东滕州市人，2004 年 2 月毕业于北京邮电大学，主要从事云计算、大数据、物联网、微服务、业务连续性等技术工作。通信地址：北京市昌平区沙河镇西沙屯桥西中国石油科技园 A29 地块 A 座 3 层，邮政编码：102206，E-mail：huangzhaoyue@ cnpc. com. cn。

1.1 企业数字化转型趋势

随着两化融合的深入和数字化转型浪潮的到来，业务对信息技术的应用需求越发迫切，对技术的要求也越来越高，面临的主要挑战有以下几方面。

（1）“烟囱式”信息系统资源难以共享，资源利用率低，物理及虚拟资源无法实现资源的弹性管理，不能满足按需分配的要求。

（2）传统系统建设模式迭代慢，臃肿的单体架构无法满足敏捷要求，导致一些简单的需求开发周期长、部署慢、扩容慢、升级难等。

（3）服务化拆分不足，单体应用经常会出现牵一发而动全身的情况，随着项目迭代次数增加，传统项目在单体架构中堆积了过多的技术栈（技术与代码冗余），导致管理及运维的复杂度增加，技术人员掌握庞大的老旧系统十分困难，因此给系统的管理及运维带来了很大的挑战。

（4）开发与运维分离，无法实现端到端自动化，传统的开发模式将人员隔离到不同的领域，沟通与问题流转过程基本通过面谈、电话、邮件等形式，导致了角色与角色之间沟通成本高，流程流转效率低下，无法将整个软件的全生命周期进行有效的管理。

面对这些挑战，几乎所有行业都在逐渐清晰认识到数字化转型的重要性与必要性，同时预见到数字化转型所带来的价值。根据权威机构统计（图 1），目前云计算等新兴技术逐步走向成熟，应用云计算技术可以加快企业的数字转型速度。很多行业已经率先推进新兴技术在企业中的应用，油气行业相对保守，但也在加快推进中。

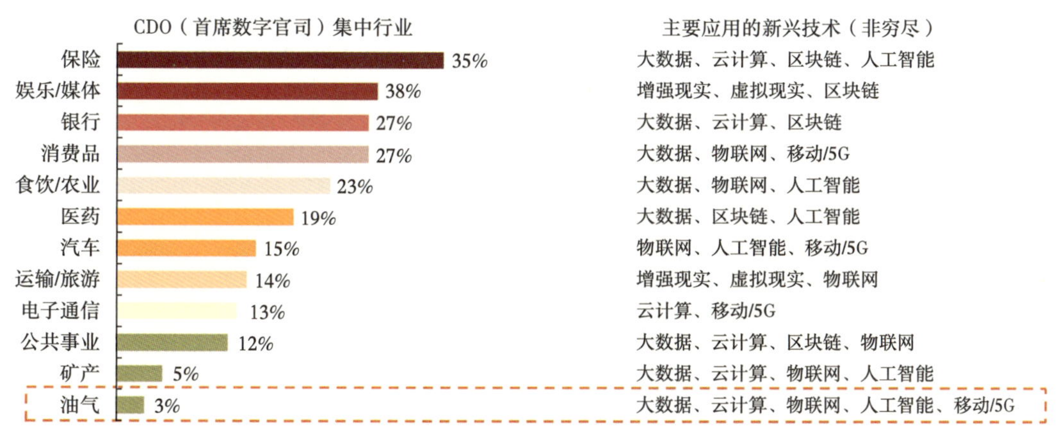

图 1　新兴技术各行业占比

放眼未来，数字化转型也出现了一系列的趋势和可能性。数字化转型需要战略、技能、文化等多个维度进行同步、全面的改变。数字化从根本上改变了这个世界运转的方式，改变了一个企业组织运营与创造价值的模式。如图 2 所示，越来越多的企业结合新技术将数字化转型上升到集团级战略层面。

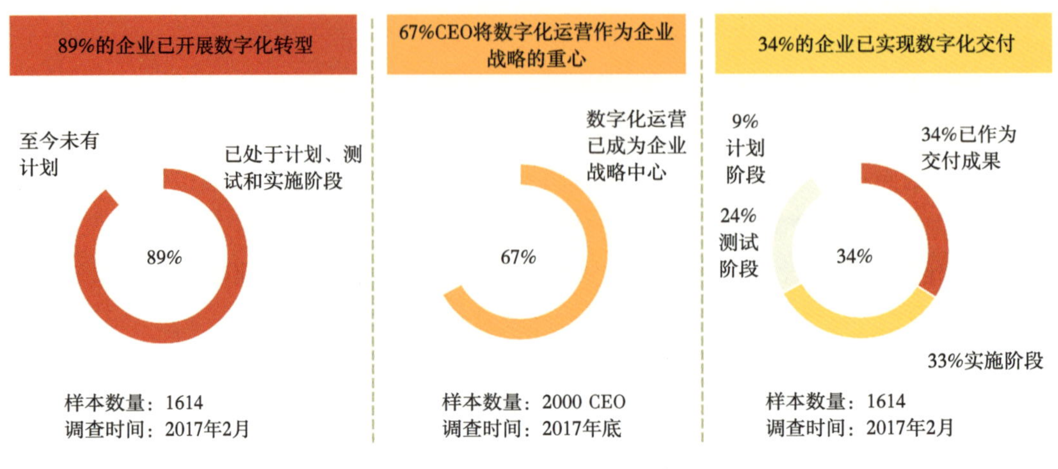

图 2　企业数字化转型统计

1.2　技术发展趋势

Docker 技术出现已经超过了六年，Kubernetes 的快速发展感觉也已经是过时的新闻了，但是这并不意味着容器技术生态系统已经发展到了尽头，相反，容器及其周边的技术文化还有许多种方式可以保持发展。根据 Docker 公司公布 2018 最新的 Docker 年度数据报告（图 3），从 2013 年 3 月 PyCon 大会上，Docker 首度亮相之后，在 Docker 技术上的容器镜像下载次数已经超过了 370 亿次，容器化的应用有高达 350 万个，在 Linkedin 网站上的 Docker 相关职位空缺也有 15000 个。全球活跃的 Docker 使用者社群已有 200 多个。全球使用企业版 Docker EE 的企业顾客则约有 450 家。而过去一年，Docker

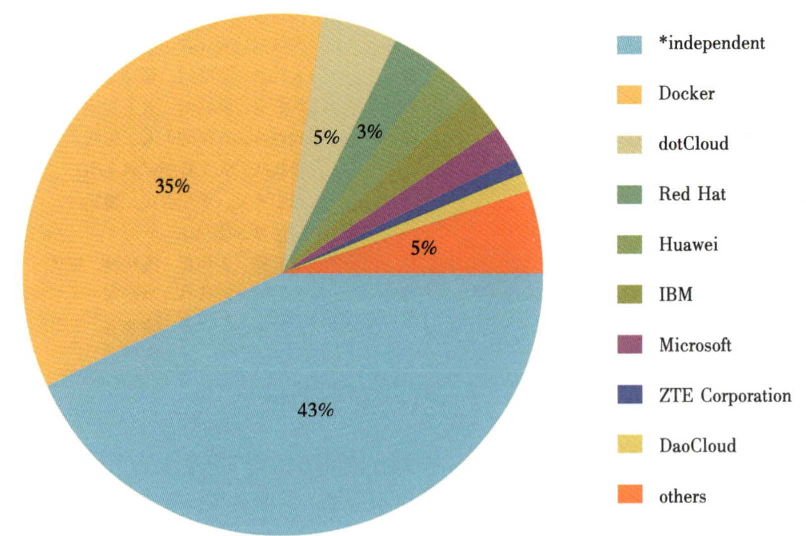

图 3　Docker 社区提交次数占比（按公司）

功能的进展不多，主要有拥抱 Kubernetes，在 Docker 产品中可以和 Swarm 并用。其次最重要的新功能是增加了 RBAC 角色存取控管机制，这也是企业最想要的安全机制。

Kubernetes 是谷歌公司严格保守了十年的秘密武器——Borg 的一个开源版本。Borg 是谷歌公司一个久负盛名的内部使用的大规模集群管理系统，它基于容器技术，目的是实现资源管理的自动化，以及跨多个数据中心的资源利用率最大化。十几年来，谷歌公司一直通过 Borg 系统管理着数量庞大的应用程序集群，但外界一直无法了解关于它的更多信息。直到 2015 年 4 月，传闻许久的 Borg 论文伴随 Kubernetes 的高调宣传被谷歌公司首次公开，大家才得以了解它的更多内幕。正是由于站在 Borg 这个前辈的肩膀上，吸取了 Borg 过去十年间的经验与教训，所以 Kubernetes 一经开源就一鸣惊人，并迅速称霸了容器技术领域。目前，三家规模最大的云服务供应商皆提供自己的托管 Kubernetes 服务。此外，根据 Redmonk 公布的数据，全球《财富》一百强企业当中有 71%在使用容器，而超过半数《财富》世界百强企业利用 Kubernetes 作为其容器业务流程平台。多达 11258 位开发贡献者、GitHub 上拥有 75000 多次提交以及全球 Meetup 组中的 15.8 万名成员，反复证明着 Kubernetes 社区所展现的活力与延伸水平，如图 4 所示。Kubernetes 在 30 个发展速度最快的开源项目当中排名第三。凭借这样的排名，很多人甚至将 Kubernetes 定义为开源历史上发展速度最快的项目之一[1]。

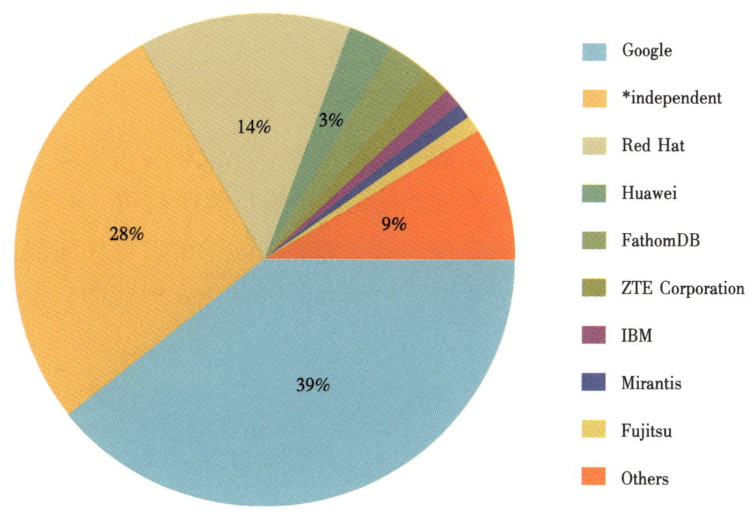

图 4　Kubernetes 社区提交次数占比

如果要在诸多热门云计算技术中，诸如容器、微服务、DevOps、OpenStack 等，找出一个最火的方向，那么非微服务莫属。在传统单体或 SOA 下，应用如果频繁升级更新，开发团队非常痛苦。企业的业务应用经过多年 IT 建设，系统非常庞大，要改动其中任何一小部分，都需要重新部署整个应用，敏捷开发和快速交付无从谈起。传统企业在长期的 IT 建设过程中，通常大量使用外包团队，这导致采用的技术栈之间差异较大，统一管控和运维要求更高。需要运维 7×24 小时全天候值守、在线升级，并快速响应。而此时脱颖而出的微服务技术，面对上述困惑几乎浑身优点：独立开发、独立部署、独立发布，去中心化管理，支持高并发、高可用，支持丰富技术栈，企业可以根据需要进行灵活技术选型。根据 Dimensional Research 的全球微服务趋势报告显示：随着业务节奏的加快，使业务本身对软件的架构灵活程度要求变高，91%的企业正在使用微服务，99%的用户认为在使用微服务时遇到了挑战，不仅面临技术上的挑战，同时也面临着组织结构上的挑战，如图 5 所示。如何应对这些挑战成为微服务急需解决的问题[2,3]。

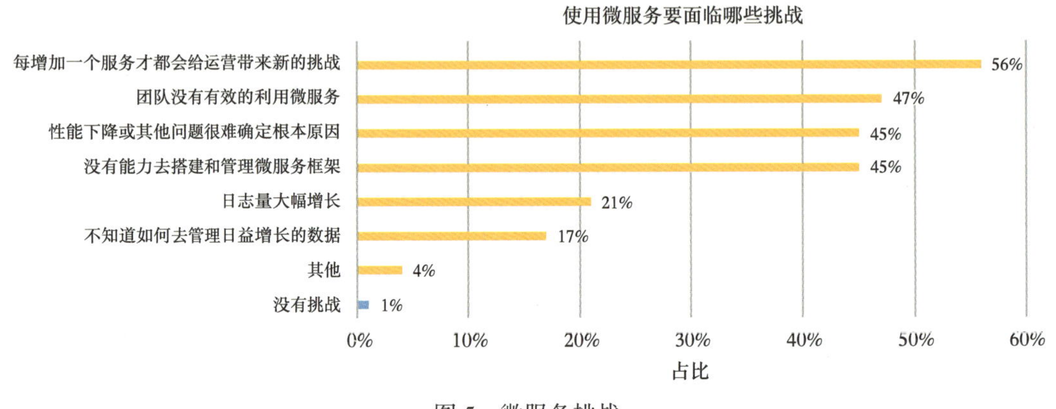

图 5　微服务挑战

2　总体背景

经过多年持续建设，中国石油勘探开发信息化应用取得显著成效，但多系统、多平台、多数据库亟待集成共享。上游业务板块积极践行集团公司“共享中国石油”发展战略，深入研究最新的技术发展趋势，充分借鉴国际油公司最佳实践，经过多次研讨、论证，提出了以“两统一、一通用”为核心的信息化发展蓝图，为石油信息化之后的发展道路指明了方向。

2.1　信息系统发展现状

集团公司信息化建设目前分为统建项目与自建项目，统建项目信息化都很好地借助了云基础设施弹性、可靠、安全、免维护等特点，提升公司国际竞争力，具备较高的 IT 成熟度。自建项目的生命周期需要匹配项目的生命周期，各项目公司之间的 IT 成熟度参差不齐，其业务类型包括勘探开发、管道运营、炼油化工等，部署方式以物理独立、逻辑分散为主，因此需要完善基础设施，大力发展“应用”和“数据”建设，以充分发挥信息化对业务的支撑作用。

2.2　上游信息系统现状

近年来，以物联网、云计算、大数据、人工智能为核心的信息技术发展突飞猛进，对社会发展产生了深刻的影响，以信息技术驱动的第四次产业革命正在到来，石油上游领域正面临着技术更新换代和创新发展的重大机遇。

针对上游业务信息化建设存在的信息系统多、缺少统一平台技术，数据库多、数据横向共享困难，应用多、业务协同困难，系统分散、软硬件资产利用率低等不足的现状，上游板块提出了“两统一、一通用”的建设方案，将勘探开发云梦想云平台建设列为上游业务数字化转型发展的重点，即通过上游统一数据湖、统一技术平台和六大通用业务应用建设，打造一流的数字化、智能化平台，实现上游全业务链数据互联、技术互通、业务协同与智能化发展，支撑勘探生产、开发生产、协同研究、经营管理、安全环保与科学决策的一体化运营，构建共建、共融、共享、共赢的智能新生态，开启中国石油上游业务资源共享、开发快速迭代、需求敏捷响应的全面平台化发展新时代。

2.3 上游“两统一、一通用”规划

梦想云平台“两统一、一通用”指建设勘探开发统一数据湖、统一技术平台和通用业务应用。统一数据湖和统一技术平台，实现上游全业务链数据集中统一、互联互通，支持跨专业、跨机构、跨地域共享。通用业务应用，支撑实现勘探生产、开发生产、生产运行、协同研究、经营决策的一体化运营。

2.4 技术平台定位

基于 PaaS 云架构，梦想云建立统一开放的技术平台，开发容器、微服务、软件开发流水线、企业服务目录、应用商店等主要功能，形成“模块化、迭代式”敏捷开发模式，统一支持上游业务应用的开发、集成、服务，如图 6 所示。

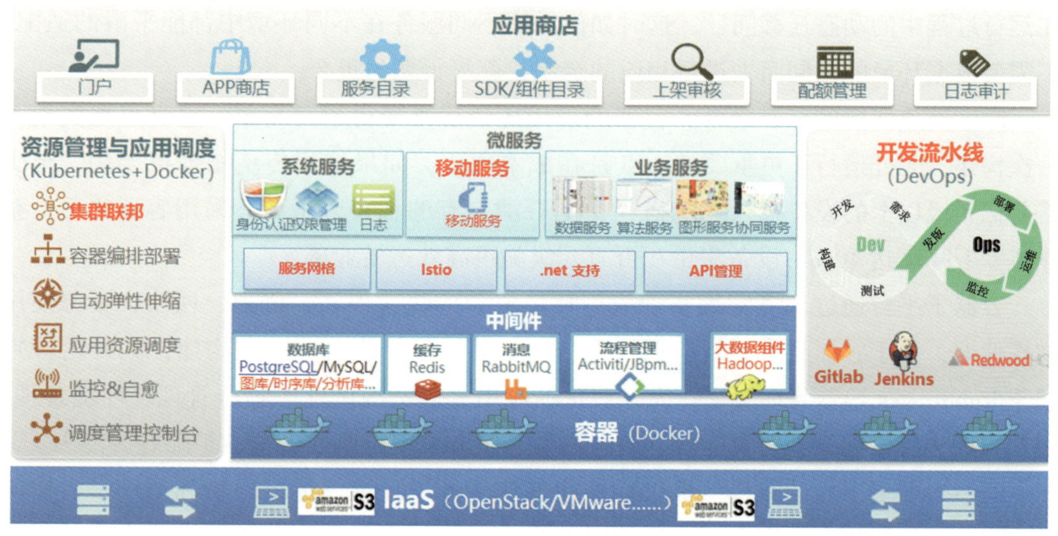

图 6 技术平台总体架构

统一技术平台具备五大服务能力：业务协同能力，勘探开发业务人员统一的工作平台，统一入口根据用户身份配置其工作视图，高效辅助用户完成工作目标；智能化（AI）创新能力，基于云架构的大数据、认知计算、物联网、移动应用等先进技术，支撑上游业务智能化应用；专业软件共享能力，建立勘探开发专业软件资源池，共享软件资源，支持用户随时随地按需使用；应用集成能力，开放框架支持第三方应用高效集成与云化运营，多方共建上游业务共享生态；应用开发支持能力，敏捷、开放的软件开发流水线，为跨组织的业务应用开发、运行和维护提供统一的技术框架与资源保障。

3 技术平台支撑的云原生应用建设

3.1 容器

容器技术是一种资源隔离的虚拟化技术。容器概念始于1979年提出的Unix chroot，是一个Unix操作系统的系统调用，将一个进程及其子进程的根目录改变到文件系统中的一个新位置，让这些进程只能访问到这个新的位置，从而达到了进程隔离的目的，然后采用集装箱思想，为应用提供了一个基于容器的标准化运输系统，就像货物的运输情况一样，将不同的货物放在统一标准的集装箱中，便于不同的运输工具或机器（如海运轮船、陆运火车和汽车、航运飞机等）运输，减少因货物的不同而频繁进行货物的装载和卸载，节约大量的人力物力[4]。

为解决大规模数据访问所带来的压力，基本都是采用分布式的部署方式，一个应用可能包含多种服务或多个模块。多种服务可能需要部署在不同的环境中，如虚拟服务器、公有云、私有云等，但是多种服务之间存在一些依赖关系，所以可能存在应用在运行过程中的动态迁移问题，这时如何保证不同服务在不同环境中都能平滑的适配，不需要根据环境的不同而去进行相应的定制，就显得尤为重要。

除了迅速便捷的部署之外，容器的采用还让运维变得越发简单，它真正地实现了一次构建、到处运行，更重要的一点是在成本方面，如果使用传统物理机架构，至少需要亿元级以上的设备投入才能搭建中国石油自有的私有云平台，采用容器之后，整体成本下降高达40%，设备集中在百万元级就可高效运转业务。

容器子平台通过环境管理实现应用环境资源的快速申请、创建、回收，资源使用弹性伸缩，基于容器技术实现应用快速、轻量部署运行能力（一次构建，到处运行），基于Kubernetes容器管理引擎，为容器化的应用提供资源调度、集群管理、环境管理、租户管理、容器编排、部署运行、故障漂移、服务发现、监控告警、扩缩容等能力。

通过容器子平台的建设，提供标准化的应用开发环境、运行环境和通用平台中间件，实现应用资源多语言多框架运行时的自动化，解决各系统分散建设后再集成过程中的重复工作，可以快速交付运行环境，屏蔽应用部署过程中针对不同环境需要的环境配置、安装步骤等复杂过程，从而快速响应客户需求，有效提升资源利用率，实现降本增效，提升服务质量。

3.2 DevOps

DevOps 如果从字面上来理解只是 Dev（开发人员）+Ops（运维人员），实际上，它是一组过程、方法与系统的统称，其概念从 2009 年首次提出发展到现在，内容已非常丰富，有理论也有实践，包括组织文化、自动化、精益、反馈和分享等不同方面。

首先，组织架构、企业文化与理念等需要自上而下设计，用于促进开发部门、运维部门和质量保障部门之间的沟通、协作与整合，简单而言，组织形式类似于系统分层设计。

其次，自动化指所有的操作都不需要人工参与，全部依赖系统自动完成，比如上述的持续交付过程必须自动化才有可能完成快速迭代。

最后，DevOps 的出现是由于软件行业日益清晰地认识到，为了按时交付软件产品和服务，开发部门和运维部门必须紧密合作。

DevOps 强调的是高效组织团队之间如何通过自动化的工具协作和沟通来完成软件的生命周期管理，从而更快、更频繁地交付更稳定的软件。在内部沟通上，你可以想象 DevOps 是一种敏捷思维，是一种沟通的文化。当运营和研发有良好的沟通效率时，才可以有更大的生产力。如果你的自动化程度够高，可以自主可控，工作负担降低，DevOps 能够带来更好的工作文化、更高的工作效率。

传统的开发模式将人员隔离到不同的领域，提高了角色与角色之间沟通成本高，流程流转效率低下，无法将整个软件的生命周期进行有效的管理。DevOps 子平台实现了团队从传统协作模式到敏捷协作模式的转变，在软件生命周期的各个阶段（需求、开发、运维等）引入对应工具，打通工具链，实现软件开发全过程的自动化管理，并通过标准化流程有序组织，在提供应用整体交付大流程的前提下，为完成应用交付的各个环节提供小流程支撑，如需求管理流程、设计流程、开发流程、测试流程等，实现标准化应用交付。

DevOps 子平台通过流程规范建设实现问题的快速回溯，减少软件故障，缩短故障恢复时间。通过工具链的打通，减少开发过程中人工的误操作、慢操作，快速实现产品的迭代。通过技术规范的制定，帮助技术人员快速了解平台，同时提升自身能力，为软件迭代提升提供依据，加速业务能力提升。通过将敏捷研发过程与流水线相结合，使得项目在需求、设计、开发、测试及发布过程更加快捷、频繁和可靠，提升软件的交付效率。通过代码安全、制品安全、镜像安全及运行安全 4 个方面的加强，提升了软件的安全性。通过代码的质量扫描，从代码的规范性、安全性、可靠性和可维护性等多方面实时跟踪项目质量情况，保障项目的交付质量。

DevOps 子平台为石油信息化提供自动化工具，减少人工成本，同时提供标准流程、规范等内容，让相关角色能力得到快速提升，达到软件与人员技术能力同时提升双重效果。

3.3 微服务

在开发阶段，如果遵循“大一统”的服务化理念，通常会将所有功能的实现都统一归到一个开发项目下，但随着功能的膨胀，这些功能一定会分发给不同的研发人员进行开发，造成的后果就是大家在提交代码的时候频繁冲突并需要解决这些冲突，单一的开发项目成了开发期间所有人的工作瓶颈。

为了减轻这种苦恼，将项目按照要开发的功能拆分为不同的项目，形成微服务，每个微服务都是简单灵活的，能够独立开发部署，使得负责不同功能的研发人员就可以在自己的代码项目上进行开发，从而解决了大家无法在开发阶段并行开发的苦恼，并且不再像以前一样，应用需要一个庞大的应用服务器来支撑。微服务之间是松耦合的，内部是高内聚的，每个微服务很容易按需扩展，并且微服务架构与语言工具无关，自由选择合适的语言和工具，高效地完成业务目标即可。微服务一方面有助于应对飙升的系统复杂度，另一个方面有助于进行更大范围的扩展，从分散开发到并行开发的扩展，从分散交付到并行交付的扩展，再到相应的组织结构和组织能力的扩展，皆因微服务而受惠[5]。

微服务子平台实现了微服务治理完整的解决方案，包括服务注册发现、服务配置统一管理、服务保护、服务链路追踪、服务网关，通过统一可视化平台完成治理组件的动态管理，微服务子平台还提供了模板生成功能，可以根据模板生成相关的治理服务组件，同时提供了大量软件开发过程中便利工具，以及微服务生态带来的分布式问题的解决方案。

微服务子平台通过将传统单体架构应用向微服务架构转变，积累和沉淀有价值服务，形成并完善开发体系，实现服务共享，提升开发效率。服务之间以轻量级通信进行交互，每个服务在独立进程中运行，可独立部署快速发布，从而提高系统交付速度，快速响应用户需求。通过微服务组件治理，解决服务拆分后服务之间调用复杂性问题，从而提供系统稳定性。

3.4 持续集成与持续交付

在传统软件开发过程中，集成通常发生在每个人都完成了各自的工作之后。在项目尾声阶段，通常集成还要痛苦地花费数周或者数月的时间来完成。

持续集成（CI）是一个将集成提前至开发周期的早期阶段的实践方式，让构建、测试和集成代码更经常反复地发生。持续交付（CD）是持续集成的延伸，将集成后的代码部署到类似的生产环境，确保可以以可持续的方式快速向客户发布新的更改代码的编译、打包、集成，发布完全由工具实现自动化。这个过程的自动化极大地减少了人工参与，避免人为的失误，加快软件迭代的效率，提升软件质量[6]。

CI/CD 作为 DevOps 的核心基础，它完成了工具自动化的部分，即由客户端将代码推送 push 到代码仓库，触发自动化构建操作，通过制定好的构建流水线，执行相关的构建任务，最终在容器子平台中运行。

4 技术平台支撑的技术和业务共享

4.1 服务目录

服务目录是服务供方现在以及将来可能需要提供的服务，结合自身 IT 服务提供能力所编制的给服务需求方看的“菜单”。而 IT 服务请求只是 IT 服务其中的一部分，包括客户的咨询、投诉、常规变更等，常见于 IT 服务目录中的还有故障/缺陷的处理[7]。

技术平台服务目录是为企业提供通用中间件服务的平台，平台通过中间件的模板化，来实现服务一键式快速部署，通过个性化参数高效部署，使中间件模板支持单机、集群化部署，利用 HTTP/HTTPS 模式切换等方式，帮助项目组适应各类环境，通过标准制定实现了版本标准化、部署标准化、管理标准化等一系列中间件标准化。

服务目录的建设，能够实现了标准化部署，帮助企业统一中间件部署模式，保证同一类中间件的目录位置和功能一致性，提高运维效率，通过一键化高效部署，减轻了项目前期技术调研所需的人力成本和时间成本，帮助项目快速启动并实现高效开发。

另外，服务目录的建设，有利于项目经验的积累，在项目的落地过程中实现中间件模板的制作，完成的模板可以实现共享，在其他项目中对参数实现优化迭代，帮助企业实现效能最大化。

4.2 应用商店

应用商店指把 IT 基础设施作为一种服务通过网络对外提供。在这种服务模型中，用户不需要自己构建数据中心，而是通过租用的方式来使用基础设施服务，包括服务器、存储和网络等。在使用模式上，应用商店与传统的主机托管有相似之处，但是在服务的灵活性、扩展性和成本等方面应用商店具有很强的优势[8]。

应用商店子平台是勘探开发梦想云“一站式”服务窗口，为上游业务用户分类呈现专业应用，为软件开发者开放各类开发资源，如开发工具、中间件等，为服务商（ISV）提供产品与服务运营环境与机制，支撑中国石油上游业务开放、协同、共享生态环境落地。

为业务用户（含个人用户或企业级用户）提供安全的应用商品目录，用户根据需要选择试用、购买、下载所需应用。后期将提供基于用户使用习惯的应用推荐。为软件开发人员或团队提供中间件、微服务、开发组件包等开发资源服务目录，开发者根据需要选择试用、购买开发资源，逐渐形成支持基于云平台的应用开发、测试、发布和上架完整流程。为服务商提供其产品的上架审核及服务计量机制，支持其产品在线运营。未来将为其产品提供售前咨询、支付结算和售后服务等完整运营流程支撑。

4.3 API 开放平台

开放平台指软件系统通过公开其应用程序编程接口（API）或函数（function），来使外部的程序可以增加该软件系统的功能或使用该软件系统的资源，而不需要更改该软件系统的源代码。在互联网时代，把网站的服务封装成一系列计算机易识别的数据接口开放出去，供第三方开发者使用，这种行为就叫作开放 API（Open API）。提供开放 API 的平台本身就被称为开放平台[9]。

API 开放子平台是一种技术性的开放平台，为企业提供统一的 API 入口，企业将自身有价值的能力通过开发平台向外开放，快速构建基于 API 的生态体系。子平台有利于支撑构建统一、开放、共享的应用平台，打造开放的运营生态。子平台实现了多维度认证授权，能通过配置 API 流量阈值，限制 API 请求次数，提供 ip 限制策略，方便基于黑白名单 API 的访问管理，添加发布审核和订阅审核，使 API 管理更安全可靠，子平台通过监控中心提供了 API 调用过程的各种统计报表，便于运维人员提前规避风险。

API 开放子平台为了企业将自己的产品或服务与其他产品实现互通，需要开发出 API（应用编程接口），它由一组定义和协议组合而成，能够对外提供服务，通过外部开发和协作，推动开放创新或提高效率。构建企业标准化 API 开放平台，实现 API 能力复用，促进 API 共享，降低子系统间耦合性，提高各业务系统鲁棒性（稳定、强壮）。

5 技术平台支撑的生态建设

5.1 租户体系

通常各企业租户都是以独立租户存在于平台上的，每个租户企业通过系统注册自己的虚拟企业，注册后企业拥有独立的企业编码，也拥有自己单独的组织架构。对于相互独立的单体企业，由于各自业务分别管理，独立租户当然没有问题。但对于大型集团企业来说，集团总部与旗下子公司是存在业务上的隶属与管理关系的，例如集团总部需要对所有资源进行统一管理，或是查看旗下任意一家子公司的资源情况，以及寻找到子公司下的某一员工，这些都是很正常、很普遍的业务使用场景。在这种诉求下，通过“多租户多层级”模式来提供企业服务是最好的解决方案[10]。

技术平台建立了租户注册、租户管理、组管理完整的多租户体系，租户注册用户首次创建租户，填写租户信息并上传已批复的资源量证明附件，可选择添加成员并指定成员的角色，所有信息确认无误后用户提交注册租户申请，等待审核，同时平台发送审核通知给服务经理，服务经理进行审核，无误即通过审核；平台创建租户，指定相关成员角色、分配配额后即完成租户注册，若不通过审核可直接拒绝，结束该注册申请；被指定的租户管理员可进行租户信息管理、组管理、配额管理、成员管理/用户管理等操作，服务经理可对已创建成功的所有租户进行信息查看与配额维护，根据实际配额使用情况调整限额，若服务组有变动，可进行服务组的重新选择。

技术平台的租户体系，通过将硬件和数据库基础结构整合到一组后台进程的方式，高效地共享计算和内存资源，降低硬件和维护成本。管理员可以通过为所有托管租户和云数据库（CDB）执行单个操作（如修补或执行 RMAN 备份）将环境作为聚合进行管理。简化了备份策略和灾难恢复的流程。普通用户可以连接到其具有足够权限的任何容器，而本地用户仅限于特定的物理数据库（PDB），确保行政职责分离。

5.2 运营体系

运营体系包括组织运作的所有文件化的运作规则、为完成目标所设定的相应组织以及与之相关的外部接口，是一个完整的过程体系；从输入具有相应规则的过程，变为组织存在的输出，保证了组织的延续和发展[11]。

技术平台基于云计算“基础设施即服务”（IaaS）能力之上，为企业数字化战略提供能力支撑的一系列平台服务（PaaS），涵盖 IT 系统研发与运营全生命周期。在云平台上运行时，服务器、网络和存储的性质以及购买和管理方式都会发生变化。企业不再需要向系统集成商提出采购订单，以便在数据中心设置，而是采用通用流程和云运营来完成采购的最佳实践。随着组织迁移到云平台，新的应用程序应该能够在企业设置的集中式云计算中心的支持下直接进入新的运营模式。在企业 IT 中，可能有大量积压的数千个应用程序，这些应用程序一旦通过上述评估和路线图练习，就可能被迁移。企业通常建议在团队接受过采用管道和云计算部署方面的培训和支持的情况下进行短期启用，但最终要负责安全地迁移到云中。

5.3 运维体系

运维体系负责线上服务的变更、服务状态监控、服务容灾和数据备份等工作，对服务进行例行排查、故障应急处理等[12]。

技术平台提供了多维度监控包括基础服务的设施监控、容器监控、中间件监控、集群监控和自定义监控；多维度日志的容器的日志监控、应用文件日志监控、平台日志监控，同时支持日志的多维度筛选、日志高亮显示，服务的监控报警，服务调用链路追踪等，通过这些监控可快速定位服务问题，并且通过数据分析可以实现日志归纳对比、异常检测、实时关联分析、自反馈学习等功能，也可实现服务的动态扩容或缩容、服务回滚、自定义动作等。

通过技术平台运维体系，可以随时查看、管理服务信息；更加高效地获取信息，更加方便地积累工作经验，实现知识传承；及时发现故障问题，方便查看软件版本变更史，了解软件升级历史。通过运维体系使得运维服务更加高效、安全、便利。

技术平台运营体系通过引入敏捷等规范化概念，遵循标准规范，将自动化工具组成流水线，为开发人员节约大量时间，减少业务发布过程及发布之后出现缺陷的概率，即使一旦出现问题也可以及时进行故障恢复，做到功能发布无感知。通过遵循规范化的流程，使用自动化开发测试工具，开发效率提升5倍以上，发布效率提升10倍以上，且质量安全达到99.999%。

6 结束语

中国石油勘探开发梦想云将秉承“共创，共建、共享、共赢”的理念，向所有企业和个人开放，只要有兴趣、有技术、有能力，任何第三方企业和个人都可以在这个平台上找到自己的位置，实现自我价值，通过运营生态，实现共创共赢。

打造世界一流的云平台，助推中国石油加快建成智能、智慧油气田，这是百万石油人的梦想，也是梦想云努力的目标。

中国石油勘探开发梦想云的诞生是加快国内勘探开发业务发展的新支点，是推进油气田企业精益发展、转型发展的新动能。

参考文献

[1] 我真的不敢笑. k8s介绍［EB］. CSDN，2019
[2] 嘉为科技. 浅谈微服务架构、容器技术与K8S［EB］. 简书，2018
[3] k8scaptain. 2018年全球微服务趋势报告［EB］. CSDN，2018
[4] 百度百科. 容器技术［S］. 百度百科，2019
[5] 华章计算机. SpringBoot揭秘快速构建微服务体系［EB］. 云栖社区，2017
[6] boonya. DevOps开发运维与持续集成相关知识［EB］. CSDN，2017
[7] 百度百科. IT服务目录［S］. 百度百科，2019
[8] 百度百科. IaaS［S］. 百度百科，2019
[9] 百度百科. 开放平台［S］. 百度百科，2019
[10] 品高云. 企业服务的“多租户多层级”模式［EB］. 东方资讯，2019
[11] 百度百科. 运营体系［S］. 百度百科，2019
[12] 百度文库. 云平台下的运维体系建设工作内容［C］. 百度文库，2017

梦想云数据连环湖建设研究

杨　勇　黄文俊　张　立　孟令培

（中国石油集团东方地球物理勘探有限责任公司；
北京中油瑞飞信息技术有限责任公司）

摘要　按照中国石油上游梦想云平台总体建设蓝图，借鉴数字化转型发展的技术趋势，结合中国石油上游业务信息化建设现状和数据应用时效，系统地研究了数据汇聚、存储和应用的层次划分，在原统一数据湖的基础上，提出了逻辑统一、互联互通的集团公司主湖和地区公司区域湖的连环湖方案，成功完成了试点验证，有效支撑了上游业务数据新生态的建设。

关键词　梦想云　数据连环湖　数据生态　数据存储　共享应用

1　引言

按照中国石油信息技术总体规划，遵循“六统一”原则，持续开展上游业务信息化建设，经历了由分散到集中再到集成的建设过程。据粗略统计，中国石油上游业务包括各油气田公司的统建和自建系统数据库多达上百个，各项业务基本实现了数字化管理，支撑了专业应用并保护了数据资产。但是，各数据库之间数据重叠，造成数据重复采集；数据标准不统一，造成了数据的不一致，综合利用率低；大部分数据库之间没有接口相连，造成了数据孤立，使用面狭窄；一些数据库的数据接口单向且应用范围局限，造成了数据流通困难，难以挖掘数据价值。

数据是业务应用的根基，为了充分利用这些数据，让数据流动起来，按照中国石油上游业务信息化总体蓝图，建成了勘探开发梦想云平台，并于2018年11月进行了发布。统一数据湖1.0版本（以下简称数据湖1.0）作为梦想云的核心支撑，统一管理了上游业务油气藏、生产等领域物探、钻井、油气生产等15个专业，8种类型1.7PB的

第一作者简介　杨勇（1978—），男，天津人，2016年毕业于北京航空航天大学工程硕士，高级工程师，主要从事石油上游业务信息化及数字油田、智慧油田研究与建设工作。通信地址：北京市石景山区京原路7号东方地球物理公司信息技术中心，邮政编码：100043，E-mail：yangyongbgp@cnpc.com.cn。

数据资产。

经过一年的应用实践，上游业务数据共享和应用升级需求更加迫切，勘探开发数据湖需要能够支持更加广泛的应用，包括：既要满足总部应用，又要满足各油气田应用需求，实现总部与各油气田之间各类数据的共享存储与互联互通，尤其是要有针对性地解决各油气田地理位置分布广、业务差异大、个性化需求多、大块数据应用网络带宽不足等问题，研究设计了中国石油勘探开发梦想云统一数据湖 2.0 版本（以下简称数据湖 2.0）的技术方案——连环湖方案。“连环湖”概念由中国石油勘探与生产分公司杜金虎副总经理首次提出，旨在进一步提升数据质量、实现数据多元化共享，打造新型数据生态系统，达到“连环湖互联、金数据共享、数据价值持续提升、大步迈向智能化”的目标。

2 现状分析

2.1 现状

数据湖 1.0 基于中国石油勘探开发数据模型 EPDM V2.0，开发了主数据管理、元数据管理、数据质量管理、数据集成摄取、数据安全管理、数据服务等主要功能，搭建了统一数据服务（DaaS）体系，初步实现上游全业务链数据的统一治理、管理与共享应用。在应用过程中，也存在以下需要解决的问题：

（1）随着业务应用对数据的深度和广度提出了更高的要求，对大数据分析、认知计算等人工智能技术的依赖不断提高，需要提供灵活快速的数据服务能力。

（2）数据湖 1.0 对大块数据，如物探数据体等的存储方式没有得到合理解决，同时大块数据异地访问速度瓶颈问题亟待解决。

（3）数据湖 2.0 需将中国石油 16 家油气田的上游数据入湖，上游业务通用应用（统建）和各油气田个性化应用（自建）数据的存储与互联互通成为数据湖 2.0 架构设计的关键影响因素。

2.2 技术发展趋势

随着信息技术的深入发展，数据量呈爆炸式增长，为满足日益变化的数据类型和大数据量存储，数据湖技术已经成为各大公司的数据存储与共享应用的首选。

英特尔公司正在从传统大型主机数据库系统，向按需分配、自服务、弹性伸缩的大数据基础设施和服务转变。

亚马逊公司从提供基本的数据湖解决方案（安全地存储任何类型的数据和基本的数据分析功能），到可以提供交互式分析，实时分析和运营分析，发展到现在的通过提供机器学习来支撑数据湖的预测分析应用，吸引了大量第三方公司基于其 AWS 平台来构建智能分析应用，建立了丰富的数据湖生态系统。

斯伦贝谢公司通过自动化数据摄取与数据充实技术，建立油气田勘探开发全业务链的完整数据生态系统，为业务应用和大数据、人工智能分析等应用提供一站式数据支撑。

3 技术方案

在汲取国内外优秀厂商数据湖建设思路的基础上，结合中国石油勘探开发上游业务特点和先进的数据湖技术，研究确定了数据湖 2.0 的总体架构和技术路线。

3.1 总体架构

按照敏捷迭代、逐步升级的思想，进一步增强全局数据治理、数据共享和智能分析能力，建立上游业务开放数据生态。统一数据湖架构包括三个层次，分别是专业数据库层、共享存储层和数据分析层，并通过建立数据治理体系将三层有机融合，通过统一数据服务对外提供应用服务，如图 1 所示。

图 1 数据湖 2.0 逻辑架构

3.2 技术路线

敏捷迭代的微服务架构，其核心思想是通过领域划分来实现解耦，各个领域应用独立发展，整体稳定运行，核心标志是数据库环境的相互独立，因此数据湖 2.0 按照连环湖的方式，在逻辑统一、互联互通的前提下，通过应用一系列技术方法实现三个维度的解耦，满足原生云应用快速建设的需求，推动企业数字化转型发展。

3.2.1 专业数据库层

专业数据库层建设方式是通过提供数据库即服务（DBaaS）的能力，帮助梦想云的生态伙伴进行专业库采集和专业库应用的建立和管理，最终达到入湖数据源全面受控管理的目标。

通过元数据的专业库管理模块，实现采集应用与系统标准的分领域统一管理；通过 EPDM 模型管理模块，实现共享存储层标准规范的全领域统一管理；通过数据集管理模块，实现应用规范分领域统一管理；通过元数据关系管理模块，为各层数据建立血缘关系管理，达到解耦后的逻辑统一，并指导数据集成与治理工作。

通过上述能力建设，实现数据采集型应用、数据资产管理型应用和数据服务与统计分析型应用三者之间两个维度的解耦与隔离，满足应用并行建设、持续敏捷迭代的需要，如图 2 所示。

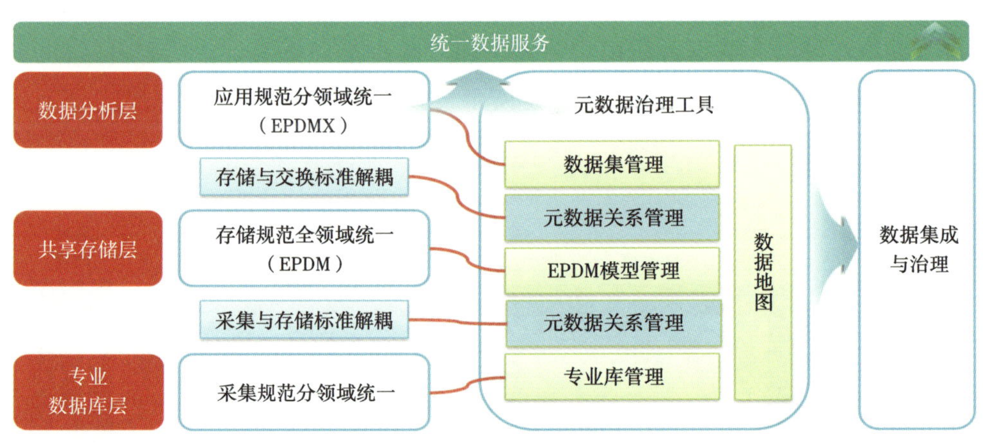

图 2　专业数据库层

3.2.2 共享存储层

共享存储层按照连环湖架构建设，存储管理中国石油企业级核心的数据资产，主湖负责上游业务数据标准、主数据的统一管控及治理，实现上游数据的集中管理，支持集团公司的共享应用。区域湖负责管理本地区各类数据资产，包括主湖需要的共享数据及本地区地震等大块数据体、实时数据、扩展业务数据等入湖及治理，支撑集团公司共享业务、本单位扩展业务应用。通过连环湖架构，在统一管控的前提下，实现了集团公司总部和地区公司之间的应用建设这第三个维度的解耦，满足上游业务快速发展需求，推进上游业务全面进入“数字+智能+油气田业务”的新业态。

对于结构化数据，上游业务通用应用（统建）的数据贴源层，在总部统一建立，数据结构基于源头系统，按照上游业务共享数据需要，确定数据管理范围，在贴源层通过数据治理及 ETL 工具对数据进行标准化后（该类共享数据标准，以下简称

“S0”）存储到基于 EPDM V2.0 扩展的数据共享存储层，进而支撑分析层的抽取应用。

各油气田及研究单位部署区域湖，其中的结构化数据包括两部分组成。第一部分是基于 S0 的数据由各油气田治理入区域湖后统一实时同步到主湖，第二部分是油田自建部分，由油田自行治理后存储到区域湖共享存储层（区域湖自建共享数据标准，以下简称“S1”），如图 3 所示。

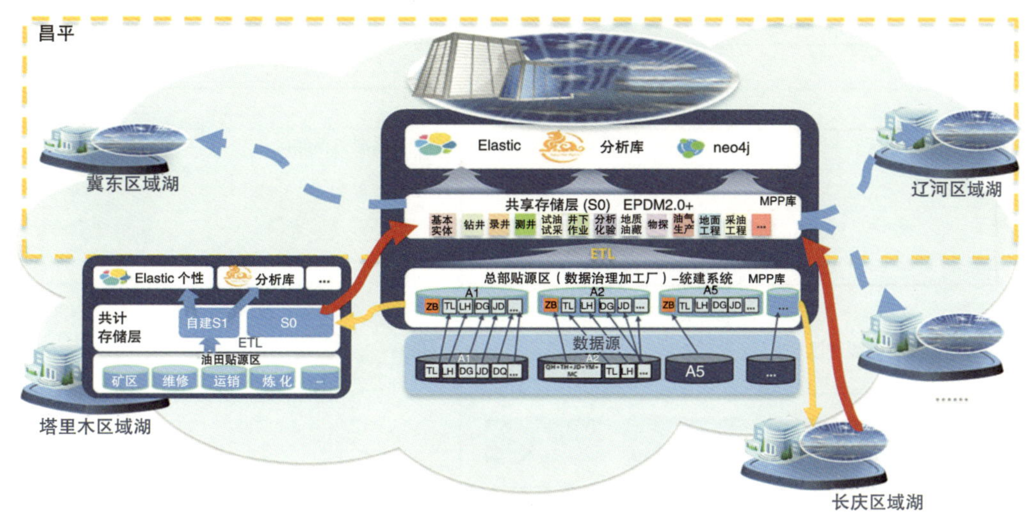

图 3　共享存储层

结构化数据共享存储采用 MPP（大规模并行处理器，Massively Parallel Processor）数据库技术，能够将任务均衡分解到多个节点同时进行运算，有效地解决了大规模的数据作业计算，缓存和 IO 带来的性能问题，如图 4 所示。

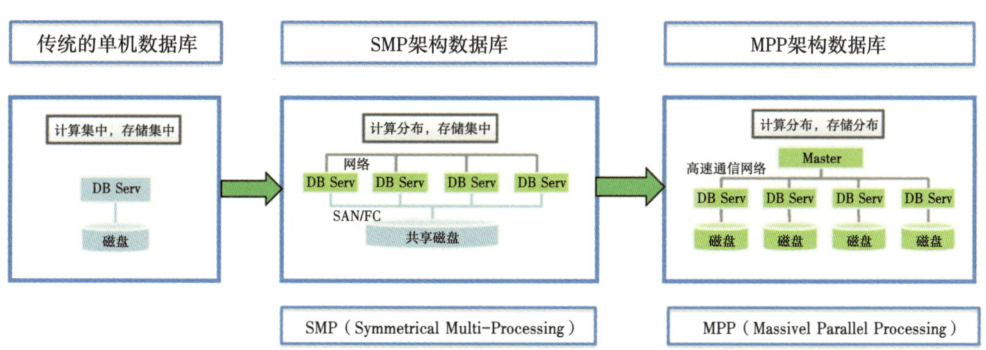

图 4　结构化数据共享存储技术选型

连环湖中非结构化数据存储采用基于 S3（简单存储服务，Simple Storage Service）标准协议的软件定义分布式文件存储架构，主湖主控保证逻辑统一，用户基于统一的 RESTful 服务访问文件内容，支持软件定义数据多镜像与就近访问，满足地震等大块数据存储与高效应用，如图 5 所示。

源头文件先按照业务需求，批量上传至存储缓冲区，经业务审核后，推送至就近的 S3 存储区，存储软件按照预先设置好的策略，自动实现数据多镜像复制，在解决存储管理的同时，满足用户应用体验要求。

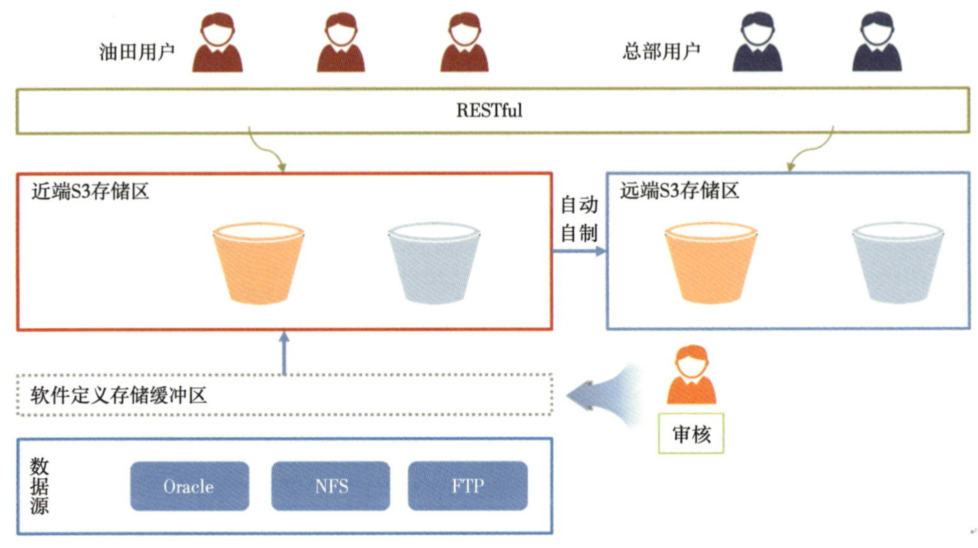

图 5　非结构化数据存储及流转

连环湖实时时序数据存储，采用主流时序数据库技术分生产现场、油气田公司、总部三级管理。生产现场时序数据在生产网中直接组态应用，满足现场生产指挥需要；按照业务需求，经处理后的时序数据，传入位于办公网中的区域湖，满足油田公司生产监控与指挥应用需求；有条件的油田可基于区域湖开展大数据和智能化分析应用；区域湖中的时序数据按需上传至主湖，除用于备份存储外，同时满足总部大数据及智

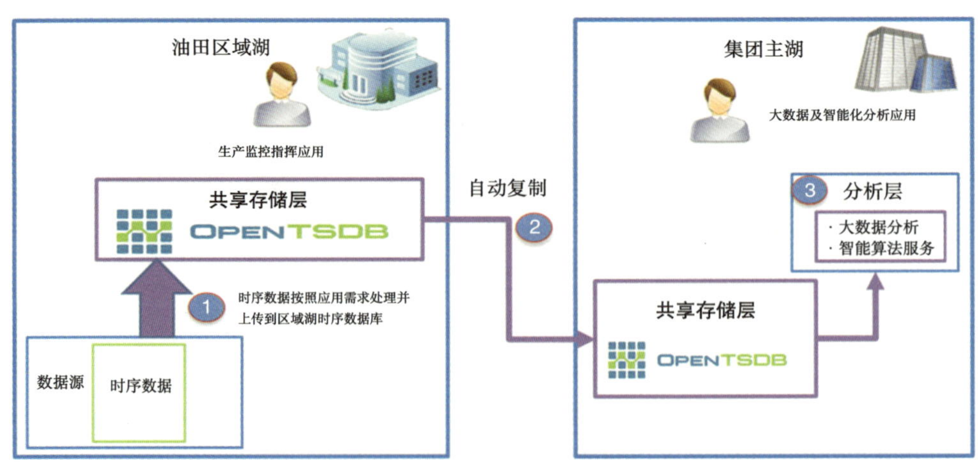

图 6　时序数据存储及流转

能化分析应用需求，如图6所示。

3.2.3 数据分析层

数据分析层包括高速索引、知识库、分析库和模型库，并构建基于大数据分析和认知计算等技术的分析能力。

3.2.3.1 高速索引

采用 ElasticSearch 创建结构化数据和非结构化数据的索引，快速获取检索结果。这是一个分布式的实时文档存储系统，能够实时分析搜索引擎。支持多数据源和文档对象，所有的文档对象全部是非结构化或半结构化，具有高可用、易扩展能力，支持集群、分片和复制。

高速索引的主要功能是实现面向业务主题的高速数据服务，屏蔽物理表访问的复杂性，满足业务按内容搜索应用的需求。

3.2.3.2 知识库

知识建模：基于数据湖中的数据，通过知识获取、图谱化、数据挖掘和知识理解等四个步骤，实现知识建模。知识图谱描述领域内的实体、概念及其关系，构成全局的语义网络图，实现相关信息连通，支撑智能化应用的建设。

领域知识库：将勘探开发数据进行知识化，将知识进行结构化描述，形成各业务领域的知识图谱，直观高效展现勘探开发业务对象之间的关系，基于知识本体将知识图谱进行关联，建立领域知识库，采用主流的图数据库进行存储与应用。

知识检索：通过自然语言识别，实现智能语音检索。利用知识图谱对数据湖内数据进行建模、描述领域内的实体、概念及其关系，构建全局语义网络图，实现相关信息连通，提炼复杂业务模型，提供业务驱动、决策支撑的能力，采用丰富的展现方式，适应用户的认知需求。

3.2.3.3 分析库

通过 ETL 工具将共享存储层的数据进行抽取和清洗，构建应用数据集并加载转换到分析数据库中。分析库采用星形模型，包含事实表、维表，ETL 工具按照预定周期同步到分析库，分析库提供复杂的通用数据分析业务支撑能力。

同时提供海量数据实时分析响应能力，原始数据或业务数据集抽取到分析库中，之后采用数据预处理方式，对构造的多维模型数据生成数据立方体，存储在 HDFS 文件系统中，供大数据分析使用。

分析库的主要价值是改变原有的数据库存储过程进行分析计算的模式，支撑大数据环境下的新型分析计算应用。当与共享存储层的标准化海量数据相结合后，能够迸发出大量创新性分析应用，大幅提升数据价值挖掘能力。

3.2.3.4 模型库

目前中国石油的做法是将梦想云数据生态与中国石油认知计算平台（E8）相结合，

加强建模工作流对接（数据加载、服务纳管）和模型库、模型管理功能的建设，为梦想云生态用户提供数据科学家工作环境，推动大众创新。

4 结论

按照数据湖2.0方案，在塔里木油田进行了试点建设，取得的主要认识是：通过连环湖架构的引入，实现了三个维度的解耦，最大限度继承已有建设成果的基础上，能够改变油气田公司与总部数据治理的格局，建立了共享的环境与氛围，能够提高平台化、微服务化的业务应用建设支撑能力，为智能化应用的快速建设奠定坚实的基础，有助于推动“共享中国石油”战略落地。

（1）对原有格局产生的影响。

数据资产管理流程升级，将过去传统的油气田中心主库提升为统一数据湖作为核心资产存储环境；企业统一管理的数据类型增加，除结构化数据由集团公司统一标准管理外，增加其他类型数据存储标准要求，数据管理的边界扩大；数据治理工作力度将持续加大，随着云化应用功能的增加，对于高质量数据的需求更加具体，数据治理的工作量将持续加大。

（2）新生的数据湖生态格局体现出巨大价值。

数据共享将更加便捷：统一数据湖相关技术打通了数据共享技术壁垒，将带来更加便捷高效的数据共享应用体验。

数据质量将明显提升：由于引入了数据治理的多个层次，数据治理的责任主体将更加明确，同时通过业务中台、数据中台建设，进一步强化石油上游主数据管理，各专业数据一致性、完整性和准确性将明显提升。

智能应用将更为易建：基于良好的数据基础、更加便捷的应用通道、更高效的数据应用支撑能力，引入大数据平台技术，将为人工智能应用打下坚实基础。

数字化转型之路任重而道远，勘探开发梦想云连环湖方案仅是围绕目前中国石油上游信息化发展现状和对未来发展的愿景进行了有益的探索和实践，最终对应用的支撑效果还需接受实践的深度检验。随着信息技术的不断进步，数据采集与汇聚、存储与管理、治理与应用的方式和方法将会不断地创新，勘探开发梦想云统一数据湖建设将更快地适应时代的要求，更好地服务石油工业的高效高质量发展。

梦想云中台能力建设研究
——以数据中台为例

黄文俊　王铁成　王　华　梁　肖

（中国石油集团东方地球物理勘探有限责任公司；
北京中油瑞飞信息技术有限责任公司）

摘要　服务中台是中国石油上游业务信息化总体架构的重要组成部分，是梦想云平台基于微服务架构提供的上游业务共享能力，用于支撑前台应用的敏捷构建。数据中台是服务中台的重要组成，用于支撑上游业务统一的数据治理、数据共享与数据分析应用。数据驱动商业创新和发展已成为当前的一种潮流，而油气行业在面临分布式数据库管理以及多种类型数据库管理的挑战方面，对数据中台的需求更为迫切。梦想云平台利用新一代元数据管理技术构建了数据库即服务（DBaaS）、统一数据服务发布、质量控制服务等核心能力，有效支撑了梦想云统一数据湖的建设。

关键词　梦想云　服务中台 数据中台　元数据　DBaaS　数据服务

1　引言

中国石油上游业务信息化总体框架包括边缘层（物联网）、基础设施（IaaS）、数据湖（DaaS）、基础底台（通用 PaaS）、服务中台、应用前台、统一入口七个层次，服务中台是基于云平台、微服务构建的上游业务共享能力平台，包括数据中台、业务中台和技术中台等核心组件，如图 1 所示。

数据中台是服务中台的重要组成，包括主数据、元数据、数据质量控制、统一的主题数据服务等主要功能。本文将以数据中台为案例，阐述梦想云服务中台建设的技术实现。

伴随着企业的发展，各领域内的业务变得多元化。在数字化转型、智能化发展的

第一作者简介　黄文俊（1983—），男，江苏金坛市人，2005 年毕业于长安大学，高级工程师，主要从事石油行业数据管理、数据标准研究与设计、勘探开发数据平台建设与管理、勘探开发梦想云数据湖建设等。通信地址：北京市石景山区京原路 7 号北京中油瑞飞信息技术有限责任公司，邮政编码：100043，E-mail：huangwj01@ cnpc. com. cn。

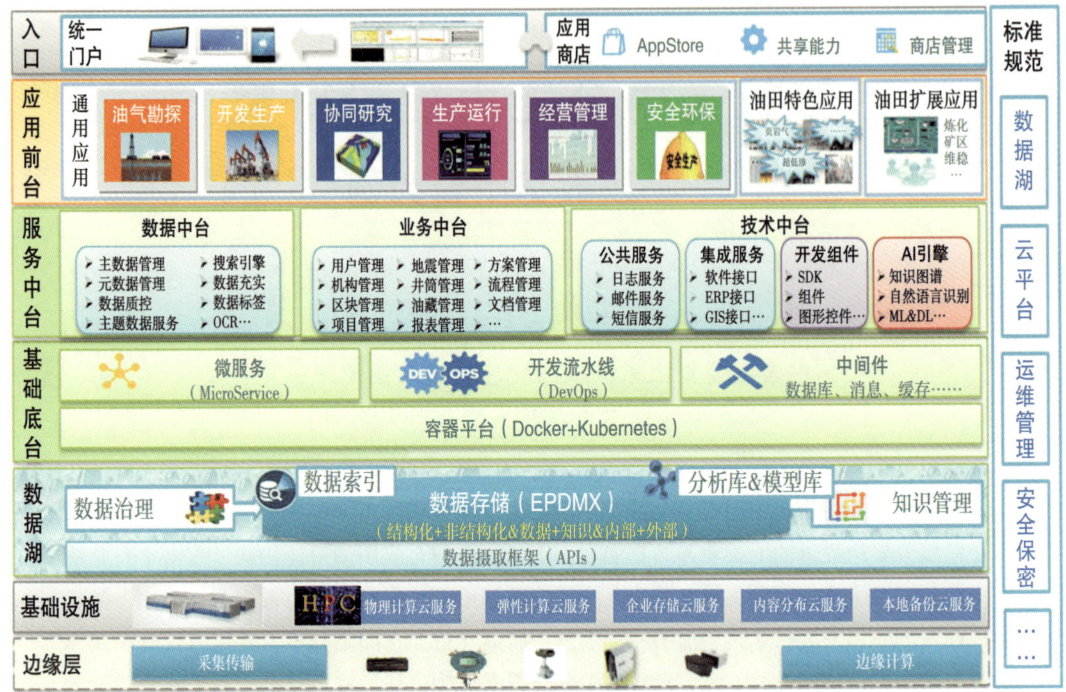

图 1　上游业务信息技术总体架构

时代背景下，企业也正在积极推进各业务的数字化进程。为满足企业各垂直业务的深化发展，传统“烟囱式”信息系统建设模式形成了许多独立垂直的数据库和数据中心。该模式可以紧贴场景反应敏捷，但基于此模式的不同信息系统之间信息难以共享、数据分散、数据标准不统一等问题造成系统功能建设与维护成本（包括时间、人力、资金）加大，是企业信息化建设普遍存在的问题[1-3]。如何满足业务之间综合决策场景下的信息共享、数据互联互通与决策分析，并形成统一的标准化体系？成为企业数字化转型的关键[4]。如何利用好企业投巨资获得的油气资源数据？数据如何支持好业务？企业需要哪些核心能力？数据到底在企业转型中扮演什么样的角色？阿里巴巴公司[5]早在 2012 年就在其内部率先提出了数据中台的概念，什么是数据中台？数据如果是石油，数据中台就是炼油厂，是一系列解决方案的基础设施。阿里巴巴公司通过实践形成了统一全域数据体系，实现了计算存储累计过亿的成本降低、响应业务效率多倍提升、为业务快速创新提供坚实保障。其未来的数据中台，是打造“AI 驱动的数据中台”，包括“计算平台+算法模型+智能硬件”，并通过中台帮助企业打通业务数据，最终建立线上线下触达和服务消费者的能力，做到“一切业务数据化，一切数据业务化”。

数据中台已慢慢从一个技术性词汇转变成各企业的共识。一般来说，数据中台指企业利用大数据技术，对内外部海量数据进行统一采集、计算、存储，并使用统一的数据规范进行管理[6]。数据规范包括数据口径、数据模型、元数据规范、参考数据标准、主数据标准、业务规则等。中国石油上游板块按照集团公司信息化总体规划，遵循“六统一”原则，按照“两统一、一通用”的构想，持续开展信息化建设，于2018年11月建成勘探开发梦想云并成功应用。“两统一”之一的数据湖，作为梦想云的重要支撑之一，统一管理了上游业务油气藏、生产等领域，物探、钻井、油气生产等15个专业，8种类型1.7PB的数据资产。随着数据环境的不断复杂，数据中台的建设快速提上日程，新一代云环境下的元数据技术作为梦想云数据中台的重要组成部分，在梦想云的建成与应用中扮演了至关重要的角色。本文主要针对梦想云数据中台的核心能力建设进行讨论与研究。

2 问题与挑战

“数据孤岛”的问题持续制约和困扰着油气田相关企业。在梦想云数据中台的建设与推进过程中涉及总部与各油气田统建和自建数据库多达上百个，各数据库之间的业务与数据存在交叉和重叠，造成了数据重复采集；数据标准不统一，造成了数据的不一致，再利用率低；一些数据库之间没有接口相连，造成了数据孤岛，使用面狭窄；一些数据库之间数据接口单向且覆盖面局限，造成了数据流通困难，数据价值难以挖掘。梦想云数据平台的建设就是要解决了上述影响未来发展的核心痛点问题，从技术层面方面解决分布式数据库及多种类型数据库管理的诸多问题。

2.1 分布式数据库管理问题

分布式数据库系统（DDBS）[7]包括分布式数据库管理系统（DBMS）和分布式数据库（DDB）两个部分。分布式数据库中存储的是不同业务域中的数据，并由不同的DBMS进行管理，可以运行在不同的异构计算机系统上，也可以被不同的通信网络连接在一起。分布式数据库管理系统有效地解决了由于企业业务分散而又需要连通、数据需要共享的部分需求。随着云计算平台时代的到来，分布式数据库的管理问题日渐突出，无法满足油气田企业数字化转型的需求。

分布式数据库系统的复杂性导致了网络通信开销大、故障率高，且由于数据标准差异、数据存取结构复杂，导致企业级数据应用效率低下，同时数据整合难度较大。此外，分布式数据库系统中的数据的安全性、保密性管理水平参差不齐，数据安全难以保障。因此，分布式数据库的管理模式需要转变。

2.2 异构数据库管理问题

梦想云平台1.0版本为解决文档、图件、音视频等非结构化或半结构化数据的存储与查询应用问题，使用了PostgreSQL、Oracle、ElasticSearch、Hadoop以及Greenplum

等类数据管理技术，这些管理工具技术差异大，不便统一管理；另外，由于梦想云平台集成了中国石油16家油气田企业的统建和自建系统数据库，系统平台升级会涉及对众多数据库结构更新，从而造成巨大的工作量。因此，为实现油气田企业业务平稳运行，需要很好地解决多类型数据库集成与应用问题。

2.3 数据中台的需求

信息时代的发展带来的不仅仅是数据量爆发式增长的挑战，还有对历史遗留问题处理的难题。数据中台的诞生顺应了当今时代发展的需求，成为数字化转型的基础，较好地解决了数据“存”“通”“用”难题，助力企业实现一切业务数据化，一切数据业务化的目标[3]。

数据中台建设从业务问题出发，实现数据和业务的互联互通，支撑多个前台业务，使得数据与业务分离，数据不再由各前端业务独立管理，真正的支持不同业务之间的数据互融互通。对于业务十分复杂多样的油气行业来说，数据中台建设是梦想云持续发展的核心之一，要建好云环境下的数据中台，选用什么技术成为十分重要的问题。新一代元数据管理技术应运而生。

3 数据中台元数据管理技术

数据中台元数据管理技术是梦想云数据中台建设的重要支撑，用于集成各类复杂繁多的信息，其定义的语义层可以帮助最终用户隔离系统中存储的数据，支持需求动态变化以及系统各项表现的灵活性，提高和保证数据的质量，支持多种工具的开发应用，提高系统的安全性和智能性。元数据管理技术是构建、管理、维护和使用数据中台的核心部件。

3.1 功能架构

梦想云数据中台元数据管理部分功能架构如图2所示，主要分为基础层和配置管理层。基础层主要管理数据源中心、元数据以及数据权限等基础功能；配置管理层包括元数据应用、数据质量、日志管理等基于基础层功能之上的面向业务及管理的应用功能。

3.2 数据中台元数据管理核心功能

梦想云数据中台元数据管理体系包括数据源管理、元数据管理及服务、应用管理与服务以及数据权限管理四大核心功能，通过这四大核心功能实现对梦想云数据生态从数据源到数据应用的全过程进行管理和监控。

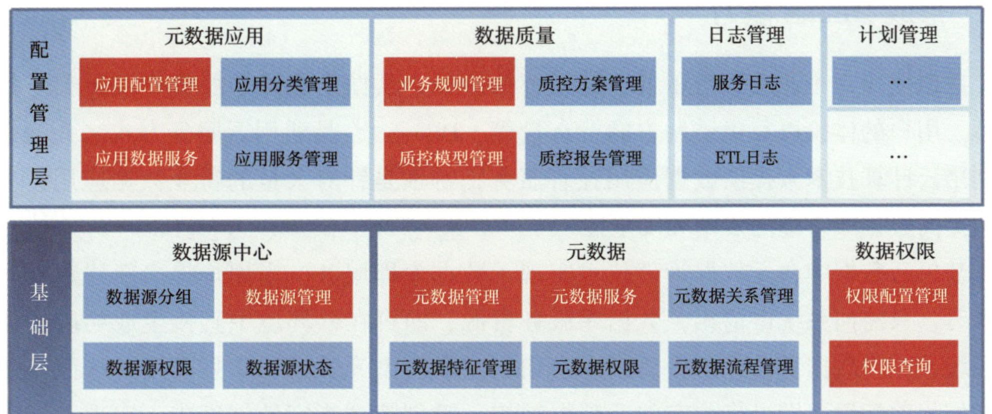

图 2　梦想云数据中台元数据管理部分功能架构图

数据源管理的功能部件存储了不同类型的关系型数据库、非结构化数据存储环境的连接信息，管理了梦想云环境中所有的数据连接的通道，形成了梦想云中统一的数据源服务，这也是一项重要的中台能力，保证了数据源管理的唯一性。

元数据管理及服务统一集中管理了各种存储单元、各数据源库的元数据、元数据关系以及各版本的元数据内容，并在元数据发布后按照数据集（定义为数据使用的最小单元）交换标准（以下简称数据集）的维度自动生成相对应的元数据服务，为上层应用提供统一的数据服务支持。

应用管理与服务是梦想云数据中台元数据管理中的重要支撑模块。基于元数据、数据源及权限，通过关联相关专业应用，保证所有关联专业应用库的数据集结构与数据湖中统一的数据集标准保持一致。元数据管理中的应用管理与服务的相关功能能够便捷地实现业务应用系统的部署和管理，帮助用户实现业务应用专业数据库的配置与优化，简化业务应用系统的部署过程，缩短业务上线时间，从而提升业务应用建设的敏捷性。

梦想云数据中台对接多数据源系统，为保障各源数据的安全，数据权限的控制和管理等方面的功能建设不可或缺。数据权限管理作为梦想云数据中台元数据管理体系的核心功能之一，实现了用户从权限申请、审核以及使用本用户权限对数据的检索查询及应用全过程进行管理与监控，保证数据的应用安全。

4　梦想云数据中台的核心能力

梦想云数据中台基于新一代元数据管理技术所形成的核心能力，主要包括数据库即服务（DBaaS）能力、助力微服务架构落地、统一数据服务和对数据全过程质量管理，降低了建设与应用成本、提升了业务响应效率，为业务持续、快速创新提供坚实保障。

4.1 形成 DBaaS 能力

数据库作为企业发展与运营十分关键的资源，其性能和可靠性将直接影响平台的运行、用户的体验以及优质用户的持有量等。DBaaS[8,9]是通用云服务方式之一，指人们利用云计算技术来提供数据应用托管服务，特别是针对大量的行业数据应用，可以有效提高数据库管理的效率和安全性。

梦想云数据中台元数据管理技术实现了数据库即服务，当用户提出新建数据库的需求时，只需向系统申请相关数据库服务资源，即可在云环境中直接生成相应的数据库系统，并将数据源信息统一管理；当用户完成模型元数据采集发布后，按照应用管理做好相关配置，即可将预定的元数据结构一键创建到指定数据库中，实现数据库即服务的应用管理效果，支持从模型到数据库表的创建及后续维护工作的一体化。

DBaaS 在梦想云中的实现，可以更加弹性地管理与分配硬件资源，更加便捷地统一企业级数据标准，节约企业对硬件的投资，缩短数据库配置时间，释放大量人力，提升数据库管理的安全性。

4.2 助力微服务架构落地

微服务架构[10,11]是一种将单应用程序作为一套小型服务开发的方法，每种应用程序都在自己的进程中运行。在微服务架构理论中，每一个微服务都会有自己独立的数据库。在平台的建设使用中，随着微服务的不断增加，针对微服务的管理的挑战逐渐凸显。

每个微服务一般都要有自己的独立数据库，伴随着微服务的不断增加，对快速增长的数据库的管理问题迫在眉睫。梦想云数据中台元数据管理技术提供的 DBaaS 能力有效地实现了对各种微服务数据库的管理，通过应用配置等相关功能实现对各相关微服务数据库的统一更新、修改、管理与维护，助力微服务架构的落地。

4.3 发布统一数据服务

为支撑上层应用能够更好地使用和分析数据湖中的数据，需要基于统一数据标准，提供统一的数据服务能力。统一的数据服务能够让所有应用开发都是基于相同的服务标准高效地开展工作。目前，梦想云中所提供的统一的数据服务目录主要包括数据检索、知识检索、数据分析、智能算法、共享数据发布等服务，同时，也可以代理第三方的数据服务。

由于不同的用户对数据的需求不同，基于统一标准的数据服务，梦想云数据中台提供两种服务模式：一种是对勘探生产、开发生产、生产运行、协同研究、经营管理以及安全环保六大类业务用户，主要通过以勘探开发业务学科分类为基础，建立面向业务主题的数据服务目录，以微服务方式，提供跨业务领域的数据实体服务与关联查询分析服务；另一种是当面向软件、数据库等开发用户时，主要通过租户模式为用户提供自助的数据建模与分析环境。

作为梦想云平台服务目录的重要组成服务，数据中台元数据管理模块发布了统一数据服务，为上层的各类不同应用提供统一的数据基础，提升业务人员查询检索数据的体验，提升开发用户开发应用的效率，推进数据生态的建设。

4.4 提供数据质量控制服务

统一数据湖需要对接中国石油上游业务域中的众多不同的数据源系统，不同数据源系统中数据类型复杂，数据质量也是参差不齐，而高质量的数据是上层应用能够更高效精准运行和使用的重要基石，因此就需要梦想云具有完善的质量管理体系。

梦想云数据中台元数据管理模块中实现了对数据对象的特征、指标及业务规则的管理。通过建立数据质量中心和云环境下分布式数据质量扫描、实时数据质量服务等多种质控微服务方式，实现对整个体系中数据质量的检查、控制等相关功能，最终满足上层应用对数据质量校验的要求。

数据质量中心对不同类型的数据都定制了独立的质控规则。基于油气行业数据的独特性，针对结构化数据的质控规则，从业务规则和技术规程的定制出发，实现业务规则与元数据的逻辑绑定，通过分布式计算引擎，实现对该数据的质量扫描，达到监控数据质量的目标。对于非结构化数据，主要是对不同类型的文件体格式，定制相应的质控算法微服务，如对测井 LAS 文件，根据其文件头、常规数据列等相关信息定制属于 LAS 文件格式的质控规则，并通过质控微服务的功能实现对该类格式文件的质量监控功能，在梦想云中实现共享应用，满足不同场景下测井 LAS 文件质量检查的需求。

5 结论

为推动实现中国石油上游业务转型发展，梦想云统一数据湖的建设实现了油气企业在数据业务驱动下的数据集成以及企业内数据、成果及信息间的互联互通。新一代元数据管理模块作为梦想云数据中台的重要组成部分实现的四大核心功能，解决了云环境下数据库环境管理与数据高效应用的核心问题，有效支撑了梦想云平台建设，加速了从数据到价值生产的服务升值过程，并更有效地保证了数据质量，为上层业务应用提供坚实保障，加快推进了智能油气田建设。

参考文献

[1] 刘童桐．数据中台建设中最重要的事［J］．通信企业管理，2019（7）：25-27

[2] 于浩淼，赵月芳，陈盟，等．企业中台建设思路与实践方案［J］．电信技术，2019（8）：78-80

[3] 李原．“中台”飓风来袭［J］. 中国企业家，2019（5）：50-53

[4] 华为，IDC. 拥抱变化，智胜未来—数字平台破局企业数字化转型白皮书［EB/oL］. 华为资讯．2019-04-15. http：//www. sohu. com/a/305614161_ 728387

[5] 行在口述，何夕整理．阿里数据中台七年演化史．阿里云>云栖社区>博客［EB/oL］. 2019-04-24. https：//yq. aliyun. com/articles/699665

[6] 朱杰．数据中台与大数据中心［J］. 科技新时代，2019（2）：25

[7] 刘飞飞．管理信息系统中分布式数据库的应用［J］. 电子技术与软件工程，2019（17）：146-147

[8] 作者未知．数据库服务 DBaaS 平台［J］. 微电脑世界，2011（10）：90

[9] 龙夺．数据库即服务（DBaaS）概述及市场应用分析［J］. 技术与市场，2019，26（1）：168

[10] 陈立．微服务架构在企业信息系统建设中的应用［J］. 通讯世界，2019，26（9）：37-38

[11] 郑冰．基于微服务架构的系统设计与应用［J］. 电子技术与软件工程，2019（17）：30-31

梦想云应用商店建设研究

魏春柳　赵秋生　王　威　杨茂智

（中国石油集团东方地球物理勘探有限责任公司；
北京中油瑞飞信息技术有限责任公司）

摘要　油气勘探开发是专业性强、涉及专业与学科及其复杂的行业，专用软件与应用纷繁复杂，在信息系统建设过程中，对专业软件与应用的集成、云化使用技术难度大。勘探开发梦想云平台率先采用应用商店技术，对油气领域专业软件与应用集成进行了成功尝试，有效支撑了油气领域应用共享建设。

关键词　梦想云　应用商店　应用生态　PaaS　SaaS

1　引言

互联网技术已经发展到了前所未有的鼎盛时期，大数据、人工智能、云计算已经成为主流的三大热点技术，尤其是云服务及其应用模式，进一步推进了各个行业信息化的发展[1]。

2012 年云计算落地应用增多，基于云计算及其服务的变革力量逐步凸显。据统计，截至 2012 年，我国云计算市场规模已达到 474. 48 亿元。业内专家也表示，云计算在我国已经过了概念阶段，正在走向成熟应用阶段。在此后的几年中，云计算确实如预料的那样呈井喷式增长[2]。云计算研发、服务、基础网络、PaaS 平台、SaaS 应用迅猛发展，快速占领市场[3]。目前我国云计算产业保持了较好的发展态势，创新能力显著增强，服务能力大幅提升，应用范畴不断拓展，已成为提升信息化发展水平、打造数字经济新动能的重要支撑。众多的应用或 APP、应用商店[4]、云集等概念和产品涌现[5]。截至 2018 年 10 月，石油行业的应用集成领域还是风平浪静，专业性 APP、云产品的采购周期长在一定程度上影响了专业应用的推广。随着 2018 年 11 月勘探开发梦想云的发布与应用商店的推出，为中国石油各层级单位提供了方便快捷的应用获取平台，为

第一作者简介：魏春柳（1987—），女，河北衡水市人，硕士，2012 年毕业于中国地质大学（武汉），高级产品经理，主要从事石油信息系统建设方面的工作。通信地址：北京市石景山区京原路 7 号东方地球物理公司信息技术中心 11 层，邮政编码：100043，E-mail：weichunliu@ cnpc. com. cn。

不同身份、不同角色用户的应用需求提供了可定制的一站式服务。依托先进的 PaaS 云平台和数据湖，构建了专业软件及应用的云化共享环境，通过专业软件接口打通了数据湖与专用软件之间的数据通道，油气领域数据与应用生态圈初步形成[6]。

2 系统设计

2.1 架构设计

按照“一朵云、一个湖、一个平台、一个门户”的原则，整合上游业务应用，统建应用单轨运行，油田应用统一入口，为不同身份、不同角色的用户提供统一的应用入口。应用商店以梦想云为基础，利用数据湖和 PaaS 平台，打造石油行业专业软件共享平台，并和多家厂商合作，打造石油行业应用共享生态圈。

针对开发者，梦想云应用商店可以基于 PaaS 平台对云原生应用的平台化进行支撑，涉及容器、微服务、DevOps 和持续交付。此外，还可以提供企业 API 开放共享支持，并为各种 SaaS 应用提供对接服务，为不同类型的应用提供不同的对接方式，满足各类用户集成云化需求。

对于 PaaS 平台开发者、第三方或厂商，可以通过平台支撑生态，接入用户管理体系，利用多维用户一体化管理服务能力，支撑一个平台、一个门户原则的落地。

梦想云研发了自服务化的运营支撑体系，包括计量计费、订单管理、支撑体系，为应用商店提供了平稳、全面的支撑平台，保障应用商店的正常有效运行，如图 1 所示。

图 1　梦想云应用共享生态架构

2.2 功能设计

基于梦想云统一技术平台，创建统一的应用生态，给开发用户和业务终端用户提供统一门户。应用商店包含门户、应用管理、订单中心、支付中心、管理中心等模块，如图 2 所示。

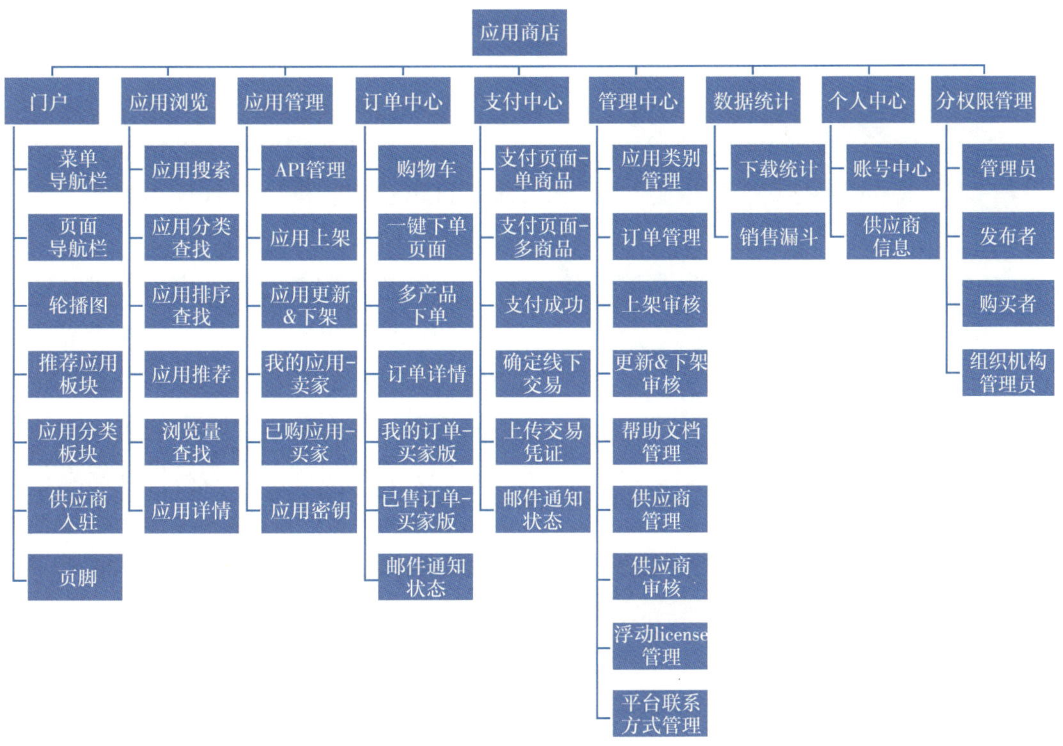

图 2　应用商店功能详细列表

具体功能如下。

（1）门户：融合了应用商店功能模块，为用户提供单点登录和应用导航。其中的供应商入驻模块，为软件或应用供应商入驻提供了简洁明了的入驻流程及入驻接口。

（2）应用管理：实现对业务应用系统的发布、更新、下架等功能的部署和管理，帮助用户管理和配置业务应用、配套虚拟机创建、负载均衡服务配置和数据库配置，并对其进行调整、监控等

（3）订单中心：分角色提供订单查看、管理界面，用户和发布者可以从不同的角度，便捷地查看购买订单详情。

（4）支付中心：支持单商品和多商品支付，支持线下支付及审核流程，确保支付环节顺利完成。

（5）管理中心：主要为管理员提供快捷管理服务，审批应用上架、下架申请，对

应用和供应商进行统一管理，编辑帮助文档等。

（6）数据统计：提供各类资源与技术平台的各类信息、数据的搜集，存储，展示和各种监控。

（7）个人中心：查看个人账号信息、编辑更新个人联系方式等。

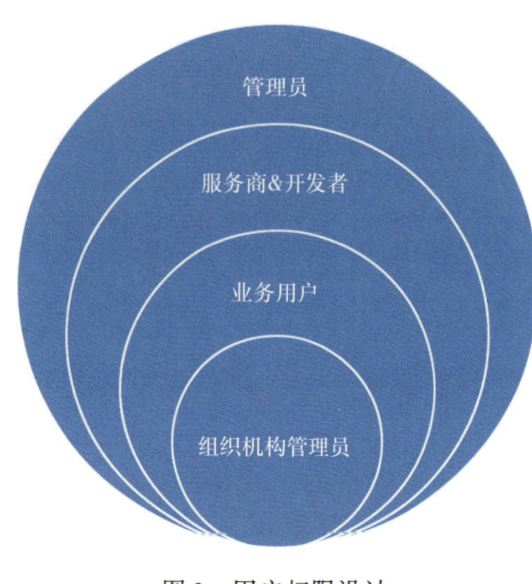

图3　用户权限设计

2.3　用户设计

对不同类型、不同角色用户提供不同权限服务，如图3所示。

（1）面向管理员：提供便捷的产品管理、订单管理、供应商管理等服务，为应用商店正常规范运行奠定基础。

（2）面向服务商或厂商：提供其产品的上架审核及服务计量，支持其产品在线运营，为其产品提供售前咨询、支付结算和售后服务等完整运营流程支撑。

（3）面向开发者：为软件开发人员或团队提供中间件、微服务、开发组件包等开发资源服务目录，开发者根据对开发资源的需要选择试用或购买，支持基于云平台的应用开发、测试、发布和上架等完整流程。

（4）面向业务用户：为其（含个人用户或企业级用户）提供安全的应用商品目录，用户根据需要，对所需应用选择试用、购买或下载，后期提供基于用户使用习惯的应用推荐。

（5）面向组织机构管理员：为组织机构管理员开通机构购买权限，支持组织机构管理员以机构身份购买应用，普通购买者无法以机构身份购买应用。

3　技术实现

3.1　APP 技术开发方法

应用商店系统基于主流 Docker+Kubernetes+构建 PaaS 基础架构，以 Spring 等开源产品构建微服务框架，兼顾 IaaS 和 PaaS 两层的资源管理能力，提供整个 PaaS 平台的应用、服务资源的管理，打破传统资源部署模式下应用系统之间的“资源竖井”对资源的独占，实现硬件资源和软件资源的统一管理、统一分配、统一部署、统一监控和统一备份。根据应用对资源的需求类别和程度动态调配资源，实现应用和资源的最佳结合，如图4所示。

图 4　应用商店开发架构图

应用商店前端采用 Vue、Vuex、Vue-router 等技术。

（1）Vue 作为主要开发框架，它具有轻量级的框架、双向数据绑定、指令、插件化的特点，运行速率块，组件库丰富，中文文档多，学习成本低。

（2）使用 Vuex 是一个专为 vue. js 应用程序开发的状态管理模式工具，实现了组件之间同一状态共享。

（3）使用 Vue-router 实现页面跳转，它通过 HTML5 的 History API 或者 Hash 实现单页应用，即可以实现页面上的组件的切换，也可实现页面间传参等其他功能。

应用商店后端采用 Springboot、Mybatis、Mysql、Maven 等技术：

（1）Springboot 作为主要开发框架，其简单的配置理念与 Spring 的紧密集成，让开发人员更加专注于项目业务逻辑的开发。

（2）使用 Mybatis 作为操作数据库的框架，其减少了大量的代码开发量，简单易学让开发人员和维护人员更容易上手；灵活的特性让代码和数据库操作耦合度降低，便于统一管理和优化；动态的 XML 标签，支持编写动态的 SQL 语句；Mybatis 还可以使用 Mybatis-Generator 进行逆向代码的生成，方便快捷；根据数据库表直接生成对应实体类和 XML 及 DAO 文件。

（3）采用 Mysql 作为数据存储工具，性能高、速度快、开源、使用广泛，大多数人员可以对数据库进行简单维护操作。

（4）使用 Maven 作为 jar 包管理工具，便于不同版本的维护和管理。

3.2 集成方法

应用商店的集成分为应用集成、容器化、开发流水线三个层级。对于历史项目无法进行容器化改造的，采用 API 管理进行接口集成，可以快速实现接口对接；对于可以进行容器化改造的项目，进行容器镜像规范化，实现应用云化集成；对于新开发或者可迁移的项目，使用微服务化开发技术，进行云原生开发，实现微服务最佳实践，如图 5 所示。

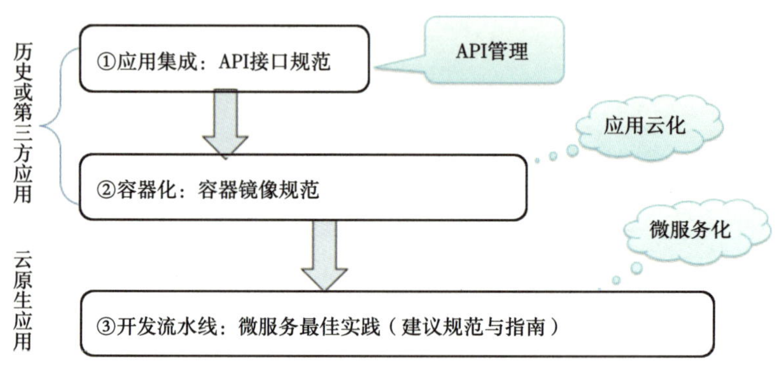

图 5　应用商店应用集成方式

3.3 服务注册与分类

应用商店为开发者单独开通了 API 管理平台，提供内部服务发布与调用的管理，主要功能包括 API 注册、API 订阅、API 管理、Plan 配置等功能。开发者可以将 ACE 平台（Application Creation Environment，是应用之星网站开发团队研发的手机应用开发平台）中开发的服务，以 API 形式发布出来。平台上注册的用户，可以通过订阅来开通访问权限，一键调用 API，大幅缩短开发周期。

4 应用效果

目前梦想云应用商店汇集了基础软件、专业应用、大数据、人工智能、开发者服务目六大类一百多种软件及微服务产品，基本形成了油气专业软件大联盟的雏形，为上游业务生态建设奠定了基础。

4.1 支撑专业软件应用新生态

随着梦想云应用商店的建成和推广，企业通过已有专业应用软件许可证统一云化管理或新版本软件集中采购后上云等方式，能有效短缩业务用户对专业软件使用和采购的流程，节省大量的人力和物力，如图 6 所示。

图6　传统专业软件采购流程与梦想云专业软件应用生态模式对比

未来，厂商通过与梦想云（应用商店）运营中心对接，可随时将各类应用放在梦想云平台（企业私有云）上，各单位用户可以通过应用商店一键快捷下单，按需使用，按需计费，没有中间的复杂流程，且安全可靠，整个流程及售后服务规范、透明，支持实时下单，实时应用，满足业务用户快捷的使用需求；帮助软件供应商推广软件、提升服务的价值，获得长久的利润，也使用户能够以较低的成本获得软件的使用权，获得有保证的售后服务，并对软件产品进行评价，最终降低整个行业的信息不对称和交易费用，促进软件产品开发、使用、维护、升级的良性发展；形成用户与平台、平台与厂商、厂商与用户之间新的应用生态关系。

4.2　支持先试用后购买

一个软件是否符合工作需求，往往只有试用之后才能得出结论。在传统购买软件过程中，试用版限制较多，且缺少选择性，只有和厂商接洽好，才可以拿到试用版本，如果试用不合适，那之前的各种沟通和流程就白白浪费了。应用商店将各类产品按功能分类，用户可以选择不同的产品进行试用，节省了流程和沟通成本，并且可以在短时间内选择出最适合自己的产品。

4.3　支持按需使用、按需购买的超市采购模式

在传统的专业软件采购与使用中，经常会出现部分用户软件资源不够用，部分用户相同资源闲置的现象。通过应用商店可以统筹调配稀缺或昂贵的软件资源，合理使用闲置资源，避免资源浪费。

通过订单管理、计量计费等功能，实现按需预定、先使用后计量再计费，支持超市式采购应用模式。

4.4 浮动许可管理

在梦想云应用商店中，独立开发了许可证（License）服务管理功能，通过对License的动态管理，可以整体把控License，及时关闭闲置占用资源，为急需资源用户分配License，保障资源共享、按需使用、按需购买，实现了降本增效。

4.5 支持资源预警

通过应用商店的分析功能，能及时准确地提供实时、定期性的用户量和使用量报告，为企业采购专业软件提供数据支撑。通过对软件资源使用情况的分析，可以准确预估未来的使用量，为软件采购或增加许可证等提供决策支持。

4.6 方便接入

应用商店作为梦想云PaaS平台的原生应用之一，在PaaS平台上开发的任何应用，都可以无缝“摆放”到应用商店中进行“售卖”，提升PaaS平台商业价值，同时对新的开发成果实现快速共享。

依托PaaS平台强大的云化和开发能力，可通过以下几种方式将传统软件接入平台。

（1）同构软件SaaS化接入：B/S架构、Java语言开发的传统软件通过接口开发，可快速转为多租户SaaS软件，放入平台资源池，由用户按需选择使用。

（2）异构软件接入：B/S架构，非Java语言开发的异构软件可以以链接方式或镜像方式直接接入PaaS平台。

（3）基于梦想云开发环境开发SaaS服务软件的接入：基于PaaS平台提供的在线和离线开发环境，快速开发SaaS应用并可快速部署到PaaS平台。

（4）基于容器技术的接入模式：PaaS平台实现了一种基于Docker的应用系统业务层云化技术。基于Docker实现了多应用间的资源复用，应用可以根据请求数动态伸缩自身计算资源，将请求响应时间维持在较低水平。

4.7 有利于行业信息化生态建设

梦想云应用商店的使用，提供了专业应用软件的集成共享能力，对推动油气行业信息化建设新模式，构建油气上游开放、合作、共建、共享、共赢的新业态具有良好的示范作用。

5 结束语

应用商店是勘探开发梦想云平台的“一站式”服务窗口，为上游业务用户分类呈现专业应用（APPs），为软件开发者开放各类开发资源（中间件/Service/SDK 等），为服务商（ISV）提供产品与服务运营环境与机制，支撑中国石油上游业务开放、协同、共享生态环境落地，为打造石油行业共享应用生态圈进行了有益的探索，取得了初步成效。

参 考 文 献

[1] 王勇，刘慧．全球移动应用商店发展现状及趋势分析［J］．现代电信科技，2011（10）：53-56

[2] 张梦辰．从 2014 年市场热点看 App 市场走向［J］．北京印刷学院学报，2015，23（5）：26-29

[3] 王小利，李明建．运营商主导的移动应用商店及其商业模式优化［J］．科技管理研究，2012（5）：132-135

[4] 孙会军．广电应用商店系统设计与实现［J］．黑龙江科技信息，2015（15）：148

[5] 佚名．云计算市场即将获得更多竞争力［J］．中国信息化周报，2018

[6] 李允尧，刘海运，黄少坚．平台经济理论研究动态［J］．经济学动态，2013（7）：123-129

集成开发篇

基于梦想云的人工智能地震解释模式研究与实践

杨　平　詹仕凡　李　明　李　磊
郭　锐　尚民强　陶春峰
（中国石油集团东方地球物理勘探有限责任公司）

摘要　在深度学习解释软件研发实践的基础上，提出了基于梦想云及深度学习方法的地震资料解释新模式：(1) 由梦想云数据湖与计算中心为深度学习方法提供大量的高质量标签与高性能计算平台；(2) 深度学习技术与传统地球物理方法优势互补，共同搭建地震与地质解释的新流程；(3) 在梦想云平台上应用深度学习模块，直接为梦想云平台的业务决策场景提供高可用地震信息支持。这种模式可以取代大量手工操作、实现更高预测精度，从而为高效益高精度勘探打下坚实的基础。

关键词　梦想云　深度学习　人工智能　地震资料解释

1　引言

不断提高油气勘探开发的效率和精度是油公司实现降本增效的重要途径。勘探开发效率和精度的提高需要以信息的数字化为基础，然后借助先进的应用系统软件对这些数据进行人机交互的分析与处理，最终得到支撑勘探开发决策的地质认识。计算机处理得越快、分析得越准，人们得到的地质认识所需的时间就越短，结果也就越正确。国内始于 1999 年的数字油田建设，正是在客观上符合了这种认识，因此取得了非常明显的成效，创造了巨大的经济效益[1]。

随着油田信息化建设的不断深化，人们认识到对油田数据的应用可以更深、更广、更智能；数字油田可以在智能化技术的支撑下进一步发展成为“智能油田”甚至“智慧油田”[2]。在前期油田信息化建设的基础上，经过三年的不懈努力，中国石油于 2018

第一作者简介　杨平（1975—），男，四川郫都区人，1997 年 7 月石油大学（华东）物探专业毕业，教授级高级工程师，中国石油集团东方地球物理勘探有限责任公司高级技术专家，主要从事地震资料解释方法研究。通信地址：河北省涿州市华阳东路东方公司科技园，邮政编码：072750，E-mail：yangpingbgp@126.com。

年11月27日研发成功并正式发布了勘探开发梦想云。这是国内第一个油气行业主营业务共享智能云平台，在统一数据湖和统一技术平台的基础上搭建通用业务应用，并提供数据共享、业务协同、应用软件共享、软件开发支持等服务，为中国石油智慧油田建设奠定了坚实基础[3]。

2016年3月，谷歌公司围棋机器人AlphaGo战胜围棋世界冠军李世石，宣告了新一轮人工智能浪潮的到来。之后很快，以深度学习（Deep Learning，简称DL）为代表的人工智能技术应用席卷全球，推动了各行各业的技术突破，并对社会生活产生重大影响，也为地震勘探技术的创新发展带来新的契机。一大批或是耗时耗力，或是陷入瓶颈期的传统业务有望通过DL技术来提升效率和精度。基于这种认识，学术界很快涌现出一大批研究成果，研究内容涉及地震勘探领域的方方面面，大多取得了较好的效果，提升了人们对DL技术发展前景的良好预期[4]。

目前DL技术研究往往以独立软件模块开发为主，总体处于分散状态，既没有良好的软件平台，也没有统一的发展规划，很难形成实质性的规模化生产能力。本文在DL解释软件研发实践的基础上，提出基于梦想云深度学习的资料解释新模式。希望能通过这种模式，充分发挥梦想云的数据、算力与场景优势，发挥DL的算法优势，大幅提高地震资料解释的效率和精度，进而为高效、高精度油气勘探提供支撑。

2 人工智能时代解释模式构想

人工智能（AI）被视作是第四次工业革命的源动力，推动了传统制造业、服务业的深刻变革，智能手机、智能医疗等新型产品和服务层出不穷，社会生活正在AI的参与下发生日新月异的变化。具体到地震资料解释环节，则需要顺应这种变化，充分发挥AI的强大功能，开发新的AI解释软件模块，完善或取代部分耗时耗力或是长期难以突破的传统方法，提升资料解释的效率和精度。

除了单项技术的改变，传统的解释模式也必须有所改变，实现传统技术与AI技术的优势互补，更好地发挥两者的作用，达到整体最优的效果。通常认为，AI取得成功的三大核心要素是数据、算力与算法。考虑到梦想云具备数据与算力优势，结合DL方法、AI技术的主流算法，本文构想了一种基于梦想云与DL联合的地震资料解释新模式，并启动了部分模块的开发，取得了较好的效果。

地震数据传统解释模式（图1）的数据收集整理、构造解释、属性生成与分析、地质预测4个基本环节中存在的主要问题：一是资料收集、加载费时费力；二是大量时间花在构造解释上，留给分析研究的时间往往不足；三是属性分析的精度有待进一步提高；四是测试数据、生产数据、地质认识等重要信息往往仅在最后一步依靠解释人员的经验发挥作用。以上每个环节都可以通过“梦想云+DL”进行改进。

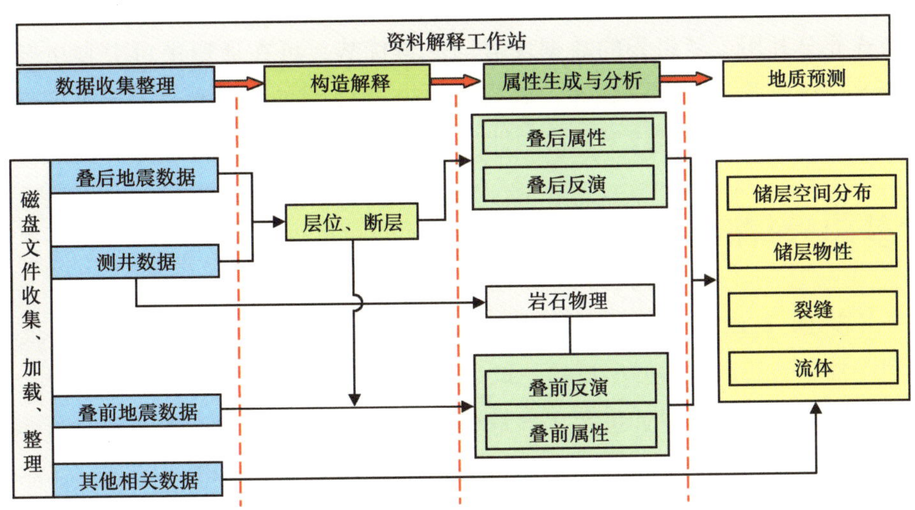

图 1　传统解释模式示意图

本文构想的资料解释新模式如图 2 所示。整个流程也分为 4 个环节，全部在梦想云通用应用平台上实现。该模式与传统模式的不同之处主要体现在 3 个方面。(1) 流程方面，分析过程以标签增广和网络训练为主，构造解释不作为单独的环节，传统属性分析结果既可以作为标签参与到网络训练中，又可以与 DL 预测成果一起参与地质预测。(2) 数据方面，数据直接来源于数据湖，地震、测井之外的其他数据更为丰富，可直接作为标签参与网络训练，成果数据上传到数据湖，作为其他项目研究的数据源。(3) 方法方面，传统地球物理方法可在标签增广、地质预测环节发挥作用，实现两者优势互补，部分特殊环节，如合成记录标定、工业制图等，目前仍适宜采用传统方法

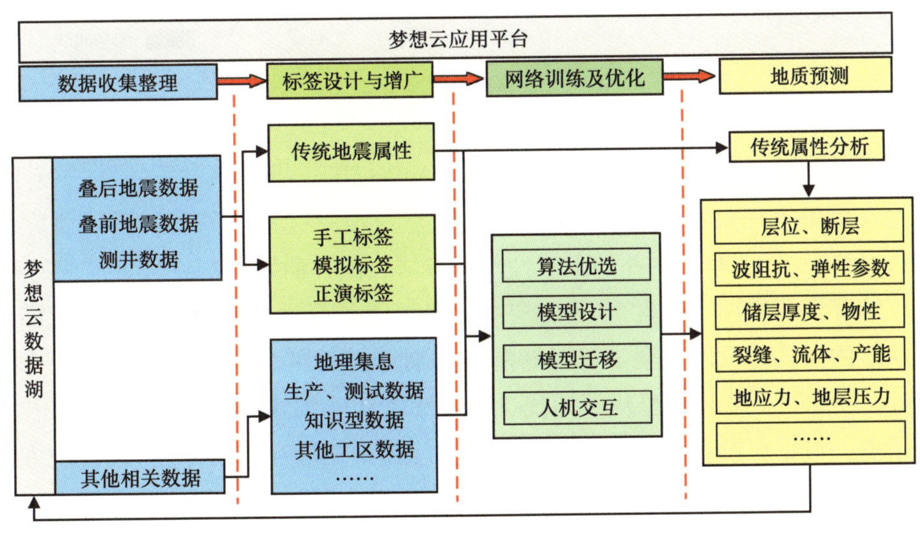

图 2　基于“梦想云+DL”的解释模式示意图

来实现。

新模式充分利用了梦想云的数据优势与平台优势，可在通用平台上直接开发和应用深度学习模块以及其他专业软件，研究成果也可直接在云平台上用于决策支持，大大简化了中间环节，提升了效率和协同性。

3 “梦想云+深度学习”解释实践

基于开源 DL 算法，尝试开发了测井曲线解释、层位断层解释、波阻抗反演等模块，并利用梦想云获取数据开展试验，取得了较好的效果。

测井岩性解释模块采用了包含 9 个隐层的卷积神经网络（CNN）。在一个具有 160 口井的工区内，随机选取 120 口井参与训练，耗时 10 小时（CPU 单进程）；然后对另 40 口井进行测试，耗时 10min。测试结果如图 3 所示，可见 AI 预测结果与传统方法解释结果基本一致，并可以通过设置不同的概率门槛值，得到不同标准的解释结果（图 4 中 A 点、B 点处）。初步试验结果表明，DL 技术可以有效提高测井解释的效率和精度，在老井精细复查中可以发挥重要作用。

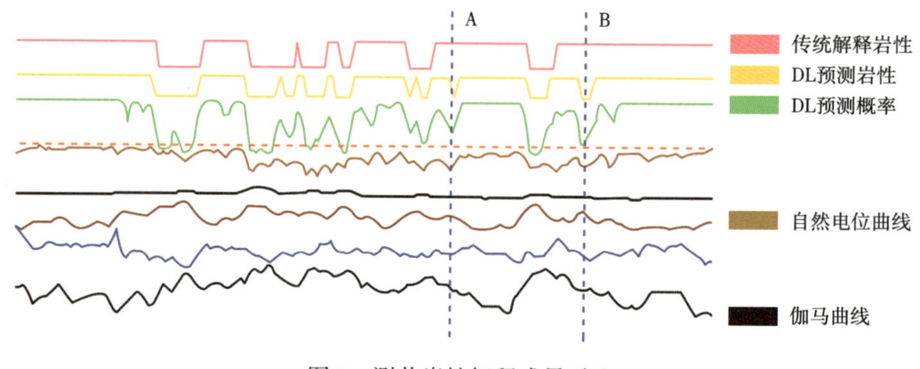

图 3　测井岩性解释成果对比

与多层感知机（MLP）、自动机器学习（Auto-ML）等浅层学习方法进行了对比，发现无论在效率上还是精度上，DL 方法都明显表现更优秀。因此，后续研究仅针对 DL 展开，目前完成了基于少井的多岩性预测方法、测井曲线预测方法等模块的开发。

层位解释模块采用了包含 10 个隐层的 CNN。无论目的层振幅强弱、有无断层，只要特征明显的层，就可以在全工区只解释 9 条骨干剖面的情况下，迅速完成全区层位解释（小于 2min），效果明显优于传统自动追踪方法。图 4a 是传统方法结果，图中黄点为种子点，可见在没有种子点控制的断块上（图中矩形和椭圆标注），传统方法都不能正确追踪。图 4b 是 DL 方法追踪结果，很好地解决了这个问题。据统计，这种特征明显层的追踪精度能达到 99%以上。

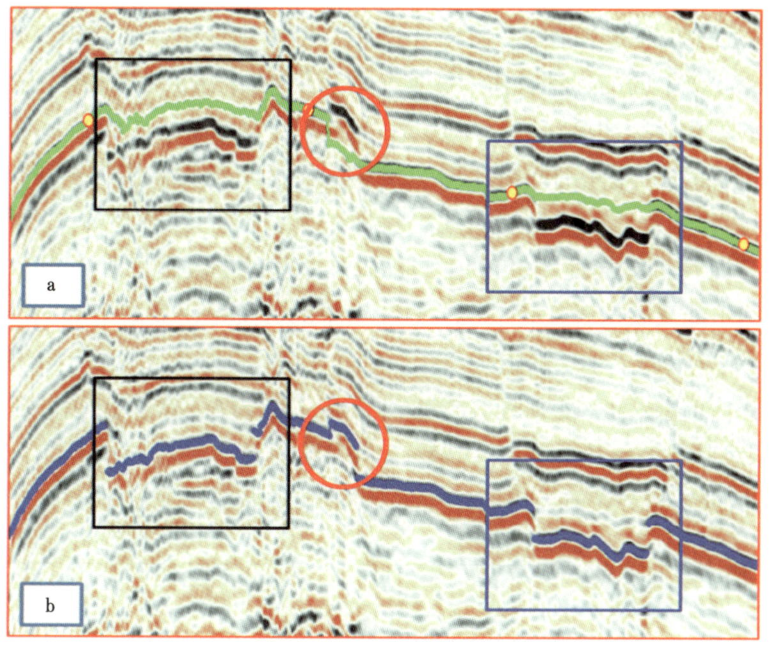

图4　层位解释成果对比

断层解释的网络结构相对复杂，效果也更加明显。特别是在低信噪比地区，识别精度比传统的相干方法高出很多。图5a为相干属性平面图，图5b为DL识别的断层属性平面图。可见在相干属性平面图上很难发现的断层发育规律，在DL平面图清晰可见并有迹可循。

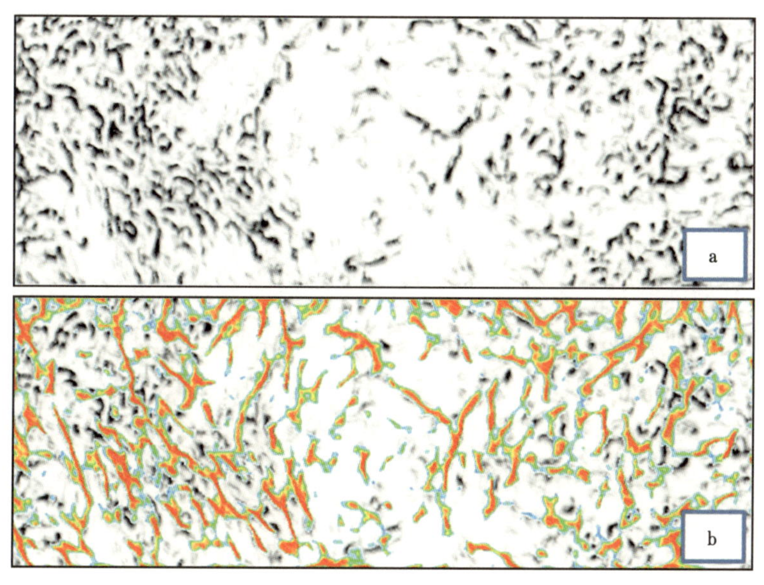

图5　断层识别效果对比

针对地震反演的数据特征，采用 CNN+RNN 的深度学习网络模型用于叠后反演。这种设计提高了网络的泛化能力，并符合地质与地球物理规律。利用 5 口井进行标签增广，得到 1060 个不同的标签，输入深度学习反演网络中得到深度学习反演结果。利用 30 口井做约束稀疏脉冲反演（CSSI），用于与深度学习反演（DLI）结果对比分析。

图 6 是过训练井的连井剖面对比图。顶部的极低阻抗泥岩层在两张剖面中均得到很好反映，可以作为标志层。两者对比可得出以下认识：（1）总体来看，DLI 清晰揭示了 T2-1 上下地层的差异性——T2-1 与标志层之间地层波阻抗总体大于 T2-1 之下地层，而 CSSI 则不能反映这种变化。（2）DLI 结果的分辨率明显高于 CSSI 结果，细节处基本正确地反映了纵向上小层的阻抗变化。（3）CSSI 的连续性太好，不能很好地反映储层的横向剧烈变化；而 DLI 则是有断有续，相对更合理。除了上述优点，DLI 具有两点不足：一是对厚层的反映不够好，二是个别小层的反演结果与井不符。但总体来说，DLI 具有较高的分辨率并正确反映了储层的横向变化特征。

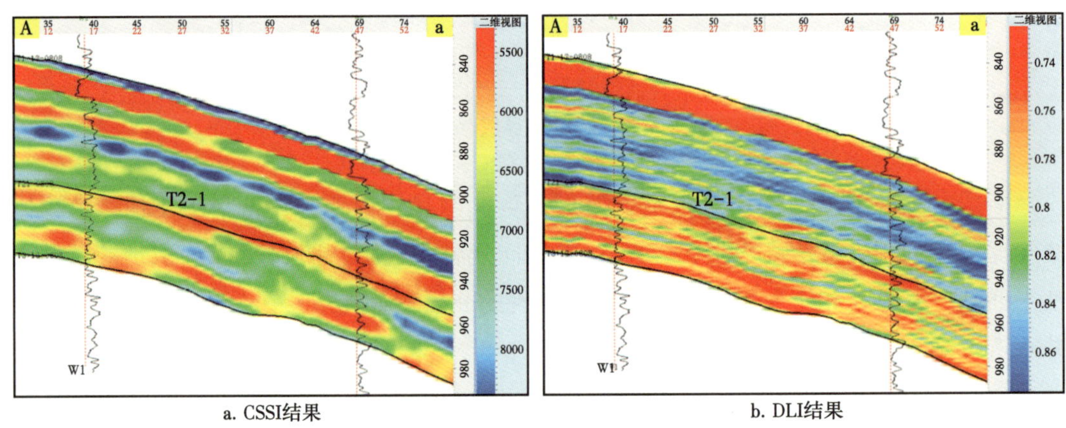

a. CSSI结果　　b. DLI结果

图 6　过训练井的连井波阻抗剖面对比图

图 7 是 CSSI 与 DLI 结果的平面图对比。图中 W1 井—W5 井是参与训练的井，其余未标注井名的 25 口井参与了 CSSI。任意线 Aa 过图 7 中两口训练井。由图 7 可见两者的整体特征比较接近，都是中部为北西南东走向的高阻条带，两侧为相对低阻区。在细节上两者具有局部差异，表现在：（1）DLI 的横向分辨率更高，反映出更多细节。椭圆标记处类似于河道的低阻条带在 DLI 平面上表现得更为清晰，这说明了这种差异的合理性。（2）在 CSSI 平面图（图 7a）上，W3 井所在位置阻抗最高，但在 DLI 平面图（图 7b）上，该井仅是相对于其他训练井为高阻抗，但在整个平面图中属于中等阻抗。考虑到 CSSI 有 30 口井参与反演，初步认为 DLI 结果可能不够准确。但由于井点处的相对关系基本合理，而工区西南角（图 7b 的高阻区）没有更多的钻井，目前不能完全确认 DLI 结果的正确性。

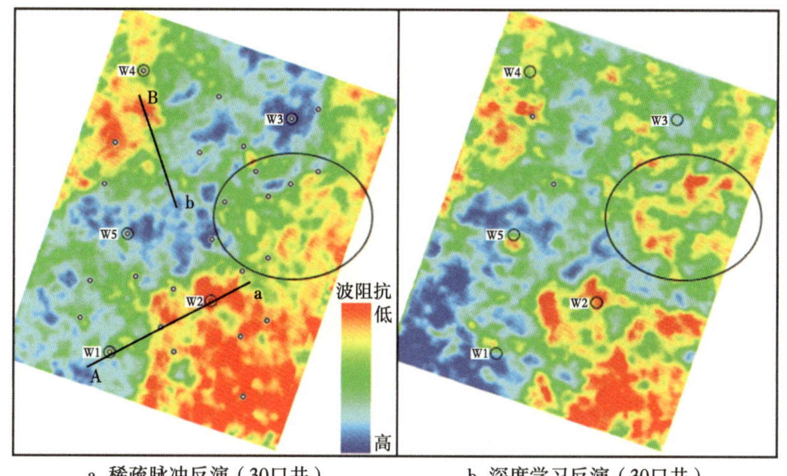

a. 稀疏脉冲反演（30口井）　　b. 深度学习反演（30口井）

图 7　CSSI 与 DLI 波阻抗平面图对比

4　认识与建议

（1）梦想云提供了数据资源、软件开发、应用平台以及协同工作环境，利用 DL 可以开发出高效高精度的算法。基于两者结合的解释模式有利于地质研究效率与精度的提升。

（2）基于 DL 的层位解释，效率和精度都优于传统自动追踪算法；DL 反演很容易得到高分辨率的波阻抗剖面，这些都说明 DL 解释技术发展前景广阔，有必要进一步加大研发投入。

（3）今后需要进一步完善梦想云的开发平台、提升 DL 解释模块的性能、优化基于梦想云的解释流程，加快"梦想云+深度学习"解释模式的推广应用，为高效、高精度油气勘探开发提供强有力支撑。

参 考 文 献

[1] 高志亮，石玉江，王娟，等．数字油田在中国及其发展［J］．石油科技论坛，2015，34（3）：33-38

[2] 李斌，刘伟，毕永斌，等．智慧油田建设与发展［J］．石油科技论坛，2018，37（3）：47-52

[3] 石油圈．数字油田的一大步！"勘探开发梦想云平台"详细介绍［OL］．（2018-12-01）［2019-10-05］．http：//www. oilsns. com/article/365002

[4] 赵改善．爆发中的勘探地球物理人工智能应用研究——2018 年 SEG 年会人工智能技术在勘探地球物理中的应用研究扫描［OL］．（2018-11-15）［2019-09-15］

https：//mp. weixin. qq. com/s _biz = MzA3MzI5NTQ2MQ = = &mid = 2452870187&idx = 1&sn = 81b34c23b5655d90c29151b05fe60261&chksm = 88d64721bfa1ce3778f436407f43b7a8a709832278dea0dd39b6d64ad6c9980dd94e859f0161&mpshare = 1&scene = 23&srcid = 0916Iwqdk4Nd4amau2pWtmtd&sharer_sharetime = 1568602983819&sharer_shareid = c8d909683d9be60e974d63e7d0a388fa#rd

基于梦想云的测井智能化解释应用研究

赵丽莎[1]　史永彬[2,3]　金　玮[2,3]　李　华[1]　塔斯肯[1]

(1. 中国石油勘探开发研究院；2. 中国石油集团东方地球物理勘探有限责任公司；
3. 北京中油瑞飞信息技术有限责任公司)

摘要　迄今为止，测井（也即地球物理测井）仍然是石油工业中用于识别地下岩层物性以及是否含油气性的最重要的技术手段。测井解释需利用常规、特殊等多种测井系列的综合成果数据，数据量大、专业面广，采用人工手段很难从全局角度纵览、对比和分析数据。同时，传统的测井解释需要利用各种物理数学模型对岩石物性参数进行运算，加之不同盆地、不同地质时代储层沉积环境复杂，要准确识别出油气储层对专家知识和经验的要求较高，且专家经验和知识难以快速传承。随着近年大数据技术的快速发展，测井解释也逐步引用了大数据技术，介绍了以梦想云大数据分析技术为支撑的测井智能化解释应用探索，取得了较好效果。

关键词　大数据　测井　智能解释

1　引言

测井解释技术是石油上游业务中用于油气层识别、老区挖潜、老井复查等关键业务的核心技术[1-4]。传统的测井解释是一项综合性极强的工作，其中除需要使用数十种测井资料外，还需要参考钻井、录井、试油、地质、油藏等各专业的海量资料数据，这些数据种类多，数据分析处理难度大，且专家水平、经验参差不齐，存在测井解释结果与实际情况符合率低的情况。例如，在油气藏储层解释研究中，部分被解释别判为“差油层”的储层，经专家重新研究评价和试采后，变成了油气生产潜力层。因此，油气储层研究中迫切需要引入新的技术来解决传统研究和认识上的局限问题[5-8]。

测井及其关联数据具备体量大、种类多、变化快等大数据特征。大数据算法主要包括了分类、回归、聚类、关联、神经网络方法、数据挖掘等[9-13]。基于机器学习、

第一作者简介：赵丽莎（1990—），女，辽宁盘锦市人，博士，2017 年毕业于北京大学，工程师，现主要从事油气田勘探开发、大数据应用等方面。通信地址：北京市海淀区学院路 20 号中国石油勘探开发研究院，邮政编码：100083，E-mail：zhaolisha@ petrochina. com. cn。

模式学习、统计学等基础，大数据算法力求从不完全的、有噪声的、模糊的、随机的海量数据中发现隐含在其中有价值的、潜在的信息和知识。目前大数据的各种算法已经被广泛应用于手写识别、语音识别、人脸识别、面部表情分类、车牌识别、文本提取、最优路径分析、数据挖掘等各个方面，并且取得了不错的效果[14-17]。

随着石油勘探开发难度的加大，应用大数据、人工智能等新方法、新技术来解决勘探开发业务痛点问题的研究探索工作呈现加速趋势[18-21]。国内外均涌现出一些将大数据算法应用于测井解释的研究探索性案例，如运用支持向量机技术进行岩性识别，使用线性回归或深度学习算法预测泥质含量和储层物性参数等，均取得了一定的效果。相比于传统的测井解释研究，大数据算法在测井解释领域具有较大的优越性，如通过大数据算法，将输入样本映射到高维空间，将一个非线性问题转换成线性问题等，可以很好地解决测井解释过程中存在的数据类别多、数据量大、定性问题多等需要依靠专家经验的难题。然而，由于实际地质情况的复杂性、大数据算法的多样性，也带来了新的问题，即处于不同地质环境的含油气储层，使用相同的大数据算法模型可能会得到不同的结果，因而有必要研究在相似地质环境中大数据算法模型的适应性问题。探索大数据算法在测井解释中的适用性应用，对于提高测井解释成果的准确度和降低成本具有重大意义。

2 技术方案

2.1 方案设计

基于梦想云的大数据测井智能化解释不同于传统的测井解释方法，它是以梦想云丰富的勘探开发数据湖为基础，以 PaaS 云平台为支撑，通过数据收集与清洗，结合专家知识和经验，进行特征构建和模型构建，开展机器学习和模型训练，指导单井纵向到层、多井横向对比自动解释，为新井解释、老井复查降低劳动强度，实现测井解释新技术的探索与突破。其总体架构设计如图 1 所示。

2.2 技术路线

本方案的技术路线共分四个部分，包括数据收集、特征构建、模型构建以及模型测试与迭代。

（1）数据收集包括对结构化数据，如钻井、邻井、测井资料以及非结构化数据，如地质资料、解释结论、井史资料等的收集整理工作。

（2）特征构建是基于大数据分析的专业数据基础进行的。研究并分析测井解释数据要求、业务流程和专家经验等内容，采用知识图谱、大数据存储等技术，建立包含专家经验、业务规则、分析成果、数据标准在内的领域知识库，提供更快捷的数据查

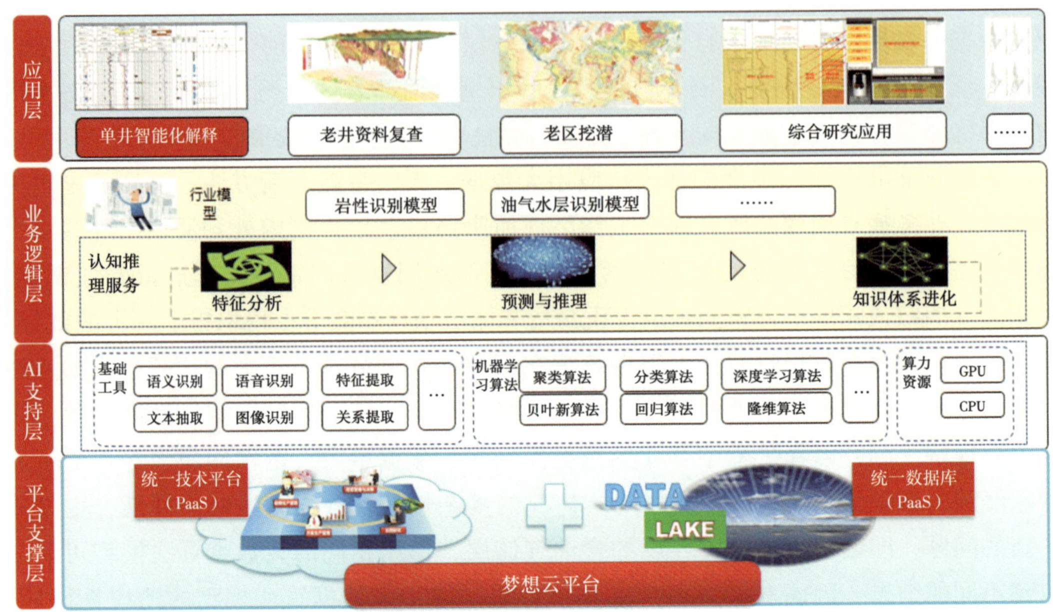

图1　基于梦想云平台的测井智能化解释应用架构设计

询、钻取和关联，以支撑大数据分析技术对数据的需求。

（3）模型构建指构建测井解释的大数据分析算法、模型。基于测井数据及其他数据提供的特征值，应用深度学习算法对特征值解释结论进行训练（数据样本训练 & 专家训练），产出智能测井结果。通过示范区块数据迭代得到初步的训练算法和模型，通过扩大机器学习的数据范围，逐步迭代，进一步获得结果符合度更高的测井智能化解释模型和算法。

（4）模型测试与迭代过程结束后，可以形成完整的测井智能解释系统，建立流程体系。在大数据算法和模型的基础上，建立成熟的、基于大数据分析的测井智能化解释流程体系，并根据应用场景，形成人机交互的、业务人员可以应用的智能化解释系统，能够实现特征值提取、模型算法选择、模型训练、可视化展示等功能。

测井智能化解释技术路线如图2所示。

2.3　实施方案

2.3.1　数据清洗与拼接

本次研究共收集了测井解释相关的包括测井曲线、录井、取心、地层水、小层、井口地理位置等数据对象，数据对象的含义及形式见表1，除井口地理位置仅利用井号外，其他数据对象均采用由测点、区段、小层号等组合形成的唯一标识，这些数据均为直井数据。

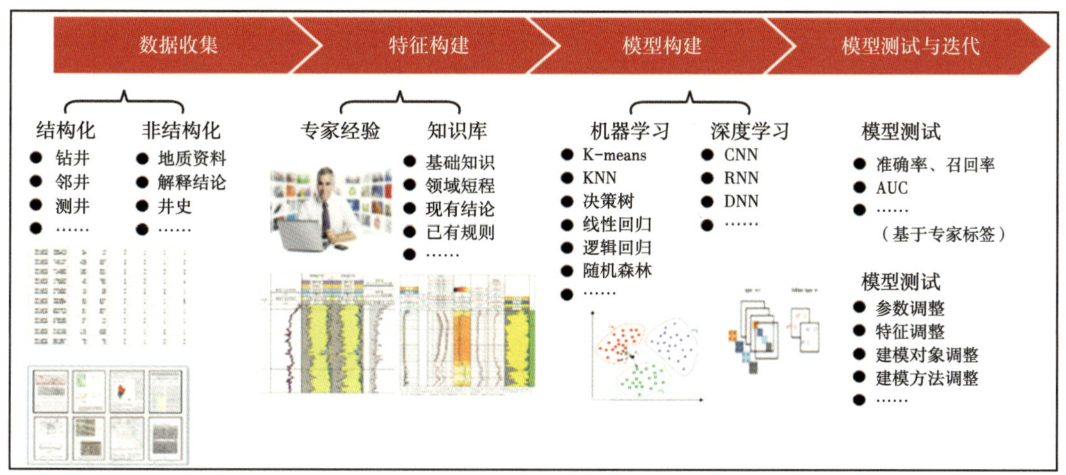

图 2　测井智能化解释技术路线

表 1　各类数据对象的含义及特征

数据名称	含义	原始数据列	数据特征
测井曲线	测井仪记录的当前深度的各类物理数据，形成曲线	自然电位（SP）、伽马（GR）、深浅三侧向（RLLD/RLLS）、微球形聚焦测井（MSFL）、声波（AC）、中子（CNL）、密度曲线（DEN）	连续测点，采样间隔为 0.125m
录井	某个深度区段的岩石的物理性状	岩石性质、颜色、含油级别	离散区段
取心	某个特定测点的岩石的物理性状	岩石性质、颜色、含油级别	离散测点
地层水	当前层位地层水的水型及离子浓度	水型、pH 值、总矿化度、各类离子浓度	小层号
小层	各井内指示自上一个测点至本测点对应的小层好	测深点、对应层位	小层号
井口地理位置	井口的大地坐标	X 坐标和 Y 坐标	井号

对数据实际中存在的问题进行如下预处理。

（1）数据部分缺失值、异常值或重复值。当某些井缺失部分数据时，为保证数据的连续性，需要进行对数据进行充实处理；对异常值或重复值，也需要做针对性处理。

（2）数据缺乏统一标志或维度，测井数据以连续测点、离散测点表示，而录井数据是以区段、小层号等形式表示，这些数据无法直接整合在一起，需要将录井数据处理成测井数据形式；此外，由于基于机器学习的建模需要使用统一维度的数据，因此数据维度（即数据类型）不同则不能用于数据建模。

为了能将数据较好地整合，需首先为每类数据进行异常值处理及数据拼接。数据拼接后，所有类型的数据将对齐到测井曲线的最细粒度或采样，即将钻井、录井、地质与岩性分层等信息对应到测井的每个采样深度。

同一类数据的异常值处理和拼接应一并完成。在拼接测井曲线、录井数、取心数据时，以测井曲线为基础，首先将录井数据拼接给测井曲线，形成一份新数据，接着将取心数据拼接给这套新数据，逐步追加形成完整数据。

2.3.2 特征值构建的基本认知

对于岩性识别和油水层识别特征的构建主要参照以下基本思路进行。对于自然电位（SP）、伽马（GR）、深浅三侧向（RLLD/RLLS）、微球形聚焦测井（MSFL）、声波（AC）、中子（CNL）、密度（DEN）等测井曲线，利用其英文缩写标识并进行描述。

（1）单井曲线数值物理特征。

对于GR值，砂岩较小，泥岩较大；在砂岩中，油层较大，水层较小。

对于SP值，砂岩较大、泥岩较小；在砂岩中，油层较小、水层较大。

对于三电阻率数据RLLD、RLLS和MSFL，泥岩低于砂岩，在砂岩中，油层较大、水层较小。

对于薄层，因为测量仪器的测量结果会受到上下邻近区段的干扰，因此其特征值要取尖峰，乃至对尖峰进行放大；对于厚层则应取中段数据计算。

受密度和浮力的影响，在同一小层内的每一个连续渗透层（上下的泥岩或围岩超过2m）中，油层应位于水层上方，气层处于油层上方。

（2）辅助信息。

地层水会提高或降低当前层的整体电阻率，砾岩会提高当前层的电阻率，砂岩会降低当前层的电阻率。上述现象导致高阻水层和低阻油层。

对于取心和录井数据，含油级别分为：富含油>饱含油>油浸>油斑>油迹>荧光；岩样或岩屑颜色对应：黄褐色>有一定黄褐色>杂色。

对本区段的邻井，在垂深上，邻井的一些区段若与本井区段同属一个小层，且处于相对较浅的位置，则可称为相对有利层，反之则称为相对不利层，有利与不利指本区段为油层的可能性。因为油相对于水比重较轻，若相对有利层为水层，则倾向于认为本层为水层，若相对不利层为油层，则倾向于认为本层为油层。

2.3.3 特征值构建过程

特征值构建过程将按顺序详细描述自原始数据至特征文件的完整构建方式，其中包括业务参数构建、标准化、整体特征构建、补充其他特征等部分。

基于本项研究所提出的特征值构建思想，形成了较多的特征。由于岩性识别与油、水层位识别构建的特征有一定重叠，在此按组将所有构建的特征进行分别叙述，并给出每组特征的应用范围。

（1）业务参数构建

业务参数是基于曲线数据计算各个测点的当前各业务参数，与区段的统计量等无关。在计算了业务参数后，再进行统一标准化以及后续面向区段的数据特征构建。

计算各类孔隙度 ϕ，包括声波孔隙度、密度孔隙度和中子孔隙度。

计算纵波速度和泥质含量。

基于声波孔隙度、密度孔隙度、中子孔隙度计算横波速度、剪切模量、泊松比和流体因子。

（2）异常值剔除与标准化过程。

①业务参数异常值剔除；②进行测井曲线的标准化；③进行岩石名称、颜色、含油级别的映射；④进行地理位置坐标和地层水数据标准化；⑤整体特征构建—岩性识别模块。

本部分利用了曲线数据和部分业务参数实现，对于曲线数据，利用基于原始数据及此前进行标准化的结果数据进行特征构建，即对于所有曲线数据，利用了原值和标准化值两套值。

在此，首先构建基线。对于电阻率 RLLD、RLLS、MSFL 及对应的标准化后的值，利用最小值作为基线，而对于 GR、SP、AC、CNL、DEN 及对应的标准化后的值，利用最大值和最小值的平均值作为基线，考察其偏离基线的情况。在各井中计算各自的基线，并标记这些的基线值为 base。

针对岩性特征识别，在一个程序指示的顶—底深度的区段内进行。由于此前根据深度将数据进行过拼接，因而可以便捷地根据深度找到所有对的数据。这里，区段内的特征值构建过程为：

①原值特征。GR、SP、AC、CNL、DEN、RLLD、RLLS、MSFL 特征在本区段内的平均值。因为薄层会受上下区段干扰，对原值特征进行如下调整：

——待判别区段 2m 以上，不予变动。

——待判别区段 2m 以下，记区段长为 L，将原始的平均特征值 f 变为 base+（f-base）［1+lg（2/L）］，即将 f 向基线 base 的反方向移动，调整其偏离的大小为原来的 1+lg（2/L）倍，保证过渡在等于 2 点连续且适当对薄层扩展。当 L 小于 1 时，f 变为 1+lg（2/1），防止调整倍数不合理地过大。

②相对基线的移动特征。GR、SP、AC、CNL、DEN、RLLD、RLLS、MSFL 在本区段中与各自基线 base 的差值的平均值。

③深浅侧向的幅度差 RLLD-RLLS，以及在参数计算中的密度—补偿中子运算的孔隙度的差值。

④其他所有构建业务参数的区段内平均值，包括泊松比、流体因子等业务参数，包含基于声波孔隙度、中子孔隙度和密度孔隙度计算的结果，共三套。

（3）整体特征构建——油水层识别

本部分利用了曲线数据、部分业务参数以及各类辅助信息进行实现。在此，对于曲线数据，仅利用原始数据进行特征构建。

首先构建基线。对于任一待判别的区段，其基线值仅取当前区段上下 50m（合计 100m）区段的曲线进行计算，而非整个井的曲线数据。这是因为单井数据随着深度的变化一些维度的数据会整体偏移，在较长的井段下必须考虑这种变化。

为更清楚地描述数据，相比岩性识别，这里基于不同的数据基准构建了两套基线，以上下 50m 的所有区段的基线，记为 base_c，仅以上下 50m 的所有砂岩区段进行计算的基线，记为 base_f，岩性可参考录井数据进行计算，在建模过程中则是将所有解释结论包含的区段看成该井内的所有的砂岩数据。在这种基线背景下，对于两套基线基于的数据系统 base_c、base_f，电阻率 RLLD、RLLS、MSFL 和 GR、SP、AC、CNL、DEN，分别计算利用 1%分位数和 99%分位数作为一套基线的最小值和最大值。

类似于岩性识别，油水层区段特征在一个程序指示的顶底深度的区段内进行构建。这里，在区段内构建特征如下：

①原值特征。GR、SP、AC、CNL、DEN、RLLD、RLLS、MSFL 特征在本区段内的平均值。类似于岩性识别，因为薄层会受上下区段干扰，对原值特征进行如下调整：

——待判别区段 2m 以上，不予变动。

——待判别区段 2m 以下，计算基线 GR、SP、AC、CNL、DEN 为基线 base_c 的最大值和最小值的平均值，RLLD、RLLS、MSFL 为基线 base_c 的最小值，类比岩性识别，在此记这些值为 base；记区段长为 L，将原始的平均特征值 f 变为 base+（f−base）［1+lg（2/L）］，即将 f 向基线 base 的反方向移动，调整其偏离的大小为原来的 1+lg（2/L）倍，当 L 小于 1 时，f 变为 1+lg（2/1）。

②移动特征。计算所有原始特征 GR、SP、AC、CNL、DEN、RLLD、RLLS、MSFL 与 base_c、base_f 的最小值、最大值的差，合计得到 4 套移动参数，对 base_c 的差值描述了当前数据特征相比泥岩基线的变动，对 base_f 的差值描述了当前数据特征相比当前其他砂岩区段的相对位置。

③深浅侧向电阻率的幅度差 RLLD-RLLS，以及在参数计算中的密度—补偿中子运算的孔隙度的差值。

④其他所有构建业务参数的区段内平均值，包括泊松比、流体因子等，包含基于声波孔隙度、中子孔隙度和密度孔隙度计算的结果，共三套。

2.4 训练与实际特征构建过程

对于岩性识别，训练数据主要以原始曲线数据为数据基础构建特征，以录井解释结论为标签。在构建训练数据的特征时，以滑动窗口的形式构建每个段泥岩和砂岩的所有样本。在本次研究中，设置的区段长即窗口为 2m、步长为 0. 5m。在进行测试及未来的预测时，将自动处理整段井数据，同样以 2m 为窗口、以 0. 5m 为步长进行待预测样本的构建及建模判别。这表示当提供所有曲线数据时，能自动地对砂泥岩进行判别。

对于油水层识别，训练数据结合了原始曲线数据以及各类辅助数据，以综合解释结论为标签，其中：将油层、可能油气层、油水同层同时看作油层。在构建训练数据的特征时，以测井解释结论所有记录条目作为油水层的所有样本构建的范围。在进行测试时，同样利用测井解释结论提到的所有样本条目，而进行未来预测时，需用户手工指定所有待预测的井号及对应区段，由系统提供解答。这表示该系统可以半自动地对一个区段地油水层进行判别。

上述特征构建的过程完毕后产生了大量特征，但是，由于已有各类数据的缺失，特别是各井、各样本数据的缺失情况不同，在实际过程上会产生大量的空值。对此，本模型构建多套数据基础，在每套数据集上进行模型构建。

2.4.1 构建训练数据集

为了尽可能地利用各个样本所含有的所有数据，本模型通过如下方式构建多套数据集，保证每套数据集上全部数据非空。

对于每口单井，首先考察该井有缺失的数据列及全部缺失的数据列。之后将其集合、去重复，得到的数据在各井间存在数种不同的缺失类型，这种处理方式较为简明，得到的数据集数目可控。

当收集了所有数据缺失的类型，即可将每一类型的数据缺失列分别从特征集合中排除，形成保证在该数据缺失类型下必须保有的全部数据列，此后对该套数据集仅用这些数据列进行建模。这套数据集将用于对这些数据列上全部非空的样本进行建模。

对于每一条训练及测试的样本，逐一与各种数据缺失类型下所需的数据列相比较，观察是否符合其所需数据列要求，即在这些列上是否全部非空。若是，则表示该样本可在本数据集合下进行建模训练或预测。如此，便可得到每个样本能在哪些数据模型下用于训练，或是被预测。

最终，对于岩性识别无须构建多套样本，对于油水层分类则构建了七套数据集。每套数据集内的样本在这些数据列上全部非空。一般而言，一套数据集数据的完整性要求越高，所含的样本数目就越少。

2.4.2 模型构建部分

对于岩性分类，采用 XGBoost 单模型进行分类判别。

对于油水层分类部分，模型构建部分采用多模型分类+模型集成的方式。在训练阶段，以 Lasso、SVM、GBDT、KNN 和 XGBoost 为基模型。同时，由于大多数模型水层相比油层明显较多，本模型对数据集进行一次平衡，将水层随机抽取使数据集内油水层条数相等，形成另一套数据集，让上述五个基模型同时对原始数据集和平衡后的样本数据集进行建模，即构建了十个基模型。

基模型构建完毕并产生基模型预测结果后，以 XGBoost 模型为集成模型进行训练，最终形成在某一套数据集下的集成模型。

在训练过程中，以80%的数据作为基模型训练，剩下的20%以训练好的基模型对其进行预测，并将预测结果作为训练数据，油水解释结论作为标签，训练集成模型。在预测阶段，将一条样本利用十个基模型进行预测，预测结果交给集成模型进行预测，形成该样本在当前数据集下的预测结果。

2.4.3 模型结果产出部分

对于岩性分类，采用2.4.2节的方法进行评价即可，判别结果为一个区段为砂岩的概率，判断的阈值为0.5。

对于油水层分类，由于根据数据完整性构建了多套数据集，因此2.4.2节所述模型评价过程实际上是在多套数据集上分别产生了一个样本的预测结果，返回结果为一个区段为油层的概率。在本项目中，对于多套结果，取其中的最大值，当其判别概率大于阈值（0.4），则认为这个区段为油层。调高阈值可提升油层的准确率、降低油层的召回率，反之亦然。

3 研究成果

3.1 阈值为0.4情况下的砂泥岩的判断准确率

该模型共对60口井完成了判别，总共耗时2~4小时，此运行时间会随数据集的不同和模型迭代次数的不同而发生变化。判断结果如表2及图3所示，该模型的判断准确率基本完全满足了砂泥岩的自动划分要求。

表2 砂泥岩判断准确率结果

类型	准确率（%）	召回率（%）	样本数（个）
泥岩	0.94	0.85	39825
砂岩	0.90	0.96	55732
总体	0.92	0.91	95557

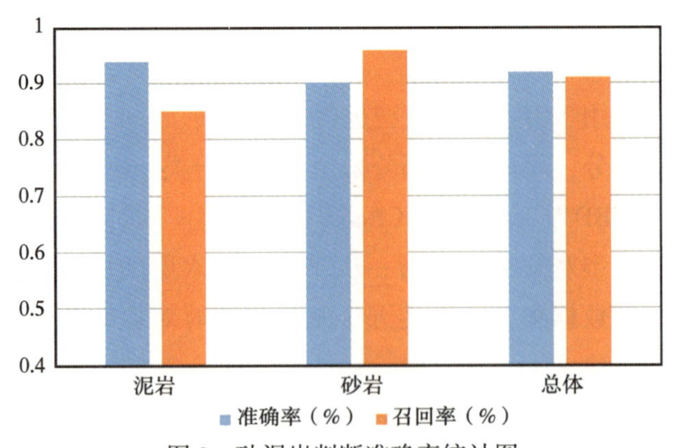

图3 砂泥岩判断准确率统计图

3.2 阈值为0.5时的油水层判断准确率

该模型总共对47口井完成了判别，总共耗时4~6小时，此运行时间会随数据集的不同和模型迭代次数的不同而发生变化。判断结果如表3及图4所示，有些油层特征不明显的油层未被识别出来，部分高阻水层、低阻油层难以被模型识别。但总体而言，该模型的判断准确率与专家人工解释结果的准确率相当。

表3 油、水层判断准确率结果

类型	准确率（%）	召回率（%）	样本数（个）
水层	0.93	0.85	1774
油层	0.70	0.85	726
总体	0.86	0.85	2500

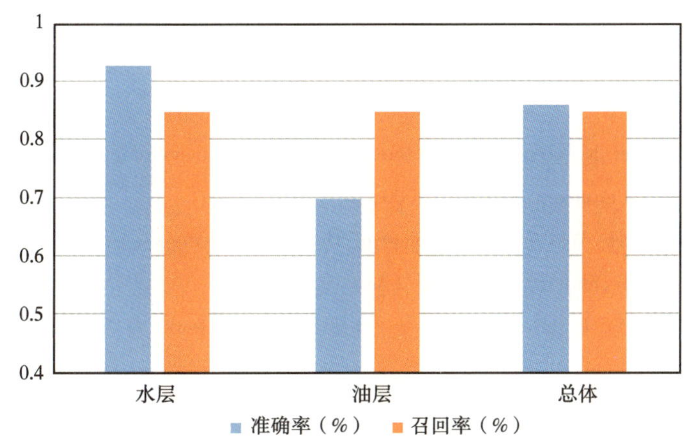

图4 油水层判断准确率统计图

4 结论

梦想云为中国石油勘探开发业务应用提供了强有力的技术支撑，也为测井大数据、人工智能技术应用和发展奠定了良好基础，利用梦想云数据湖提供的丰富数据资源、专家知识和成果，以及云平台所具备的机器深度学习的算例与算法，实现了传统测井解释工作的智能化应用新突破，提高了测井解释的自动化程度和符合率，同时，也丰富了梦想云地质研究业务应用场景。通过进一步完善，可实现在油田测井解释工作中的工业化推广。

大数据时代的到来给石油钻井企业的测井解释技术的进步和发展带来了新契机，同时也给测井解释工程师带来了新的挑战。在大数据应用的背景下，测井解释工程师不仅要将传统的测井数据处理解释理念进行转变，还需要将现代大数据分析及人工智能技术应用于测井解释中，在提升解释效率的同时确保解释精度。大数据分析技术的应用为传统石油测井解释技术的发展带来了新动能和良好的发展前景。

参 考 文 献

[1] 张龙海，周灿灿，刘国强，等．孔隙结构对低孔低渗储集层电性及测井解释评价的影响［J］. 石油勘探与开发，2006，33（6）：671-676

[2] 周灿灿，王昌学．水平井测井解释技术综述［J］. 地球物理学进展，2006，21（1）：152-160

[3] Wyllie M R J. Petroleum Engineering.（Book Reviews：The Fundamentals of Well Log Interpretation）［J］. Science，1964：143

[4] Moran J H，Gianzero S. Effects of formation anisotropy on resistivity-logging measurements［J］. GEOPHYSICS，1979，44（7）：1266-1286

[5] Bartetzko A，Pezard P，Goldberg D，et al. Volcanic stratigraphy of DSDP/ODP Hole 395A：An interpretation using well-logging data［J］. Marine Geophysical Researches，2001，22（2）：111-127

[6] 杨小兵，杨争发，谢冰，等．页岩气储层测井解释评价技术［J］. 天然气工业，2012，32（9）：33-36+128-129

[7] Wang Y，Xia H，Chen K. Optimized Log Interpretation for Carbonate Reservoirs In Tarim Basin［J］. Journal of Southwest Petroleum Institute，2000，22（4）：18-21

[8] Meiying S，Jiakuo C H，Wei Y. Development of The Well Logging Interpretation Of Thin Layers［J］. World Well Logging Technology，2005，35（3）：385-398

[9] Min C，Mao S，Liu Y. Big Data：A Survey［J］. Mobile Networks & Applications，2014，19（2）：171-209.

[10] Vlahogianni E I. Computational Intelligence and Optimization for Transportation Big Data：Challenges and Opportunities［M］// Engineering and Applied Sciences Optimization. Springer International Publishing，2015

[11] Agrawal D，Bernstein P，Bertino E，et al. Challenges and Opportunities with Big Data 2011-1［J］. Proceedings of the Vldb Endowment，2012，5（12）：2032-2033

[12] Philip Chen C L，Zhang C Y. Data-intensive applications，challenges，techniques and technologies：A survey on Big Data［J］. INFORMATION SCIENCES，2014，275（11）：314-347

[13] Manjaiah D H，Santhosh B，Pinto J L J. BigData：Processing of Data Intensive Applications on Cloud［J］. 2015

[14] Gianniti E，Ciavotta M，Ardagna D. Optimizing Quality-Aware Big Data Applications in the Cloud［J］. IEEE Transactions on Cloud Computing，2018：1

[15] Nguyen T T T，Armitage G. A survey of techniques for internet traffic classification using machine learning［J］. IEEE Communications Surveys & Tutorials，2009，10（4）：56-76

[16] 王栋．大数据时代的现代测井解释技术［J］. 化工设计通讯，2018，44（11）：238

[17] 邹德江，谢关宝．大数据时代的现代测井解释技术探讨［J］. 石油地质与工程，2016，30（6）：

51-54+128

[18] Baaziz A, Quoniam L. How to use Big Data technologies to optimize operations in Upstream Petroleum Industry [J]. Social Science Electronic Publishing, 2014, 1 (1): pages. 19-25

[19] Staff P. Application of Big Data Analytics to optimize the operations in the upstream petroleum industry [C] // International Conference on Computing for Sustainable Global Development. IEEE, 2015

[20] Dawei L, Guangren S. Optimization of common data mining algorithms for petroleum exploration and development [J]. Acta Petrolei Sinica, 2018

[21] Anifowose F, Labadin J, Abdulraheem A. Ensemble Learning Model for Petroleum Reservoir Characterization: A Case of Feed-Forward Back-Propagation Neural Networks [C] // Revised Selected Papers of Pakdd International Workshops on Trends & Applications in Knowledge Discovery & Data Mining. 2013

基于梦想云的基础数据管理模块云化改造实践

张　军　闫永良　孙　瑶　王占稳

（中国石油勘探开发研究院）

摘要　基础数据管理子系统是上游板块油气水井生产数据管理系统（A2）的核心子系统之一，主要实现对 A2 基础数据的维护，满足所有业务单位对基础数据的使用需求。该系统的梦想云解决方案将采用分步式的方式迁移至梦想云平台。首先系统原应用将进行适应性修改后，运用梦想云容器技术发布至梦想云平台，其次将基于功能和业务的考虑，合理进行微服务的拆分，并使用 Spring Cloud 框架进行系统微服务版本的开发，以确保系统新版本能够无缝适用于梦想云。系统的成功云化改造不仅降低了开发运维难度，提高了系统的运行效率，节省了系统所占用的软硬件资源，同时为 A2 整体迁移至梦想云提供借鉴依据。

关键词　梦想云　基础数据管理　系统迁移　微服务

1　引言

梦想云是集团公司上游板块积极践行“共享中国石油”发展战略，针对当前上游业务信息化存在“数据库多、平台多、孤立应用多”的现状提出的“两统一、一通用”上游信息化总体解决方案。

受以往信息技术条件的限制，当前各油田数据库多、平台多、孤立应用多的“三多”问题严重，部分油田统建、自建系统多达上百个。云技术、大数据等技术的成熟，为整合中国石油信息资源，建设梦想云，更好地支撑上游业务一体化运营和全面共享应用提供了基础条件。

梦想云重点是建设统一数据湖和统一技术平台，并在统一数据湖和统一技术平台的基础上统合 A1、A2、A5 等数据管理系统，开展勘探、开发、协同研究、生产运行、经营管理、安全环保六大业务领域的专业应用和模块的开发工作，建设以梦想云为基

第一作者简介：张军（1986—），男，湖北荆州人，本科，2008 年毕业于北京信息科技大学，主要从事中国石油上游板块 A2 项目开发运维工作。通信地址：北京市海淀区学院路 20 号中国石油勘探开发研究院计算所，邮政编码：100083，E-mail：zhangjun1219@ petrochina. com. cn。

础的集成的数据管理系统。基于中国石油勘探开发数据模型（EPDM），运用数据湖、数据联邦（Data Federation）、大数据（Big Data）等前沿技术，建立统一数据湖技术架构，开发主数据管理、元数据管理、质量管理、数据集成摄取链路、安全管理、数据服务等主要功能，实现上游全业务链数据的统一管理、治理与共享。基于 Docker+K8S 技术路线，采用微服务、开发运维框架（软件开发流水线）等技术构建拥有自主知识产权的 PaaS 平台，形成“模块化、迭代式”的敏捷开发模式，统一支持上游业务应用的开发、集成、服务[1]。

2 基础数据管理子系统的迁移开发

2.1 系统简介

基础数据管理子系统是油气水井生产数据管理系统（A2）系统的核心组成部分之一，采用 .NET 开发工具和 Oracle 数据库，结合 AJAX、Jquery、Javascript、Web Service 及 CSS 等技术，遵循三层架构设计理念开发完成。现有系统页面 206 个，主要实现 A2 基础数据的维护，满足所有业务单位对基础数据的使用需求。基础数据管理子系统包含实体维护模块、批量处理模块、信息展示模块、用户权限模块、日志模块等（图 1）。

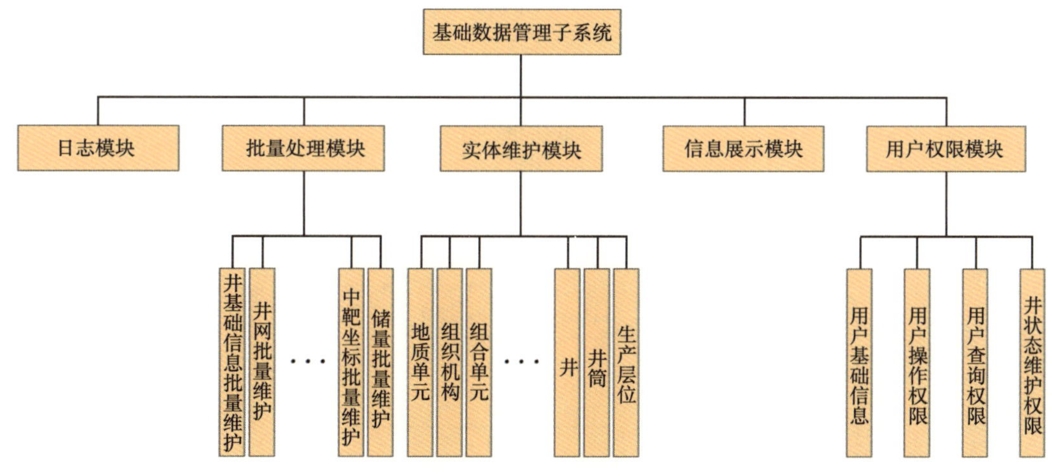

图 1　基础数据管理子系统功能模块

实体维护模块是基础数据管理子系统核心模块，其主要功能为对业务单位、地质单元、组织机构、组合单元、区块、站库、井组、井、井筒、生产层位、射孔、服务公司等基础数据进行维护管理。基础数据管理子系统实体维护模块与实体维护模块关系如图 2、图 3 所示。

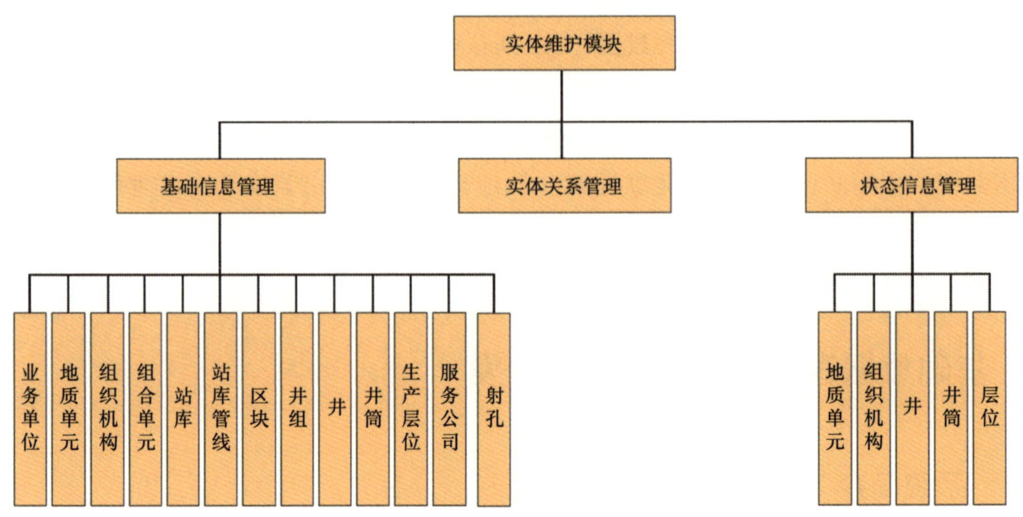

图 2　实体维护模块结构图

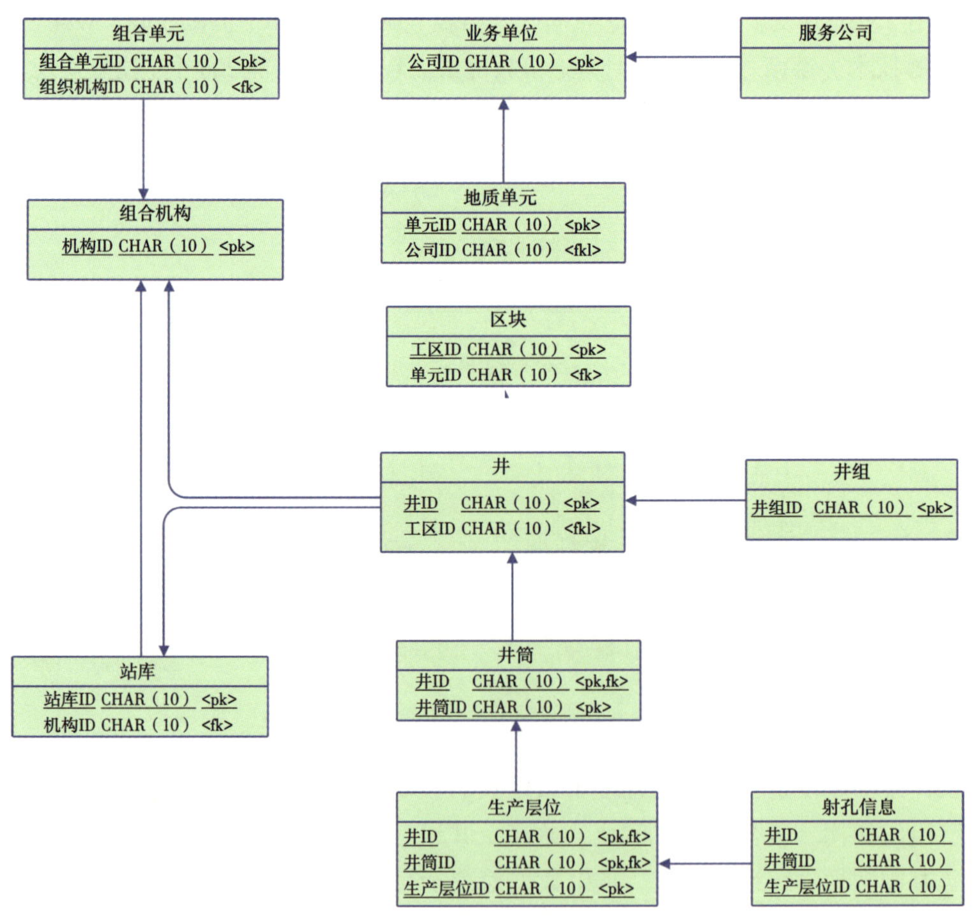

图 3　实体维护模块关系图

2.2 系统迁移开发方案

梦想云基于 PaaS 云架构[2]，建立了统一开放的技术平台。为适应梦想云“模块化、迭代式”的敏捷开发模式，基础数据管理子系统将采用分步式的方式迁移至梦想云平台。首先将基础数据管理子系统原应用采用梦想云容器技术发布至梦想云平台，其次将使用 Spring Cloud 框架进行基础数据管理子系统微服务版本的开发，以确保系统新版本能够无缝适用于梦想云平台（图 4）。

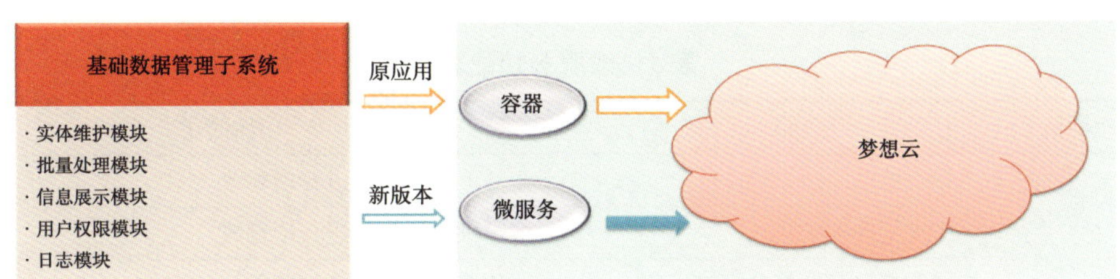

图 4　基础数据子系统迁移方案

2.3 原应用迁移

基础数据管理子系统原应用将进行专门的程序适应性修改后，依据“梦想云平台项目发布流程”发布至梦想云平台（图 5）。

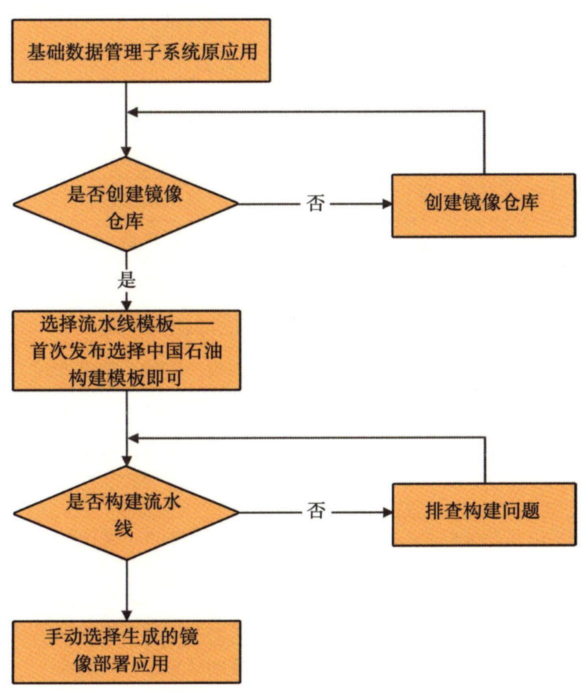

图 5　基础数据管理子系统原应用迁移流程

2.4 新版本开发

基础数据管理子系统新版本将严格按照梦想云平台发布的《微服务开发规范》《微服务开发借口定义规范》《微服务认证与授权规范》，并使用梦想云推荐的 Spring Cloud 框架，进行新应用微服务的开发。

2.4.1 微服务设计

基础数据管理子系统经过仔细的拆解，结合功能和业务方面的考虑，分解出的微服务见表 1[3]。

表 1 微服务功能表

功能模块	微服务名称	功能简述
实体维护模块	业务单位维护	业务单位的信息进行增删改
	组织机构维护	组织机构的信息进行增删改
	地质单元基础信息维护	地质单元基础信息的维护
	地质单元开发基础信息维护	地质单元开发基础信息维护：如储量信息，汽油比等
	工区维护	工区信息维护
	组合单元基础信息维护	组合单元基础信息的维护
	组合单元开发基础信息维护	组合单元的其他信息，如储量信息等
	组合单元明细维护	组合单元由哪些地质单元、组合单元构成
	站库维护	站库基础信息维护
	站库管线维护	站库管线维护
	井组维护	井组的基础信息维护
	井组明细维护	井组由哪些井构成
	井基础信息维护	井的基础信息维护
	开发井基础信息维护	开发井基础信息维护
	井状态维护	井状态信息维护：井型、井别、驱动、井型等
	井基准面维护	井基准面维护
	中靶坐标维护	维护井的中靶坐标
	开发井基础信息维护	井的投产时间、采出方式、驱动等进行维护
	井筒信息维护	井筒基础信息进行维护
	井筒状态维护	对井筒的状态信息进行维护
	生产层位维护	对层位的基础信息维护
	生产层位状态维护	对层位的生产、关闭、报废等信息进行维护
	射孔维护	射孔信息维护
	服务公司维护	服务公司的基础信息维护
	层系维护	层系的信息进行增删改
	数据校验模块	对所有的基础数据进行校验

续表

功能模块	微服务名称	功能简述
用户权限模块	节点权限设置	油田各级别账户可以查看和修改的页面
	井状态变更类型设置	油田各级账户可以分别查看或修改哪些井状态类型
	用户基本信息	用户的具体信息，包括该用户名称、使用的坐标转换系统、坐标转换方法等
日志模块	日志记录	主要记录各实体的主要数据变化情况，如父子关系变更、名称变更、所属机构变更、报废情况等
信息展示模块	基础数据定制查询	如井状态、井信息等实体定制信息查询
批量处理模块	井基础信息批量维护	井信息批量导入、导出
	井网批量维护	井的井网信息批量导入
	储量数据批量维护	地质单元（组合单元）储量数据批量导入导出
	归属关系批量维护	井的归属关系批量修改
	完井数据批量维护	完井数据批量导入
	中靶坐标批量维护	中靶坐标批量导入
	实体批量报废	地质单元、组织机构等实体的批量报废

2.4.2 基于 Spring Cloud 框架的微服务开发

（1）Spring Cloud 框架核心组件。

基础数据管理子系统将采用 Spring Cloud 框架进行梦想云微服务开发。Spring Cloud 基于 Spring Boot，为微服务开发提供了一整套的解决方案，可用于快速单个微服务的开发。其核心组件见表 2[2]。

表 2　Spring Cloud 框架核心组件

组件名称	说明
Eureka	服务注册与发现
Ribbon	客服端负载均衡
Feign	声明式服务调用
Hystrix	断路器
Zuul	服务网关

（2）基于 Spring Cloud 框架的新井注册流程。

新井注册流程主要分为以下步骤（图 6）：

①井信息维护服务创建新井；

②井信息维护服务调用井状态维护服务插入该井的井状态信息；

③井信息维护服务调用井要事维护服务插入该井的井要事信息；

④井信息维护服务调用井基准面维护服务插入该井的井要事信息。

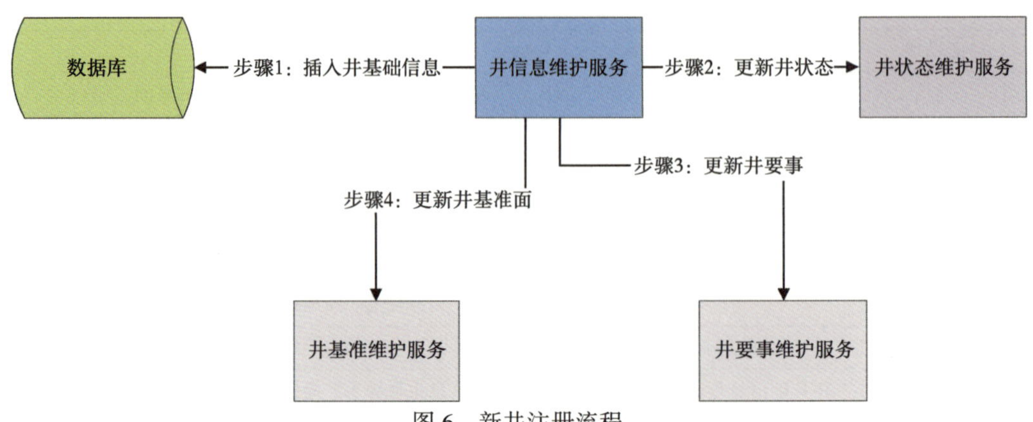

图 6　新井注册流程

新井注册流程中，Spring Cloud 各核心组件的主要功能见表 3。

表 3　Spring Cloud 各核心组件的主要功能

组件名称	功　　能
Eureka	各个服务启动时，Eureka Client 将服务注册到 Eureka Server，并且 Eureka Client 也可从 Eureka Server 拉取注册表，从而知道其他服务在哪里
Ribbon	服务发起请求时，基于负载均衡选取一台服务器作为访问服务器
Feign	基于 Feign 的动态代理机制，根据注解和选择的机器，确定最终的访问地址
Hystrix	不同的服务运行于不同的 Hystrix 线程池，以方便服务的隔离、熔断和降级
Zuul	前端访问后端统一从 Zuul 网关进入

Spring Cloud 框架下新井注册流程如图 7 所示。

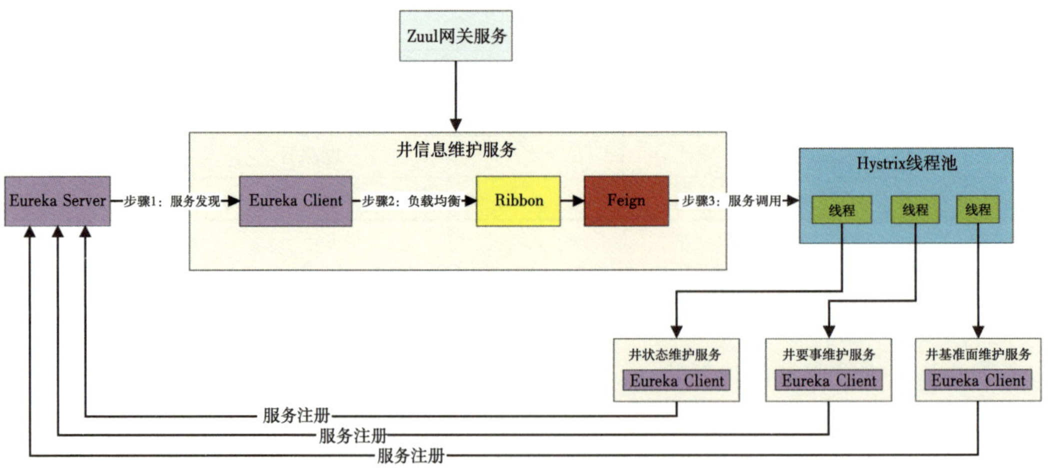

图 7　Spring Cloud 框架下新井注册流程图

3 实现效果

基础数据管理子系统采用“CNPC 构建、部署服务、同步镜像”模板成功构建“A2Cdmt-dev”流水线并在梦想云应用列表中发布了“基础数据管理”应用。在针对梦想云进行程序的适应性修改后，系统于梦想云平台正常运行。系统部署成功页面如图 8 至图 11 所示。

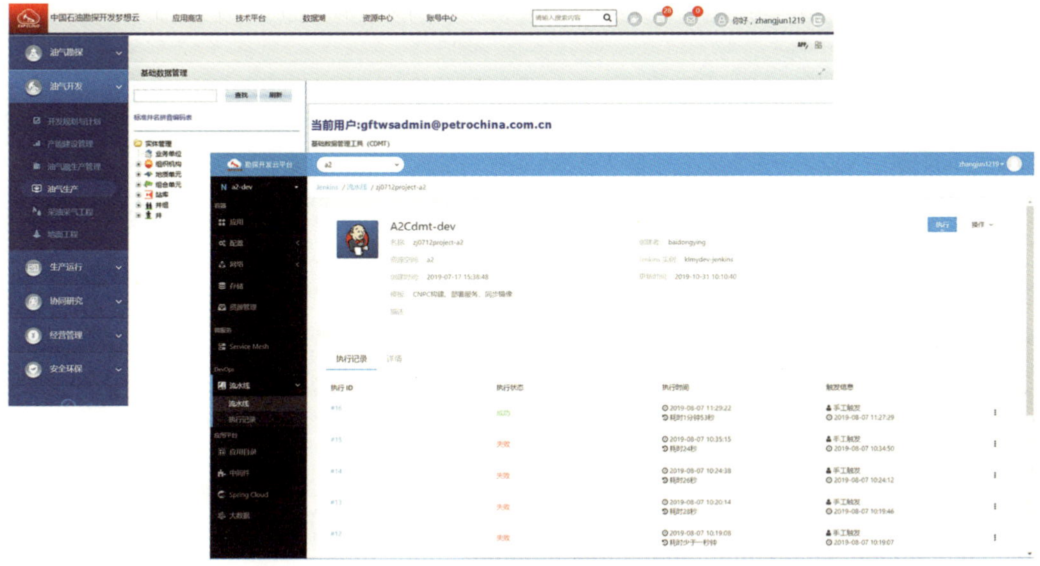

图 8 “A2Cdmt-dev” 流水线及部署应用页面展示

图 9 井基础信息管理页面

图 10　用户配置信息页面

图 11　井状态批量操作页面

4　结束语

从硬件上，梦想云采用分布式架构，不仅有利于整合中国石油计算机硬件资源，提高硬件资源的可扩展性和抗灾容错能力，云端资源调配还可提高系统的性能和安全性，充分利用资源，降低硬件、电力和维护成本。

从软件上，梦想云数据湖的建立，实现了上游全业务链数据的统一管理，为数据治理、数据共享、数据挖掘提供了坚实的数据基础。梦想云的上线，不仅很好地解决了“平台多、孤立应用多”的问题，使得程序更易于开发和维护，而且也带来了软件交互性、可扩展性、耦合性、质量管理等方面的全面提升。

基础数据管理子系统向梦想云的成功迁移，降低了系统的开发和维护难度，提高了系统的运行效率，节省了系统所占用的软硬件资源。系统的成功实施经验为 A2 整体迁移至梦想云提供了借鉴依据。

参考文献

[1] 周立 . Spring Cloud 与 Docker 微服务架构实战［M］. 北京：中国工信出版社，2017

[2] 王秀珍 . 论云计算平台即服务 PaaS 架构的研究与设计［J］. 中国新通信，19（19）：86

[3] John Carnell. Spring 微服务实战［M］. 北京：人民邮电出版社，2018

[4] 翟永超 . Spring Cloud 微服务实战［M］. 北京：电子工业出版社，2017

基于梦想云的管道风险评价模块云化改造实践

宋　旭[1]　丁建宇[2]　赵雪峰[1]　李宏斌[3]　王晓冬[1]　李俊峰[1]

（1. 中国石油大庆油田工程有限公司；2. 中国石油勘探与生产分公司；
3. 中国石油大庆油田有限责任公司）

摘要　以管道风险评价应用为例，论述传统信息系统架构转向微服务架构的方法实践。基于勘探开发梦想云的技术路线，按照微服务架构进行总体技术方案设计，分为平台基础层、数据层、服务层和应用层。依托梦想云平台基础层的软硬件设施资源、数据层的数据资源、服务层的基础组件资源，根据业务应用需求，对原信息系统功能进行微服务拆分、微服务接口的开发和注册，充实服务层的微服务，共建共享的微服务目录，提升梦想云平台业务服务能力，快速实现应用层的业务应用功能，取得良好效果。

关键词　梦想云　数据湖　微服务　管道风险评价

1　引言

中国石油统一规划、统一管理的信息化建设始于2000年，通过集中建设、集成应用，已建成一批实用、好用的信息系统，实现了从作业区、采油气厂、油气田公司到股份公司全覆盖，涵盖勘探开发全业务链的信息化支撑体系，在降本增效、增储上产、提高效率、转变生产组织模式等方面取得了显著成效。

这些信息系统有大量的软硬件资源分布在各油气田公司，均建设有专用独立的数据库或数据中心，技术架构多采用SOA，各信息系统多为支撑某一单独业务应用而建设，各业务系统之间分界不明确，各生产环节间业务关联紧密，导致部分关联业务系统之间数据既有交叉，又有侧重的情况。随着信息化的深入，数据库多、平台多、孤立应用多的“三多”现象日趋突出，部分油气田公司统建、自建信息系统多达上百个，接口上千个。各信息系统间数据标准不统一、接口工作量大，业务界线不清晰、数据

第一作者简介：宋旭（1982—），女，黑龙江大庆市人，硕士，2008年毕业于东北石油大学，高级工程师，现主要从事油气田信息化建设方面的工作。通信地址：黑龙江省大庆市大庆油田工程有限公司地理信息中心，邮政编码：163712，E-mail：songx_dod@ petrochina. com. cn。

重复采集严重，单独系统的平台庞大、开发工作量大、功能复用难，且系统入口多、业务应用分散、安全保障困难。

“十二五”末，遵循集团公司信息技术总体规划要求，中国石油勘探与生产分公司提出了建设中国石油上游业务信息与应用共享云平台宏伟蓝图。2018 年 11 月 27 日，中国石油正式发布勘探开发梦想云。梦想云是中国石油搭建的第一个主营业务智能共享平台，旨在实现上游业务数据互联、技术互通、研究协同，推进勘探开发智能化。梦想云也是打造“共享中国石油”的重要组成部分，标志着中国石油信息化迈入全新时代，在国内油气行业智能化转型及我国信息化建设中具有里程碑意义。

已建的传统信息系统如何基于梦想云实现技术、架构与平台的转型升级？这成为梦想云推出后上游板块信息化建设的核心重点工作之一。

2 微服务架构设计方案

梦想云以“两统一、一通用”为核心，即统一数据湖（DaaS）、统一技术平台（PaaS）、通用业务应用（SaaS）和标准规范体系，构建统一的云技术平台，为上游业务应用开发建设提供统一的支撑与治理平台，为各专业业务用户提供统一的应用入口，实现对业务应用的全面支撑和对新业务需求的敏捷响应。

基于梦想云的技术路线，按照微服务架构进行方案设计，总体技术架构分为平台基础层（IaaS）、数据层（DaaS）、服务层（PaaS）和应用层（SaaS）[1]；依托梦想云 IaaS 的软硬件设施资源，应用梦想云 DaaS 的数据资源，应用梦想云 PaaS 的基础组件资源，根据业务应用需求，将原信息系统业务功能微服务化，充实到 PaaS，按照业务流程，开发面向用户的 SaaS 层业务应用。下面以采油与地面工程运行管理系统（即集团公司 A5 项目）中的管道风险评价应用为例（图 1），论述传统信息系统转向微服务

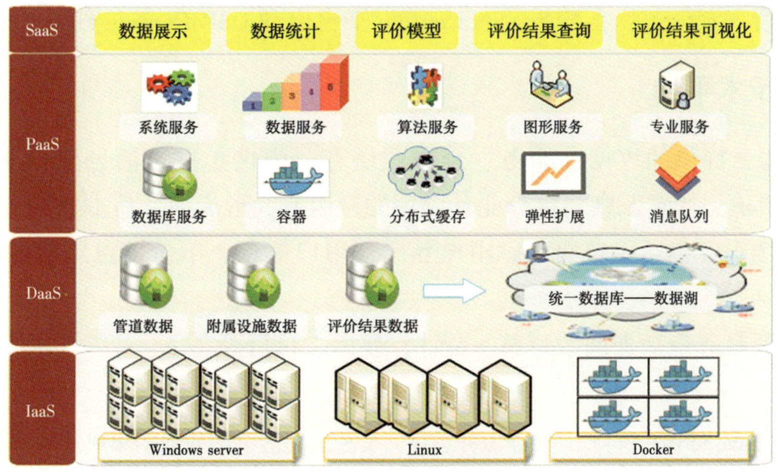

图 1　总体技术架构图

架构的云化方法实践。

（1）统一数据库——采集的管道及附属设施相关基础数据、评价结果数据进行数据入湖。

（2）统一技术平台——按照业务应用需求，进行微服务拆分，进行微服务接口的开发和注册。

（3）通用业务应用——实现业务应用的发布和使用。

2.1 统一数据库

管道及附属设施相关基础数据、评价结果等结构化数据依然采用 Oracle 数据库进行存储管理。为了提高数据获取、联查、实时统计等应用的性能，按照统一数据库的建设要求，实现数据入湖。数据入湖的程序分为主数据注册、创建数据模型和视图、DSB❶ 创建入湖接口、Console 平台创建入湖任务、执行入湖任务。

（1）主数据注册：需要注册的主数据包括组织机构和管线。首先，在 Oracle 数据库中创建组织机构和管线两类主数据视图，在数据湖平台进行在线注册，注册成功后，主数据的 UID 回写至 Oracle 数据库。

（2）创建数据模型和视图：根据管道及附属设施基础数据表、评价结果表设计数据模型的结构，使用数据库设计工具，按照梦想云统一的命名、属性及编码规范进行数据模型的创建；在 Oracle 数据库中按照数据模型进行视图创建。

（3）DSB 创建入湖接口：应用 DSB 迁移工具，连接 Oracle 数据库和数据湖，按照视图链接、变量获取、常量增加、主键 ID 生成、Task UID 获取、字段选择、JSON 输出、Kafka 输出共八个步骤，实现数据入湖接口的创建。

（4）Console 平台创建入湖任务：基于梦想云的 Console 平台，在线创建数据入湖任务。

（5）执行入湖任务：在梦想云的 Console 平台启动 DSB Console 任务。

2.2 统一技术平台

应用梦想云提供的数据库服务、分布式缓存、弹性扩展、消息队列等基础组件，按照业务逻辑单一职责原则，拆分业务应用的微服务，形成前、后端微服务目录[2]。

（1）系统服务包括用户登录、用户登出、用户信息、单位信息、功能信息、权限信息等。

（2）数据服务包括查询、列表、合计、导出、执行等。

---

❶ DSB（Data Service Bus）即数据服务总线，是一款灵活灵用的数据集成产品，具有高效的数据处理引擎和灵活的可扩展性，在数据集成领域提供了良好的技术支持，支持多种数据处理的应用场景。

（3）算法服务包括加密、解密、风险评价等。

（4）图形服务包括查询、图层控制、测线、测面、放大、缩小、平移等。

微服务接口 URL 组织规则如下：

https：//域名：Port/appName/version/resource/action［.json | xml | xls | doc | html］

2.3 通用业务应用

管道风险评价包括数据展示、数据统计、评价模型建立、评价结果查询、评价结果可视化等业务功能[3]。

（1）数据展示：基于 GIS 的管道及附属设施的空间及属性信息的综合展示。

（2）数据统计：按单位、分类对管道或附属设施进行综合统计。

（3）评价模型建立：根据业务技术的成熟度，区分不同类别的管道，在线设置并调整拟采用的定性评价、半定量评价、定量评价模型及模型参数权重。

（4）评价结果查询：根据自动评价分析后的结果，按照单位、管道类别、管道类型分类，根据失效后果、失效可能性及风险值的高低进行结果排序查询。

（5）评价结果可视化：基于 GIS 的管道评价结果的可视化展示。

3 应用效果

基于梦想云统一技术平台开发的管道风险评价应用，耗时较传统信息系统建设大幅缩短。通过梦想云统一调配可充分提高资源利用率，提高资源复用率。管道风险评价根据管道本体及周边环境数据，应用评价模型，实现在线自动评价并推送管道失效后果和失效可能性的量化指标，按照风险值自动排序，进一步得出管道的风险等级，基于 GIS 地图在线可视化展示评价结果，应用图层控制、测距测面、查询统计等工具，结合管道运行现状，综合分析后，得出有针对性的风险减缓措施方案，辅助完整性检测计划的制定，从而保障管道的安全运行。

4 结论

通过国内外业界实践表明，微服务架构是解决复杂业务协同的有效手段。根据业务特点对微服务进行中心化管理，适当引入成熟技术和产品，自主研发业务应用。中国石油“十三五”信息化的持续建设，为上游业务的变革与发展提供了有利的支撑，信息化助力劳动组织结构扁平化、生产运行管理精细化；跨学科、跨部门、跨地域协同研究的工作模式及数据驱动业务决策的工作机制基本形成。未来中国石油将加强智能油田建设，实现上游业务全流程协同优化和经济效益最大化。

参考文献

[1] 李明，王伟，张栋栋．传统架构升级微服务的设计与实现［J］．科技传播，2019（5）：140-142

[2] 余和剑．基于微服务架构的信息资源服务平台构建研究［J］．科技管理研究，2019（3）：211-216.

[3] 周立国，王晓霖，齐向志，等．油气管道建设期的风险评价与管理［J］．当代石油化工，2019，27（9）：47-51.

基于梦想云的勘探与生产调度指挥模块云化改造实践

耍燕萍[1]　石　峰[1]　罗晓洁[2]　张　飞[2]

（1. 中国石油新疆油田公司数据公司；2. 红有股份有限公司）

摘要　容器与微服务技术已成为当今构建云计算平台的主流技术。采用 IaaS、PaaS、SaaS 三层云计算架构已成为提升企业数字化竞争力的重要手段[1]。为适应中国石油发布的勘探开发梦想云环境下的应用升级、资源共享、智能化发展的要求，中国石油勘探与生产调度指挥系统（A8）项目组基于梦想云开发规范，研究了 A8 的云化升级技术方案，细化了系统深化应用流程，完成了 7 个核心应用模块的云化迁移，为业务应用系统云化升级迁移至梦想云探索了可行的方法。

关键词　梦想云　云化迁移　容器　PaaS 平台　流水线

1　引言

勘探开发梦想云采用 IaaS+PaaS/DaaS+SaaS 三层云架构，搭建了国内油气行业首个智能云平台。整个平台依托中国石油基础设施云 IaaS，研究开发了统一数据湖 DaaS 和统一云技术平台 PaaS，搭建涵盖了上游业务勘探生产、开发生产、协同研究、经营管理、安全环保等领域的通用应用框架 SaaS，为中国石油上游业务数字化转型奠定了坚实的基础，为上游业务应用持续深化、资源全面共享、智能化快速发展创造了条件。基于梦想云及其开发规范，上游板块组织了对上游信息系统的云化改造升级工作，A8 项目组结合勘探与生产调度指挥系统总部应用需求，设计并实施了 A8 的云化升级方案，探索形成了传统信息系统云化迁移技术方法，取得了良好的实践效果。

第一作者简介：耍燕萍（1993—），女，新疆吐鲁番市人，2017 年本科毕业于中山大学，助理工程师，主要从事软件项目研发管理工作。通信地址：新疆克拉玛依市新疆油田公司数据公司，邮政编码：834000，E-mail：shuayanping@ petrochina. com. cn。

2 A8 云化升迁方案

2.1 A8 数据迁移范围

A8 需要云化迁移的数据范围涉及以下类别。

（1）勘探评价类：物探、钻井、录井、测井、试油、矿权、储量；

（2）开发生产类 ：产能建设、生产管理、地面工程、井下作业；

（3）集输类：输油（气）、库存、销售；

（4）能耗类：电、生产单耗；

（5）经营管理类：油气勘探、油气开发投资。

2.2 A8 功能迁移范围

A8 需要云化迁移的主要包括生产总况、生产运行、油气集输等七个功能模块，见表 1。

表 1 A8 系统功能迁移范围

序号	模块名称	主要内容
1	生产总况	展示中国石油勘探与生产分公司及油气田分公司勘探与生产现状；提示重要生产事项，包括原油生产、天然气生产、钻井动态、库存、销售、用电、国际油价等；生产总况汇聚了主要生产指标，通过趋势预测等手段及时反映油气田每天的油气生产运行动态，提高生产指挥效率
2	生产运行	展示中国石油勘探与生产分公司及各地区公司原油、天然气的开发生产动态信息，对日数据、旬报、月累计产量、年产数据进行动态分析。提供同比、环比的对比及趋势分析方法。反映原油、天然气生产动态信息，跟踪油气产量完成情况，及时了解异常动态，指导油气生产
3	油气集输	展示中国石油勘探与生产分公司及油气田分公司原油库存量、油气销售量现状，以及计划执行情况。反映了原油库存量、油气销售量，为公司资源配置、生产指挥、制定销售策略提供参考
4	钻井动态	跟踪钻机动用、进尺完成情况，通过综合分析与对比掌握中国石油勘探与生产分公司及油气田分公司预探井、评价井、开发井钻井综合动态，动用钻机情况，提供综合分析与对比功能
5	产能建设	分为原油产能、天然气产能和油藏评价三部分，展示重点产能建设区块的新井投产情况、产能任务完成情况，以及重点工程进度跟踪
6	用电管理	对油田生产用电、各类生产单耗进行指标对比分析，可及时了解能源消耗情况，为节能降耗提供参考依据
7	综合信息	展示中国石油勘探与生产分公司主要业绩指标完成情况、历年油气生产趋势、物探工作量完成情况、矿权信息等内容，全面、综合反映中国石油勘探与生产分公司生产、经营情况，为决策者提供参考依据

2.3 功能迁移计划

A8项目组已完成总部系统七个功能模块的云化迁移工作，并实现了单轨运行。A8云化迁移运行计划见表2。

表2 A8云化迁移运行计划表

模块	子模块	完成时间
申请租户		2019年3月5日
搭建开发环境		2019年3月11日
数据入湖		2019年3月30日
A8总部系统	生产总况模块	2019年4月30日
	生产运行管理模块	2019年5月31日
	油气集输动态模块	2019年6月30日
	钻采动态模块	2019年7月31日
	产能建设动态模块	2019年9月30日
	生产保障模块	2019年10月31日
	综合信息模块	2019年10月31日

3 技术实现

3.1 运行环境租户申请

多用户的环境下共用相同的系统或程序组件时，为了保证各用户间数据的隔离，勘探开发梦想云采用了多租户技术。多租户技术可以实现多个租户之间共享系统实例，同时又可以实现租户的系统实例的个性化定制。A8升迁租户权限申请见表3。

3.2 搭建开发环境

遵循梦想云开发规范及推荐的开发环境，A8云化升迁使用了如下的开发环境。

（1）开发语言：JDK，使用JDK8。

（2）项目构建及管理：使用了Maven。

（3）版本控制工具：使用了Git。

（4）集成开发环境IDE：使用了IntelliJ Idea。

表 3　租户权限申请表

基本信息						所属项目组信息					
姓名（中文）	邮箱	填报日期	电话	角色（下拉选择）	是否填账号登陆（下拉选择）	项目名称	项目简称（如 AG）	项目经理	联系方式	是否自备资源	环境隔离需求（开发、测试、生产）
樊荣强	vb@ getrochina.com	2019/2/21	13552444808	开发主管	否	探井动态管理	探井动态	辛成	18600020234		开发、测试
				产品经理	项目简介						
						项目语言：jeve 框架：spring cloud Spring boot2. 0. 1 maven 私密（nextls）gitlab 代码库存 orbcle11G					
				项目管理员							

备注：

1. 梦想云平台技术邮箱：pcep_cloud@ cnpc.com.cn。

2. 梦想云平台技术支持电话 010-59981914。

3. 邮件名称前组分类[账号申请]、[DEVOPS 邮箱]、[微服务开发]、[资源申请]。

3.3 数据入湖

（1）参照数据集设计规范，对数据集进行落地，落地后开展数据入湖工作，因 A8 项目属于第一次数据入湖且要求尽快入湖，经综合考虑由梦想云平台项目组主导数据入湖工作，A8 项目组配合工作。

（2）入湖范围包括已定义的 13 个数据集的历史数据入湖，即供用电量月度数据表、天然气处理、原油商业储备库存、原油外销、原油生产计划表、天然气生产计划表、原油生产运行库存、天然气外销、原油销售库存、钻机和进尺、原油开发钻井和投产、天然气开发钻井和投产、勘探钻井等，见表 4。

3.4 技术架构及代码设计

3.4.1 技术架构

（1）后端。

核心框架：Spring Boot。

安全框架：Apache Shiro。

模板引擎：Thymeleaf。

持久层框架：MyBatis。

数据库连接池：Alibaba Druid。

日志管理：Logback。

工具类：Apache Commons、Jackson、fastjson 等。

（2）前端。

页面：html5。

JS 框架：jQuery。

富文本在线编辑：summernote、simplemde。

数据表格：bootstrapTable。

弹出层：layer。

图形插件：echart。

图标字体库：Font Awesome。

3.4.2 服务划分以及代码设计

A8 项目微业务服务模块主要划分为两个模块，即 A8-Web 前端服务模块和 A8-Server 后端服务模块。服务划分代码如下：

```
package com. hongyou. A8_Web;
import org. springframework. boot. SpringApplication;
import org. springframework. boot. autoconfigure. SpringBootApplication;
```

表 4　A8 入湖部分数据集

表名	Name	Code	Data Type	Unit	Primary	Mandator	注释	Options
供用电量月度数据表（A8）	DSID	DSID	VARCHAR2(60)		√	√	数据源主键 ID	
	油田标识	DATA_REGION	VARCHAR2(2)				油田标识	
	数据分组	DATA_GROUP	VARCHAR2(40)				数据分组	
	数据源主键 ID	ID	VARCHAR2(32)					
	供电量最高负荷	MAX_ELEC_LOAD	NUMBER(7,4)	10^4kW				
	总供电量	TOT_ELEC_SUPPLY	NUMBER(7,4)	10^4kW · h				
	自发电量	SELF_GEN_ELEC	NUMBER(7,4)	10^4kW · h				
	上网电量	TNTERNET_ELEC	NUMBER(7,4)	10^4kW · h			上市	
	油气生产采油用电量	OTL_EXTR_USE_ELEC	NUMBER(7,4)	10^4kW · h			上市	
	油气生产集输用电量	GATH_TRAN_ELEC	NUMBER(7,4)	10^4kW · h			上市	
	油气生产储运用电量	STOR_TRAN_ELEC	NUMBER(7,4)	10^4kW · h			上市	
	油气生产注水用电量	WATER_TNT_ELEC	NUMBER(7,4)	10^4kW · h			上市	
	油气生产供水用电量	WATER_SUP_ELEC	NUMBER(7,4)	10^4kW · h			上市	
	油气生产天然气用电量	GAS_ELEC	NUMBER(7,4)	10^4kW · h			上市	
	油气生产网损用电量	NETWORK_LOSS_ELEC	NUMBER(7,4)	10^4kW · h			上市	
	油气生产其他用电量	OTHER_ELEC	NUMBER(7,4)	10^4kW · h			上市	
	非油气生产用电量	NOT_OTL_GAS_PRO_ELEC	NUMBER(7,4)	10^4kW · h			上市	
	未上市用电量	未上市用电量	NUMBER(7,4)	10^4kW · h			未上市	
	矿区用电量	MINING_ELEC	NUMBER(7,4)	10^4kW · h			未上市	
	油区内部转供电量	INTER_TRAN_ELEC	NUMBER(7,4)	10^4kW · h				
	对外转供电量	EXTER_TRAN_ELEC	NUMBER(7,4)	10^4kW · h				

```
import org.springframework.boot.web.servlet.support.SpringBootServletInitializer;
@SpringBootApplication
public class A8WebApplication extends SpringBootServletInitializer {
        public static void main(String[] args) {
        SpringApplication.run(A8WebApplication.class, args);}}


package com.hongyou;
import org.springframework.boot.SpringApplication;
import org.springframework.boot.autoconfigure.SpringBootApplication;
@SpringBootApplication
public class A8ServerApplication {
public static void main(String[] args) {
        SpringApplication.run(A8ServerApplication .class, args);}}
```

以 eureka 作为注册中心,前后端分离,通过 JSON 交互数据,实现前后端可持续增加或者修改用户需求,Controller 层使用适配器,Service 层按常规,AOP 做请求记录,数据库使用 Oracle,连接池使用 Alibaba Druid,同时项目设计取数过程中使用了存储过程,封装好的存储过程取数工具,使得业务流程更加精细化,代码开发以及维护工作更加容易。代码设计示例如下:

```
    public Object getResultFromProcedure(String procedureName,List pars, Connection
conn,CallableStatement proc) throws Exception{
            ResultSet rs=null;
            try {
                // Connection conn= DBConnection.getConn();
                DatabaseMetaData meta =conn.getMetaData();
                String[] procedureinfo = procedureName.split("\\.");
                    if(procedureinfo.length==1){
                    procedureinfo=new String[]{null,null, procedureName};}
                    if(procedureinfo[0]!=null){
                    procedureinfo[0]=procedureinfo[0].trim();}
                    if(procedureinfo[1]!=null){
                    procedureinfo[1]=procedureinfo[1].trim();}
                      rs = meta.getProcedureColumns(procedureinfo[1], procedureinfo
[0], procedureinfo[2].trim(),"%");
                    //System.out.println("aaa"+rs);
```

```
                    int canshuNumber=0;//参数个数
                    Integer outindex=null;//输出参数的序号
                    List<Integer> inindex=new ArrayList<Integer>();//输入参数的序号
                    String outtype=null;//输出参数类型
                    while (rs.next()) {
                    canshuNumber++;
        if(rs.getInt("COLUMN_TYPE")==DatabaseMetaData.procedureColumnOut||rs.
getInt("COLUMN_TYPE")==DatabaseMetaData.procedureColumnInOut){
              outindex=canshuNumber;
              outtype=rs.getString("TYPE_NAME");}
          if(rs.getInt("COLUMN_TYPE")==DatabaseMetaData.procedureColumnIn||rs.
getInt("COLUMN_TYPE")==DatabaseMetaData.procedureColumnInOut){
              inindex.add(canshuNumber);}}
         //构造储存过程字符串
         StringBuffer sb=new StringBuffer("{call");
         sb.append(procedureName.trim());
         if(canshuNumber>=0){
           sb.append("(?");
           for(int i=1;i<canshuNumber;i++){
             sb.append(",?");}
           sb.append(")");}
         sb.append("}");
         System.out.println("调用的储存过程:"+sb.toString());
         proc = conn.prepareCall(sb.toString());
         //设置参数
         for(int i=0,max=inindex.size();i<max;i++){
           if(i<pars.size()){
             proc.setObject(inindex.get(i), pars.get(i));
           }else{
             proc.setObject(inindex.get(i),null); }}
         if(outindex! =null){
           proc.registerOutParameter(outindex,getTypeNumberByTypeName(outtype));
           proc.executeUpdate();
           return proc.getObject(outindex);
```

```
        }else{
            proc.executeUpdate();
            return null;}
    } catch (SQLException e) {
        e.printStackTrace();}
return null;}
```

3.5 集成发布

实现应用程序从构建、部署、测试和发布整个过程的自动化。

（1）代码管理。使用 gitlab 代码仓库进行代码管理，可以实现项目代码级的管理，既保证了代码安全，又确保源码和系统的一致性，可以追踪代码的整个过程。代码仓库界面如图 1 所示。

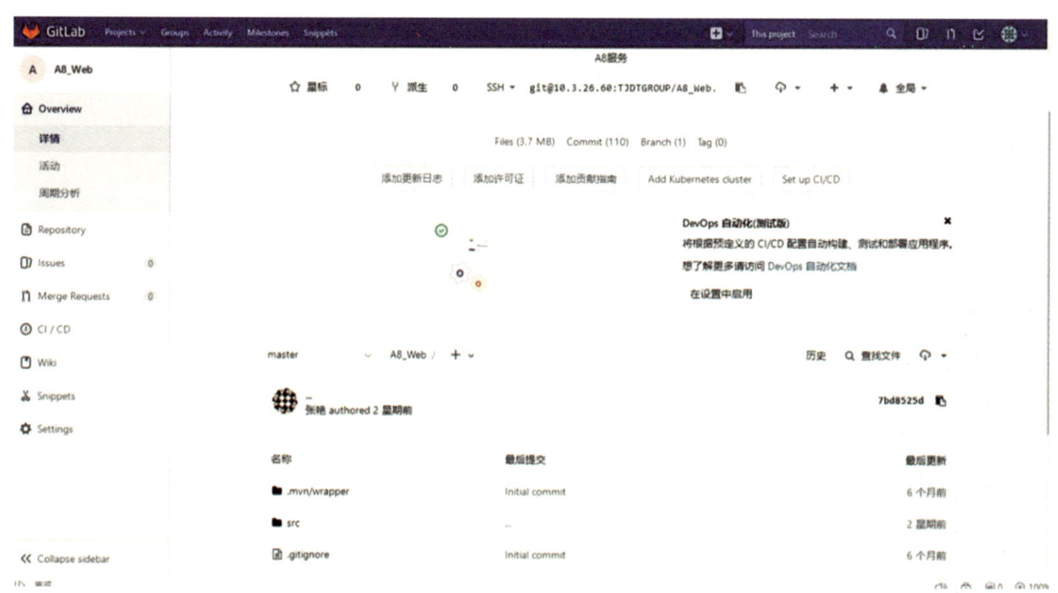

图 1　代码仓库界面

（2）镜像仓库创建。镜像仓库包含容器化的服务镜像和相关元数据。创建步骤为进到项目集群，选择创建镜像，如图 2 所示。

（3）创建应用。应用下可以包含多个服务，可以通过镜像或 yaml 创建。创建步骤为创建应用选择刚才创建的镜像，填写相关信息，如图 3 所示。

（4）创建流水线。创建流水线。选择模板创建选择要创建的模板，点击进入，填写配置信息，如图 4 所示。

配置信息完成之后，选择刚创建的流水线执行，这样一个服务流水线就部署完成

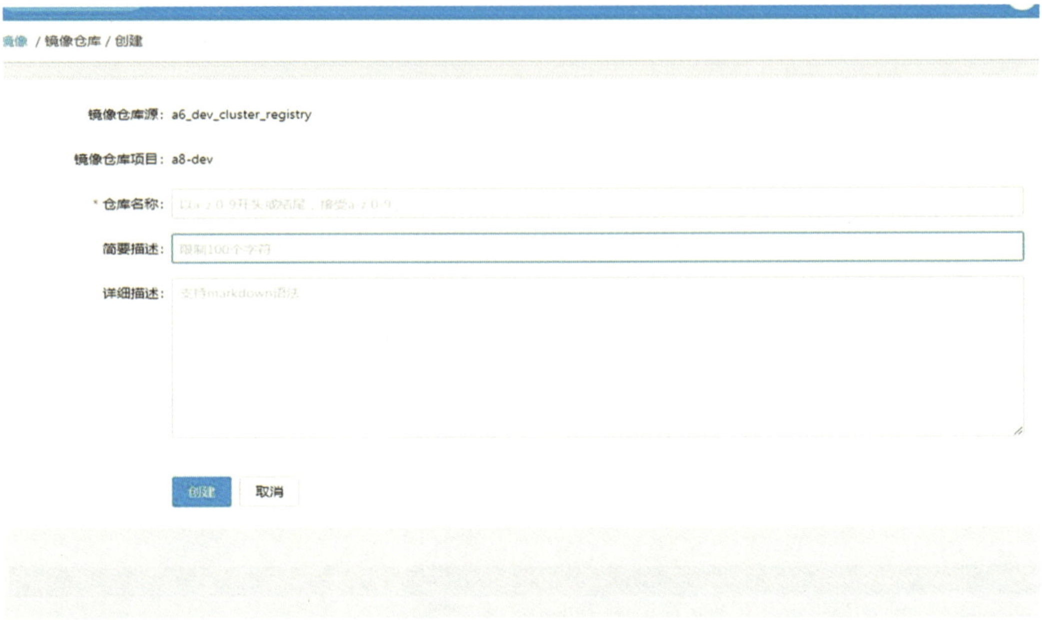

镜像 / 镜像仓库 / 创建

镜像仓库源：a6_dev_cluster_registry

镜像仓库项目：a8-dev

* 仓库名称：

简要描述：限制100个字符

详细描述：支持markdown语法

创建 取消

图 2　创建镜像仓库

图 3　创建应用

了。当源代码或者配置文件变更时，就会触发新的流水线的实例，通过执行这个流水线实例的过程，来达到快速交付的目的，如图 5 所示。

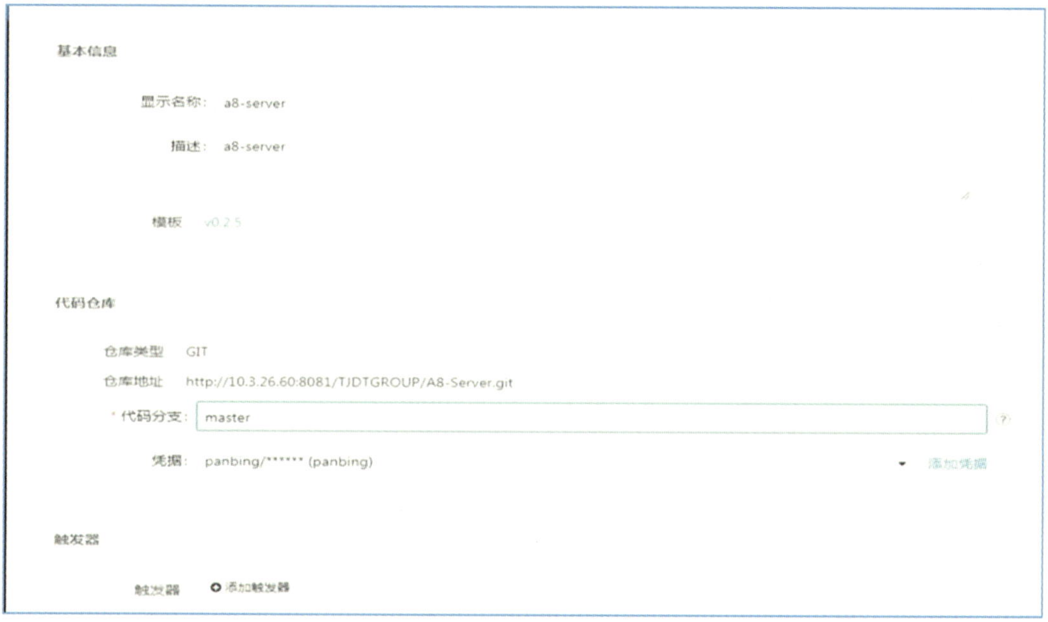

基本信息
显示名称：a8-server
描述：a8-server
模板 v0.2.5
代码仓库
仓库类型 GIT
仓库地址 http://10.3.26.60:8081/TJDTGROUP/A8-Server.git
* 代码分支：master
凭据：panbing/****** (panbing)
添加凭据
触发器
触发器
添加触发器

图 4 配置流水线

创建流水线
项目名称
触发器
执行记录
创建者
创建方式
a8-server
名称a8-server-a8
17 天前
hy-jya
模板：CNPC构建、部署服务、同步镜像
执行
查看
复制
更新
升级
删除
a8-web
名称a8-web-a8
17 天前
hy-jya
模板：CNPC构建、部署服务、同步镜
共 2 条
1
10

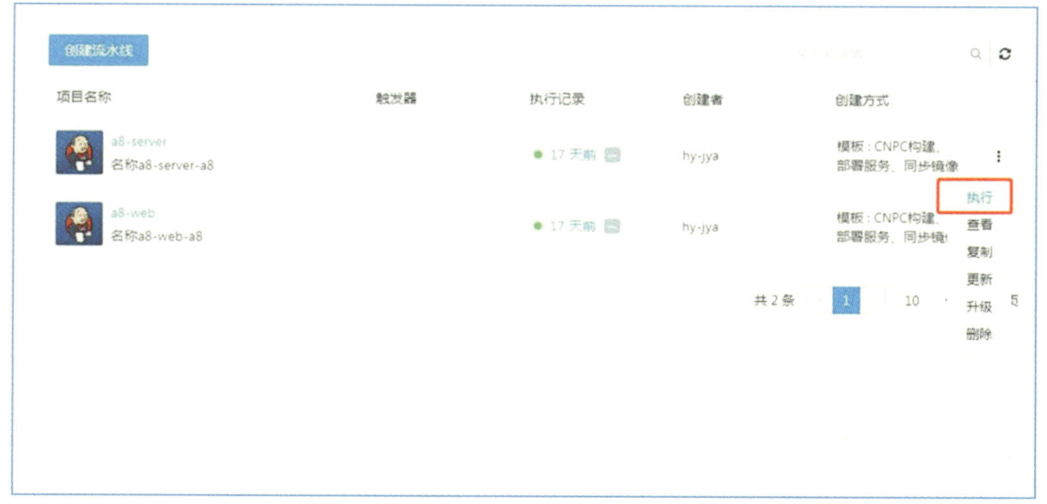

图 5 部署流水线

4 实施效果

在 A8 总部功能云化迁移过程中，除了实现原有功能外，对 A8 原有的界面也进行了美化设计，最终实现效果如图 6 至图 8 所示。

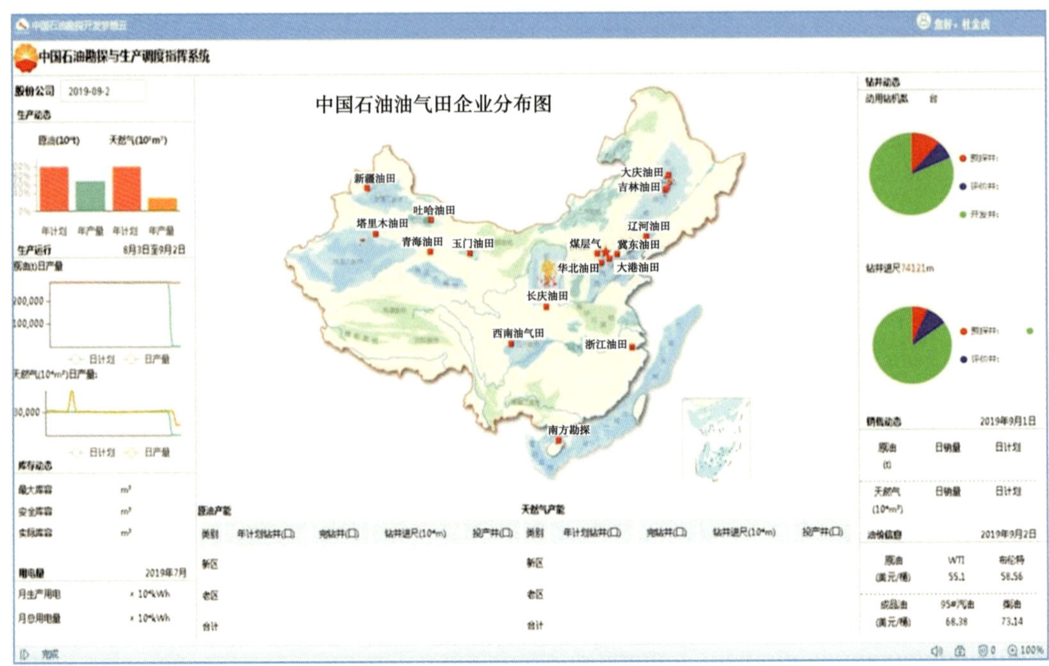

图6　生产总况模块成果图

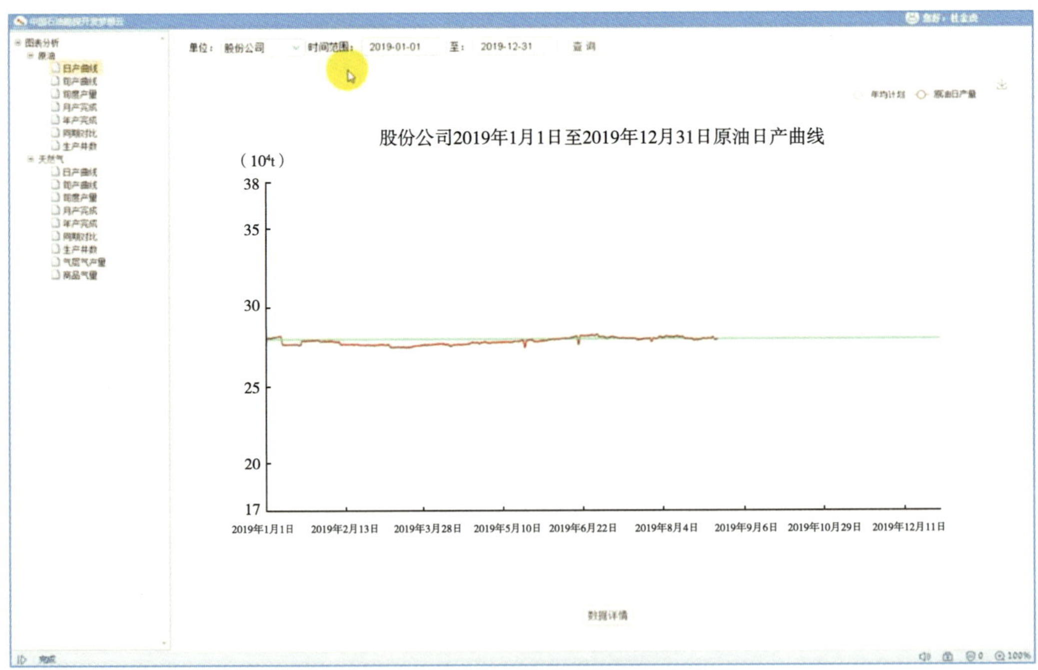

图7　生产运行管理模块成果图

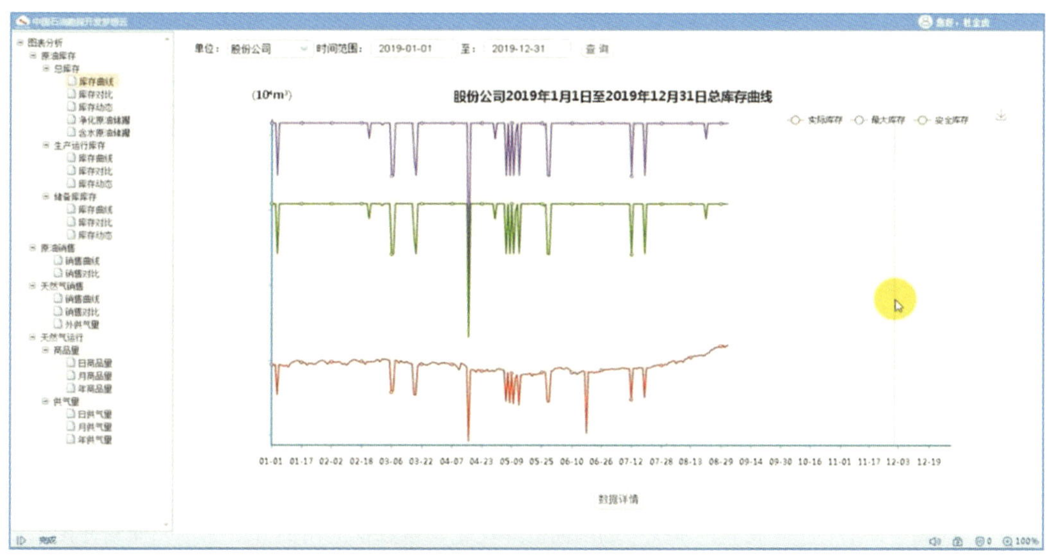

图8　油气集输模块成果图

5　结束语

基于梦想云勘探与生产调度指挥模块云化改造实践项目成功的实施，验证了基于梦想云的开发模式，可以节省了系统建设过程中的大量技术实现工作，使开发人员只需专注于业务逻辑的具体实现[2]，这将对以往的信息系统建设将会产生了深刻的影响。未来的梦想云，将实现基础数据自动采集、综合研究智能协同、方案决策智能优化、生产过程智能操控、经营管理精细高效，实现生产精益化、管理流程化、研究协同化、经营智慧化、决策科学化，也必将成为石油人工作中离不开的好帮手。

参考文献

[1] 苗虹．企业信息系统的云化迁移研究［D］．南京：南京理工大学，2016

[2] 许超彬．政务系统云化迁移思路研究［J］．电子测试，2019（13）：81-82

基于梦想云抽油机井优化调参模块云化改造实践

李 凡 李 群 王从镔 吴海莉
宋 艳 杨贞强 魏 帅
（中国石油勘探开发研究院西北分院）

摘要 以油气生产物联网系统中的抽油机井优化调参数据应用的开发为例，探索并阐述了基于梦想云平台技术的业务系统提升改造方法，实现了统一开发、统一部署、统一监控，提高了开发效率。

关键词 梦想云 PaaS Spring Cloud Vue

1 项目背景

中国石油勘探开发梦想云一期建设落地了“两统一、一通用”的核心战略，构建了上游全业务链数据互联、技术互通、业务协同与智能化发展的总体框架，初步构建了“共创、共建、共享、共赢”的信息化新生态。统一技术平台支撑了“模块化、迭代式”敏捷开发、统建及油田自建应用集成、专业软件云化部署等能力，实现了勘探业务线上协同研究工作。油气生产物联网项目（A11）采用梦想云推荐的 Spring Cloud 微服务框架和 Vue 前端框架，以抽油机井优化调参数据应用模块为例，验证了梦想云的技术适用性，对实现油气生产物联网系统全线功能的改造、提升或融合进行了有效探索。

2 主要业务功能描述

油气生产物联网系统抽油机井优化调参数据应用模块，其主要业务功能是将采集

第一作者简介：李凡（1993—），女，河北定州市人，2016 年本科毕业于河北科技大学，助理工程师，主要从事梦想云油气生产物联网项目系统研发工作。通信地址：北京市海淀区花园北路 14 号环星大厦 D 座三层，邮政编码：100191，E-mail：lifan_xb@ petrochina. com. cn。

到的大量的抽油机井的泵效、流压数据，以文本文件的形式整理汇总，使用 Spark Mllib 决策树及其集成算法对整理后的大量数据及文件进行模型训练，然后再将训练结果用于当前工况的诊断，诊断结果以坐标轴动态控制图的形式分区展示，共计分为 5 大区域，如图 1 所示。

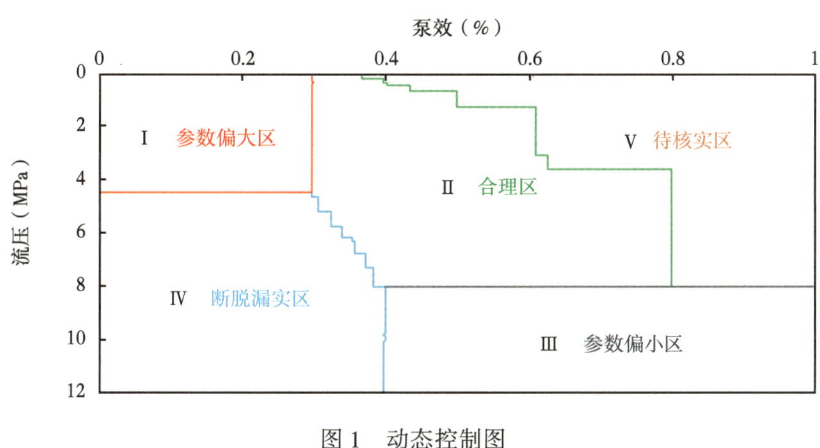

图 1　动态控制图

区域Ⅰ，建议采取调小抽汲参数，换成小泵深抽或进行油层改造；区域Ⅱ，建议加强健康诊断管理；搞好抽油机井日常保养维护，按要求定期进行清蜡、热洗；区域Ⅲ，建议对高含水井采取上提泵挂深度下大泵，抽汲油帽子的办法；对有潜力的油井采取调整抽油井抽汲参数或换大泵的办法；对于动液面较高井，可转为螺杆泵生产；区域Ⅳ，建议对油稠造成阀关闭迟缓的抽油井，应采取把抽油泵固定阀、游动阀换成扩孔重球泵，减缓阀漏失；油井因结垢、腐蚀对抽油泵固定阀造成漏失的，采取防腐、防垢措施；区域Ⅴ，建议通过核实产液量、动液面、抽汲参数是否正确，检查是否是同时间录取的数据；检查流程是否有问题，确保资料的准确性。

通过训练好的数据模型和诊断算法，可以对单口井和多口井的泵效、油压数据进行诊断，新的诊断结果可以反哺优化现有模型和算法。

3　主要支撑技术

勘探开发梦想云是基于 Docker+Kubernetes 技术路线，采用微服务、DevOps（软件开发流水线）等技术构建拥有自主知识产权的 PaaS 平台。它支持主流开源的 Spring Cloud 微服务框架，并提供了相应的技术开发规范。

3.1　Spring Cloud

Spring Cloud 是一系列框架的有序集合，专注于服务之间的通信、熔断、监控，它有很多组件来支持一套功能[1]。Spring 将开发成熟的服务框架组合起来，通过 Spring Boot 风格进行再封装屏蔽掉了复杂的配置和实现原理，最终给开发者留出了一套简单易懂、易部署和易维护的分布式系统开发工具包，Spring Cloud 支持一键启动和部署。

3.2 Spring Cloud Eureka

Spring Cloud Eureka 是 Spring Cloud Netflix 微服务套件中的一部分，主要负责完成微服务架构中的服务治理功能，并基于 Netflix Eureka 做了二次封装。

Eureka 由两个组件组成：Eureka 服务器和 Eureka 客户端。Eureka 服务器用作服务注册服务器。Eureka 客户端是一个 Java 客户端，用来简化与服务器的交互、作为轮询负载均衡器，并提供服务的故障切换支持。Netflix 在其生产环境中使用的是另外的客户端，它提供基于流量、资源利用率以及出错状态的加权负载均衡，如图 2 所示。

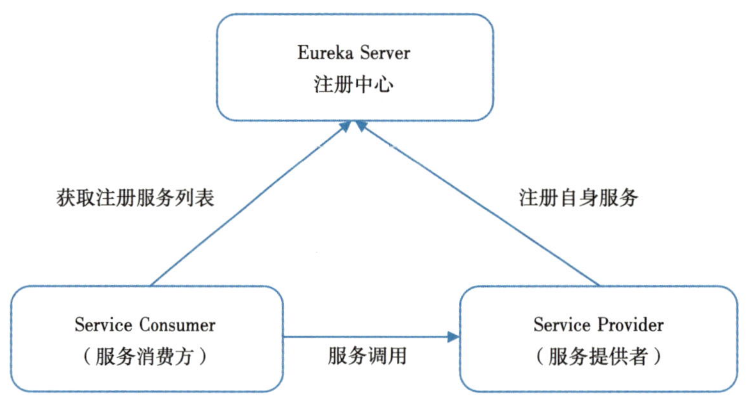

图 2　Eureka 基本架构图

3.3 Vue

Vue 是一套用于构建用户界面的渐进式框架。与其他大型框架不同的是，Vue 被设计为可以自底向上逐层应用[2]。Vue 的核心库只关注视图层，不仅易于上手，还便于与第三方库或既有项目整合。另外，当与现代化的工具链以及各种支持类库结合使用时，Vue 也完全能够为复杂的单页应用提供驱动。

Vue CLI 是 Vue 出来的一个脚手架，可以进行组件式的开发。Vue CLI 致力于将 Vue 生态中的工具基础标准化。它也为每个工具提供了调整配置的灵活性，确保了各种构建工具能够基于智能的默认配置即可平稳衔接，从而让开发人员可以专注于撰写应用，而不必去纠结配置的问题。

4 技术实现

4.1 整体架构

结合梦想云平台微服务架构的技术规范，拆分为四个基础服务，整体架构如图 3 所示。

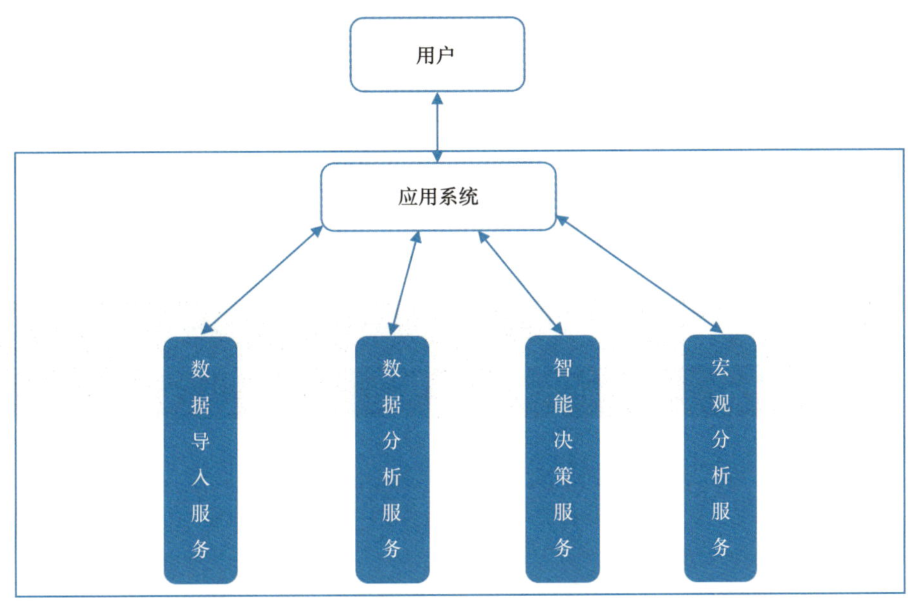

图 3 整体架构图

数据导入服务：将采集到大量的抽油机井泵效、油压数据，以文本文件的形式整理汇总，系统支持多数据库、任意时间段的数据选择。该模块主要进行模型的训练。

数据分析服务：基于 Spark Mllib 决策树及其集成算法，对数据导入服务形成的数据模型进行诊断，将所有的诊断结果以坐标轴动态控制图的形式分区展示。

智能决策服务：针对单井输入井参数（泵效、油压等），依据训练好的模型给予生产建议。

宏观分析服务：针对批量井数据，依据控制模型分析宏观控制图各区域所占比例。

4.2 开发与部署

按照梦想云平台微服务技术开发规范，系统后端采用云原生微服务开发模式，搭建 JDK1.8 开发环境，利用 GitLab 托管源代码和控制版本。

服务开发完成后，进入发布阶段，在平台上创建拉取镜像仓库，创建流水线和应用，配置 Dockerfile 文件和网关参数，最后一键部署运行。相关服务独立运行在平台中。

系统开发部署流程如图 4 所示。

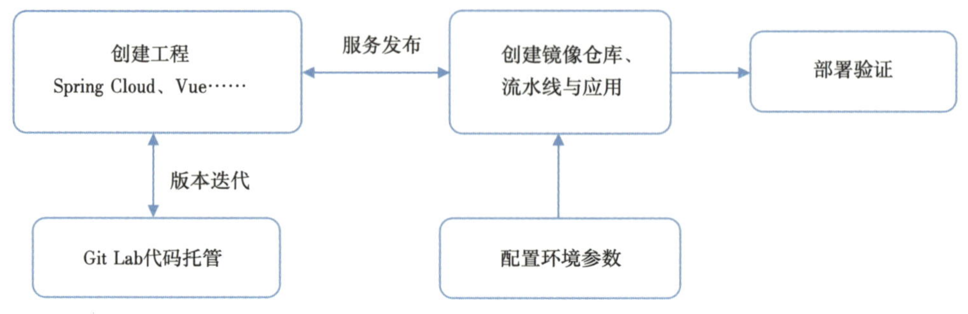

图 4　系统开发部署流程

系统运行成功的效果如图 5 所示。

图 5　系统界面

5　结语

勘探开发梦想云基于 Docker+Kubernetes 技术管理整个开发和运维过程，软件的开发环境、版本管理、交付和运行以容器为基础进行流转，使用触发式的容器镜像构建及发布，为上游业务应用开发提供了“模块化、迭代式”敏捷开发模式。敏捷、开放的软件开发流水线，为油气生产物联网的业务应用开发、运行和维护提供统一的技术框架与资源保障。

参考文献

[1] 周永圣，侯峰裕，孙雯，等. 基于 Spring Cloud 微服务架构的进销存管理系统的设计与实现[J]. 工业控制计算机，2018，31（11）：129-130，133

[2] 王佳越. 基于 Spring Cloud 的企业人事管理系统的设计与实现［D］. 长春：吉林大学，2018

基于梦想云的上游 HSE 信息系统集成应用

余 飞 冒亚明 阎红巧 王 辉

（中国石油安全环保技术研究院）

摘要 上游板块经过多年的信息化建设，勘探、开发等主营业务基本实现了数字化管理，健康安全环保作为上游业务重要管理内容，部分业务也实现了数字化，但总体上安全与生产等管理单元融合不够，还存在分头建设、数据孤岛等现象。梦想云的推广应用，为健康安全环保业务系统的集中建设、集成共享、智能化发展带来了契机，为健康安全环保业务数据与应用生态实现全面共建、共享创造了条件。基于梦想云，开展了上游健康安全环保信息系统的集成应用实践，取得了初步效果。

关键词 梦想云 健康安全环保 HSE 信息系统 集成应用

1 引言

回顾中国石油信息化建设历程，经历了分散建设、集中建设、集成应用、协同共享等几个阶段，目前炼化、销售、管道、工程技术、工程建设等业务系统基本完成了集中建设，以 ERP 为核心的系统集成应用也取得了显著成效。上游业务围绕集团公司“共享中国石油”战略启动了梦想云建设，旨在实现对勘探开发、生产经营、协同研究、健康安全环保（以下简称 HSE）等业务集成管理与共享应用。本文重点探索讨论 HSE 系统在梦想云上实现跨平台集成应用的相关问题。

2 上游业务信息化现状

2.1 “共享中国石油”战略

“十三五”以来，中国石油按照“共享中国石油”的战略部署，重点建设生产运

第一作者简介：余飞（1981—），男，湖北洪湖市人，硕士，2008 年毕业于中国科学院研究生院，工程师，主要从事 HSE 信息化工作。通信地址：北京市昌平区中国石油科技园 A 座，邮政编码：102206，E-mail：yu.fei@cnpc.com.cn。

行、专家、服务、信息技术和云资源五大共享中心。“共享中国石油”将创新形成生产、经营、管理、服务新模式，实现数据、信息、知识、经验等无形资源的充分共享，推动人、财、物等有形资源的共享应用和整体优化[1]。

2.2 上游梦想云平台建设情况

云资源共享是五大共享中心之一，其通过云计算平台的持续完善和拓展应用，形成中国石油“三朵云”，即应用业务云、电子商务云和科学计算云。2018 年 11 月，中国石油正式发布第一个主营业务智能共享平台——勘探开发梦想云，目标是实现了上游勘探、开发、经营、研究、HSE 的一体化管理。自梦想云发布以来，多家油田的综合数据显示，应用梦想云，数据准备效率提升 60～100 倍，研究工作效率提升 20%以上。梦想云还吸引了斯伦贝谢、华为等 28 家企业达成入驻意向或协议，显示出巨大的发展潜力。

2.3 上游 HSE 信息化现状

HSE 是中国石油三大基础性工程之一，上游板块历来高度重视 HSE 工作，一直致力于利用信息化手段强化 HSE 管理，并取得了显著成效。集团公司 HSE 信息系统已成为油气田企业 HSE 管理的主要工作平台。上游板块借助信息技术，根据 HSE 管理需要，开发了多款应用于现场风险管理的移动应用，强化了对基层现场的风险管控能力。各企业也积极根据自身 HSE 管理的特点，自主开发了风险防控系统、隐患排查系统、作业许可系统等，有效提高了风险管控能力，保障了企业安全生产受控。

3 集成共享过程中存在的主要问题

中国石油信息化建设。正在向协同共享阶段迈进。进入 21 世纪，集团公司乘势而为，针对以往分散建设的不足，组织各重点业务集中建设了一批统建信息系统，有效地支持了勘探开发、炼油化工等主营业务的发展。随着信息化工作的深入，将以建为主转变为以用为主，建成了一批以 ERP 为核心的集成应用系统。在集成应用过程中，发现的主要问题包括以下几个方面。

（1）数据标准不统一，造成不同系统间的数据无法建立其有效的关联关系。

以 HSE 信息系统为例，系统数据主要包括基础数据与业务数据。基础数据是支持 HSE 业务开展的数据，不会随着业务变化而变化，如用户信息、系统权限、组织机构、井场、管道、站库等信息。业务数据主要是随着业务开展而不断变化增加的数据，如安全环保监测数据、监督检查数据、业务管理与审批数据等。业务数据依托于基础数据，由于各业务系统的并行建设，HSE 系统在组织机构、人员信息等没有与 HR 系统保持一致，在两个系统中就以两条不同形式的数据存在；井场信息没有与油气水井生产管理系统（A2）保持一致；管道、站库信息没有与采油与地面工程管理系统（A5）保持一致，导致了相关的基础信息不能建立关联关系，使得不同业务系统的数据不能通过基础数据建立关联，严重影响了业务协同与联动，形成了一个个数据孤岛，数据使用价值大幅降低。

（2）技术路线不统一，导致基于不同平台间的应用难以集成共享。

信息技术是一个发展非常迅速的领域，不同的语言、不同的平台发展更替非常快。以 HSE 信息系统为例，采用 .NET 平台的 C#语言开发，主要运行在 Windows 环境下。而上游板块很多系统采用 Java 语言开发，主要运行在 Unix 或 Linux 平台下。为满足不同运行环境下系统的交互，也衍生出不同的跨平台技术路线，包括面向服务 SOA 的架构、数据总线技术等，但这些都带来了很多额外的成本，而且集成应用效果不尽如人意。

（3）业务架构不通用，业务系统更多地体现主管部门的需求，而不是从业务价值链的角度考虑系统设计。

集团公司“十一五”到“十二五”信息技术规划主要按业务域划分，如 HSE 信息系统主要按安全环保部门的业务管理需要进行设计，其需求更多的是来源于上层的安全环保部门，而下级单位安全环保部门的需求与上一级是不同的，到了油气田企业的安全环保部门，其需求的差异性更大。业务架构不具有通用性，造成了不同业务系统集成应用困难。

基于数据标准不统一、技术平台不统一、业务架构不一致等多方面的问题，上游板块提出了从横向上建设统一的云平台，解决数据标准、技术路线、业务架构的问题，真正推进各信息系统在板块、油气田等多层面的协同共享。

4 基于梦想云的协同共享解决方案

为落实集团公司“共享中国石油”战略，加强生产、安全等方面的协同管理，加强信息系统的集成应用，上游板块以梦想云为载体，提出了勘探生产、开发生产、经营管理、协同研究、安全环保五大业务的协同共享，实现上游业务“一朵云”，其遵循的基本原则就是“两统一、一通用”，即建设统一数据湖、统一技术平台、通用业务应用[2]。

4.1 统一数据湖

数据湖即存储来自各业务系统（生产系统）的原始数据，有别于数据仓库等概念，数据湖更便于应用大数据与机器学习等技术进行数据应用分析。数据湖建设主要包括数据入湖、数据治理、数据分析、数据服务等方面的内容。

（1）数据入湖。

数据湖存储的是各业务系统的原始数据，所以数据入湖没有中间过程，基本就是对原始结构化、非结构化的数据按数据集（数据使用的最小单位）进行封装，与业务主数据进行关联存储与应用。数据湖同时也支持分布式的连环湖，以在同一逻辑结构下，实现对海量数据的存储与管理，同时提高数据传输的效率。

（2）数据治理。

在数据入湖前后，数据治理要通过元数据、主数据和业务数据的质控实现数据的标准化入湖。数据治理是一项复杂而重要的工作，是大数据分析与机器学习的基础，如果没有高质量的数据为基础，大数据分析与机器学习可能带来错误的结论。

（3）数据分析。

在大数据与人工智能技术发展前，数据分析主要是面向结构化数据，而且是按业务需求进行的，分析的结果是可预知的。但利用大数据等技术，能更好地发现数据中隐含的未知规律，为数据应用提供更多的可能。

（4）数据服务。

数据即服务（DaaS）是当前热门的研究领域，依托于云计算的算力与大数据相关模型算法，能为用户提供多种方式的数据服务，让终端用户能够更容易地消费数据。

4.2 统一技术平台

梦想云是一种基于私有云的完整的 IaaS+PaaS/DaaS+SaaS 平台解决方案，它提供了全套完整的开发和部署环境，开发者只需要关注自己的业务逻辑，不需要关注底层实现。主要技术包括以下内容。

（1）微服务架构。

微服务架构，从本质意义上看还是 SOA，但内涵有所不同，微服务并不绑定某种特殊的技术，在一个微服务的系统中，可以有 Java 编写的服务，也可以有 Python 编写的服务，他们是靠 Restful（一种网络应用程序的设计风格和开发方式）统一成一个系统的。所以微服务本身与具体技术实现无关，扩展性强。

（2）容器化部署。

如何有效利用硬件资源是信息化建设面临的重要问题。利用容器化部署，计算资源被越来越高效地利用起来。容器化部署还解决了环境一致性问题，减少了系统从开发、测试、部署上线等过程中开发、测试、生产环境配置管理方面的问题，同时容器化部署支持灵活的硬件资源管理，更灵活的资源扩容等特性，更好地实现了云平台的健壮性与可扩展性。

（3）应用商店。

通过应用商店平台形成应用生态，不断丰富与完善上游应用程序，更好地支持业务运行与管理工作。针对上游业务的典型应用，在保护知识产权的前提下实现应用的共享，减少了软件采购成本，提高了资源利用率，推广了信息化工具的使用，强化了信息技术对业务的支撑作用。

（4）DevOps。

近年 DevOps 技术快速发展，它是一组过程、方法与系统的统称，用于促进开发、技术运营和质量保障部门之间的沟通、协作与整合，使得构建、测试、发布软件能够更加地快捷、频繁和可靠，更快地响应用户需求，满足开发与运维一体化互联网行业管理模式，解决信息系统越来越多，系统运行维护工作量越来越大问题。

4.3 通用业务应用

勘探生产、开发生产、协同研究、生产运行、经营管理、安全环保是上游梦想云建设的六大通用应用，这些应用系统在上游业务管理过程中发挥了巨大的作用。随着应用的深入，传统的集中建设阶段所反映出的问题也不断制约了管理工作的开展，通过通用业务应用建设，主要满足以下几个方面的应用需求。

（1）实现主营业务一体化管理。

为了实现上游业务的协同共享，必须实现对勘探、开发、经营、研究、HSE 等主营业务的一体化管理。一体化管理需要统一的标准、统一平台，实现业务的互联互通、数据的共建共享，这就需要建立统一的数据标准、统一的技术平台，这是实现业务一体化管理的基础。

（2）拓展基层业务应用。

企业安全风险在基层，HSE 管理的重点也在基层。但在信息系统建设初期，根据业务发展、应用水平等基础条件，优先满足了总部、企业等管理部门的需求，随着信息化的深入，要逐步拓展应用范围，并结合移动互联网等技术的发展，不断向基层延伸、向现场延伸，并突出标准化，能满足不同企业、不同层级用户的应用需求。

（3）探索上游业务智能应用。

根据信息化现状评估，目前上游板块已经基本实现了数字化管理，根据集团公司总体规划，下一步要逐步实现智能化。特别是近年来大数据、人工智能技术的发展，在部分业务领域已经有了比较好的智能应用，下一步要借助梦想云拓展智能应用范围与层级，更好地发挥人工智能技术与上游业务的结合作用。

5 HSE 业务在上游板块的集成应用实践

HSE 业务作为梦想云的通用业务之一，已启动了其集成应用探索研究工作。

5.1 HSE 集成应用实践内容

5.1.1 系统数据的全面对接

系统数据对接主要分为三个部分：基础数据的一致性、从数据湖中获取数据、向数据湖中提供共享数据。

保持基础数据的一致性主要是全面对接系统的组织机构、用户、权限、数据字典等内容，保持 HSE 系统数据与数据湖中主数据、元数据保持一致，其他业务数据根据基础数据进行迁移。

在各系统建设的初始阶段，各业务关注的重点及管理的内容有差异，导致了数据粒度可能不一致，在数据集成阶段，HSE 系统可以利用其他系统更完备的数据来加强 HSE 管理，如针对油田的生产作业现场，在其他系统中数据可能已经细化到作业区下的各个井场及设备、管线的管段及装置、各联合站集输站处理站等，这样可使 HSE 管理工作更加精细和具体，这些数据就需要从数据湖中接入。

同时 HSE 系统也可以向数据湖提供共享数据，重点是各类监督检查数据、事故事件数据、HSE 知识信息、生产预警信息等，方便其他生产系统共享以及实现生产安全一体化管理。

5.1.2 系统架构升级与优化集成。

目前的 HSE 系统采用的是基于 .NET 的架构平台，系统运行在 Windows 环境下，与目前梦想云主要采用的 Java 语言开发不同。基于不同的操作系统，跨平台应用是本次集成的重点与难点。

通过分析论证，基于 .NET 升级版 .NET Core 的架构能够满足跨平台运行的要求，能部署在 Linux 平台上稳定运行。为了满足系统跨平台应用，项目组多次研讨、技术论证，主要从三个方面开展集成工作：一是对双方系统底层进行改造升级，满足跨平台运行的要求，梦想云改造后支持基于 .NET Core 的容器化部署，HSE 系统搭建了 .NET Core 的基础开发框架，满足各业务功能的迁移开发工作；二是对 HSE 系统模块由原有 .NET 架构升级到 .NET Core 上，对升级后的功能进行调试验证，确认各功能模块健壮稳定运行，对不能顺利迁移的功能，在 .NET Core 架构下重新编码开发，再建原有功能；三是对系统功能集成，包括系统入口的集成、基础系统功能集成、业务系统功能集成。系统入口集成主要包括门户集成、功能展示功能集成，用户从梦想云统一入口进入，方便用户登录。基础系统功能集成，主要是将各系统基础性、公共性的功能（如用户管理、数据字典管理等功能）进行集成。业务系统功能集成相对复杂，需要针对具体业务梳理与其他业务系统的关系开展集成优化工作。通过云平台不断的集成与优化，更好地满足相关业务管理工作。

5.1.3 全面的数据分析与决策指导

统一数据湖与统一技术平台，为全面的数据分析打下了良好的基础，再结合相关大数据技术，能从更多维度、更细粒度地对数据进行分析，发现数据背后的潜在规律。目前已经实现了对 100 多个 HSE 重点指标的分析，利用云平台的高性能计算进行实时分析，利用云平台可视化分析组件进行直观丰富的展示。

结合 HSE 大量非结构化数据的特点，利用自然语言处理、机器学习等技术，对大量 HSE 审核监督问题、事故事件描述进行语义分析，定义抽取油气田企业 HSE 专业词汇，形成企业 HSE 画像，发现企业 HSE 管理短板，为改进企业 HSE 管理提供有力支撑。

5.2 取得的阶段成果

按照梦想云项目总体建设安排，目前已经完成了审核、监督等几个模块的原生改造与集成工作，部分数据也已经与数据湖进行了集成，通过这一阶段的应用，取得了以下几个方面的阶段成果。

（1）数据更全面准确地呈现管理现状。

通过梦想云集成，HSE 系统数据由原有的到作业区，现在可以具体到井场、站库、设备设施等，管理对象更加具体准确，反映的问题更加客观，更具有针对性，更准确地展示现场的管理短板与缺陷，便于管理部门针对具体问题制定有针对性的整改措施。

（2）HSE 业务协同管理能力进一步加强。

HSE 系统与相关生产系统的集成，业务协同能力进一步加强。重点是 HSE 的预警管理功能，为生产系统提供了很好的指导作用，将原有的事后、事中管理逐步向事前管理转变。同时，相关生产业务系统能更好地利用 HSE 系统积累形成的相关知识与经验，为生产管理活动服务，将安全环保工作更好地融入油气田开发生产过程中，促进业务进一步协同。

（3）全面的数据共享支持更好的管理决策。

基于数据共享的目标，在系统功能设计方面就重点考虑了数据的共享，目前通过梦想云的管理面板（Dashboard）、微件等功能，实现了 HSE 重点指标展示的集成共享功能，方便了非 HSE 部门人员对 HSE 重点指标情况的掌握，方便板块管理者、各业务管理部门能从油气田整体安全生产情况等更高的角度做出管理决策。

6 结束语

目前基于梦想云的上游 HSE 系统集成应用实践已经取得了初步成果，基础数据与部分业务数据已经实现了集成与共享，多项数据标准基本统一，数据质量进一步提高。系统技术平台也进行了升级与集成，基本实现了相关系统间的互联互通，为安全生产一体化管理打下了基础。下一步，要更好地利用云平台的技术优势，更大范围地推进系统功能迁移与集成应用，更进一步加强各业务系统间的集成共享与智能化应用。重点要在以下两个方面开展工作。

（1）进一步丰富完善数据来源，为大数据应用打下基础。

现阶段 HSE 业务数据还相对较少，还不能充分发挥大数据的技术特点，但 HSE 重点要关注生产过程的动态数据，要与生产物联网监测数据相结合，要充分发挥云平台的算力优势，才能更好地发挥多系统、大数据协同分析的优势，更好地为油田综合管理决策服务。因此，下一步要借助油田物联网系统，接入油田设备的实时监测数据，开展大数据分析工作，通过多样的数据模型预测企业安全生产状况，为油田安全生产保驾护航。

（2）更深入应用人工智能技术，为智能油田建设贡献力量。

目前人工智能技术在 HSE 领域还处于起步探索阶段，下一步要深入研究人工智能技术在 HSE 领域的应用，特别是利用机器人、智能语音图像识别等技术，应用于基层现场安全监控管理，将人力从现场繁杂事务与危险的环境中解脱出来，更好地落实以人为本，减少或避免人员损伤与财产损失，更好地利用智能化的技术为 HSE 业务管理服务，更进一步的推进智能油田的建设。

参考文献

[1] 朱钊．大中心：信息化提速锻造“共享中国石油”[N]. 中国石油报，2019-07-26

[2] 杜金虎，张仲宏，章木英，等．中国石油上游信息共享平台建设方案及应用展望 [J]. 信息技术与标准化，2017（8）：67-70

基于梦想云的 GIS 应用开发实践

闫永良　张　军　孙　瑶　陈新燕

（中国石油勘探开发研究院）

摘要　基于勘探开发梦想云开发规范，对油气水井生产数据管理系统（A2）GIS 应用进行云化升级，并在梦想云分配的容器中进行了部署，提高了部署效率和成功率。GIS 应用通过智能路由器访问，使用方便灵活；GIS 应用共享梦想云软硬件资源，提高了资源利用率，降低了总体成本；GIS 应用的开发、测试、部署、运维等支持异地协同开展，实现了 GIS 应用开发的敏捷与迭代的完美融合。使用代码管理服务器对代码进行统一管理，大大提高了管理和开发工作效率。

关键词　PaaS　GIS　油气　迭代式　敏捷开发

1　引言

GIS 技术[1]已经广泛应用于石油行业的各个业务环节，对石油企业提高勘探开发效率，强化空间数据采集、处理分析及应用能力，减少决策失误、提高管理水平、降低企业运行风险发挥了重要作用。

随着中国石油各业务领域对 GIS 个性化[2]需求的日益增长，为保障平台对用户 GIS 服务需求的快速响应，提升服务云化调度的效率，需对 GIS 应用开展基于 PaaS 云平台的微服务化建设。通过 PaaS 云平台快速迭代的开发模式，使得 GIS 应用覆盖范围更广、性价更高，从而持续支撑业务发展、提升应用效果。

2　GIS 应用开发需求

GIS 通用性主要表现在对地图的控制和使用上，比如缩放、漫游等，其在各个终端平台上的调用均有统一的接口规范和通用的控制流程，这些规范和流程使用户能更加

第一作者简介：闫永良（1979—），男，天津武清区人，博士，2003 年毕业于华东交通大学（南昌），工程师，主要从事油气水井生产数据管理系统的需求开发与维护。通信地址：北京市海淀区学院路 20 号中国石油勘探开发研究院，邮政编码：100083，E-mail：yanyl2001@ petrochina. com. cn。

专注在本身的业务逻辑上，满足易用性特点。需求是不断升级的，GIS 应用系统在设计时应预留出升级空间，来适应需要实际增长的要求。GIS 应用框架本身应具有灵活性，大多使用成熟的插件技术，为随时可能的升级提供便利。可扩展和实际扩展需求在某种程度上是可以预见的。

基于梦想云的油气水井生产数据管理系统 GIS 应用升级开发工作，首先要做好数据准备，需要入库的主数据必须有投影坐标或者经纬度，并需要预先设计好主数据在 GIS 地图中的展示形式，如点、线、面、体、多边形等，整理后的坐标数据按照有关保密规定需要脱密后入库存储。

设计 GIS 系统应用项目需要具备的功能，包括以下功能。

（1）图层选择：提供组织机构和区块单元两类图层切换，及所有图层勾选。

（2）全图查询：分为井、单位、区块等三类查询，并在地图上定位。

（3）油田快速定位：总部及 16 家油气田快速定位。

（4）底图选择：提供地形图和卫星图切换。

（5）重要指标显示：通过鼠标经过事件，弹出悬浮窗口实现。

（6）产量数据显示：通过鼠标右键菜单实现。

（7）常用工具：包括测距、测面积、点查询、多边形查询、拉框查询、清除画图等。

（8）圈画取井合计：与点查询、多边形查询、拉框查询结合使用，对圈画出的一组井展示产量并提供合计功能。

（9）油气田产量柱状图：根据油气田原油、天然气、水的月产量形成柱状图。

（10）油气田开井数饼图：根据油气田油井、气井、水井的月开井数形成饼图。

（11）井产量预警图：包括日产量预警和月产量预警，与历史数据对比，按照超出比例显示不同提示。

3　基于 .NET 架构开发梦想云平台应用

梦想云提供了微服务、容器融合技术，同时兼容不同基础设施，是开发运维一体化企业级 PaaS[3] 平台。通过集成各种数据库、中间件以及大数据支持等，为企业 IT 的开发、测试、部署、运维、管理等能力建设提供数字化转型支撑。

梦想云中使用的 Docker 是一种 Linux 容器工具集和开源的应用容器引擎，它具有快速轻量、持续集成、快速部署、版本控制、环境统一、可移植等优点。因此，油气水井生产数据管理系统 GIS 应用云化升级开发选择 Docker 作为应用容器，将所要开发的 GIS 应用服务部署在 Docker 容器内运行。

自微软公司发布的 Visual Studio 2017 开始，Visual Studio 就已经支持跨平台 Linux 项目的开发[4]。用它作为开发工具可以方便地进行开发、调试。其跨平台开发原理是，通过在 Visual Studio 建立一个 Linux 工程，在对这个工程编译时，拷贝本地代码到远程 Linux 环境，然后在 Linux 环境下编译，实际上是一个远程编译的过程。Visual Studio 和 Linux 远程编译环境好比前后端的关系，前端（Visual Studio）提供用户输入和表现的功能，后端（Linux 环境）做真正的编译工作。现在 Visual Studio 已经升级到 Visual Studio 2019[5]，且功能更加完善，所以选择 Visual Studio 2019+Docker+Linux 作为开发环境。

在 Visual Studio 2019 中创建一个 GIS 项目，需要选择带 Docker 支持，并在源代码管理中将 GIS 项目增加到 GIT 代码管理服务器中。

GIS 项目的部署与发布：首先根据需要编写项目中的 Dockerfile 文件内容，把项目代码迁入 GIT 代码服务器[6]。在梦想云平台的管理视图中创建一个开发镜像，然后切换到用户视图，选择模板构建一个流水线[7]并执行。这个流水线会根据 GIS 项目中 Dockerfile 文件中的命令将 GIT 服务器上的代码部署到镜像中运行，最后在用户视图选择应用管理，创建一个新的应用并发布。

4 GIS 应用升级开发效果

GIS 应用实现了业务数据的直观展示和空间分析，给用户带来更好的可视化效果。GIS 应用范围包括总部和 16 家油气田公司、158 个采油（气）厂，已经入系统的井约有 17 万口，均可以在 GIS 图上直接定位到。

4.1 组织机构导航

如图 1 所示，按油田公司、采油厂、作业区等组织单元分类查询 A2 业务属性信息。

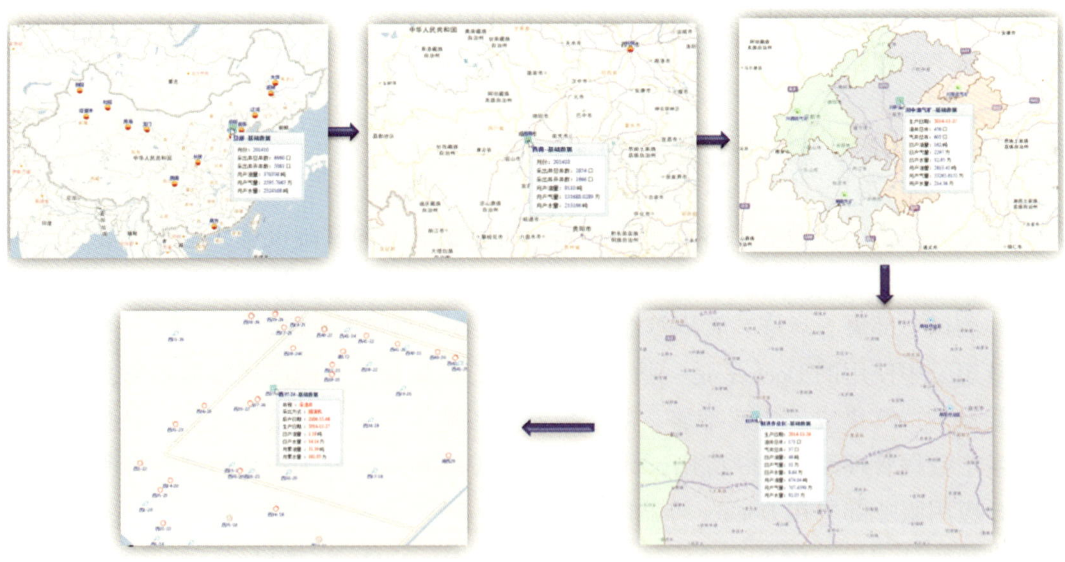

图 1　组织机构导航

4.2 区块单元导航

如图 2 所示，按油田、大区块、小区块等地质单元分类查询油气水井生产数据管理系统业务属性信息。

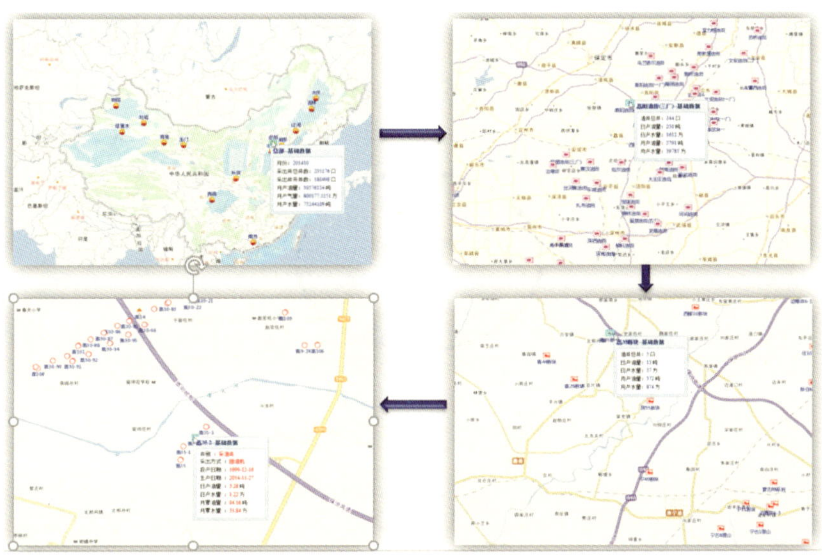

图 2 区块单元导航

4.3 全图查询

查询结果定位：查询结果列出来的井、单位、区块，通过单击可以直接定位到对象在地图所在位置，如图 3 所示。

图 3 全图搜索

4.4 应用挂接

通过选择对象（如油田公司、采油厂、作业区、井等）右键菜单，挂接已有系统中其他应用实现无缝衔接，给用户一种更便捷的应用体验，如图 4 所示。

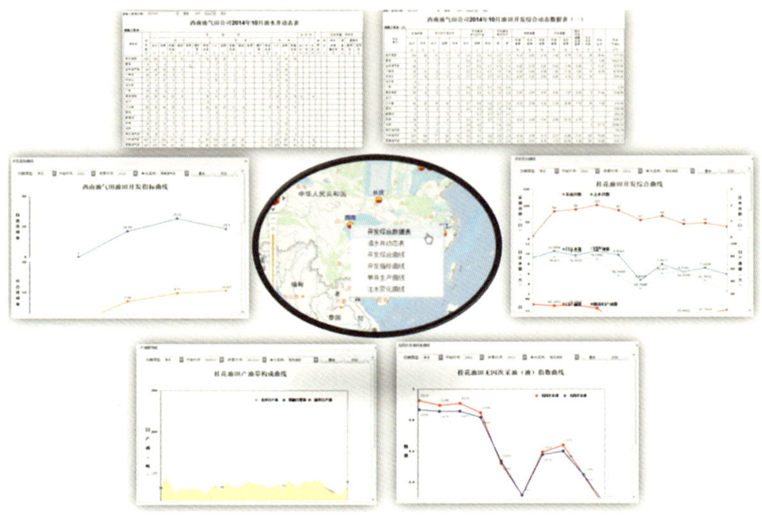

图 4　应用挂接

4.5 产量数据显示

左键点击多选的单位弹出新的窗口展示单位的基本数据、生产动态饼图、产量曲线、生产数据表等，如图 5 所示。

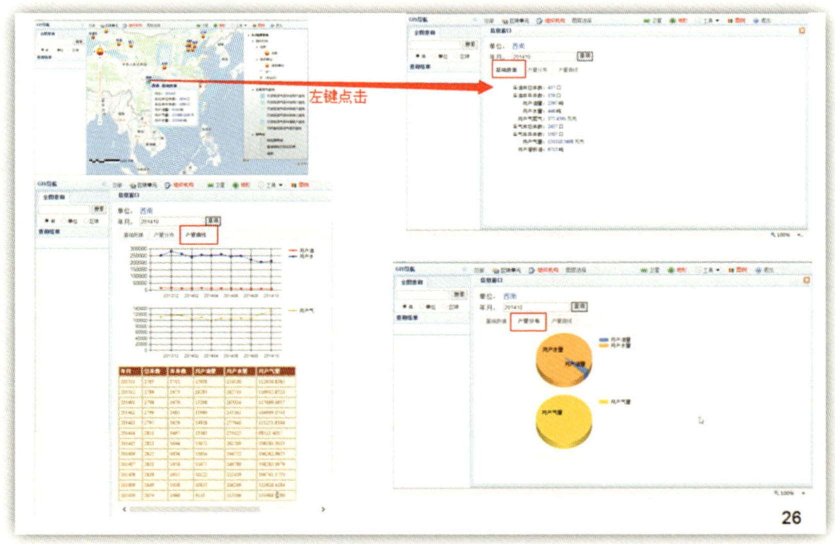

图 5　产量数据显示

4.6 常用功能

常用功能包括测距、测面积、点查询、多边形查询、拉框查询、清除画图等，如图 6 所示。

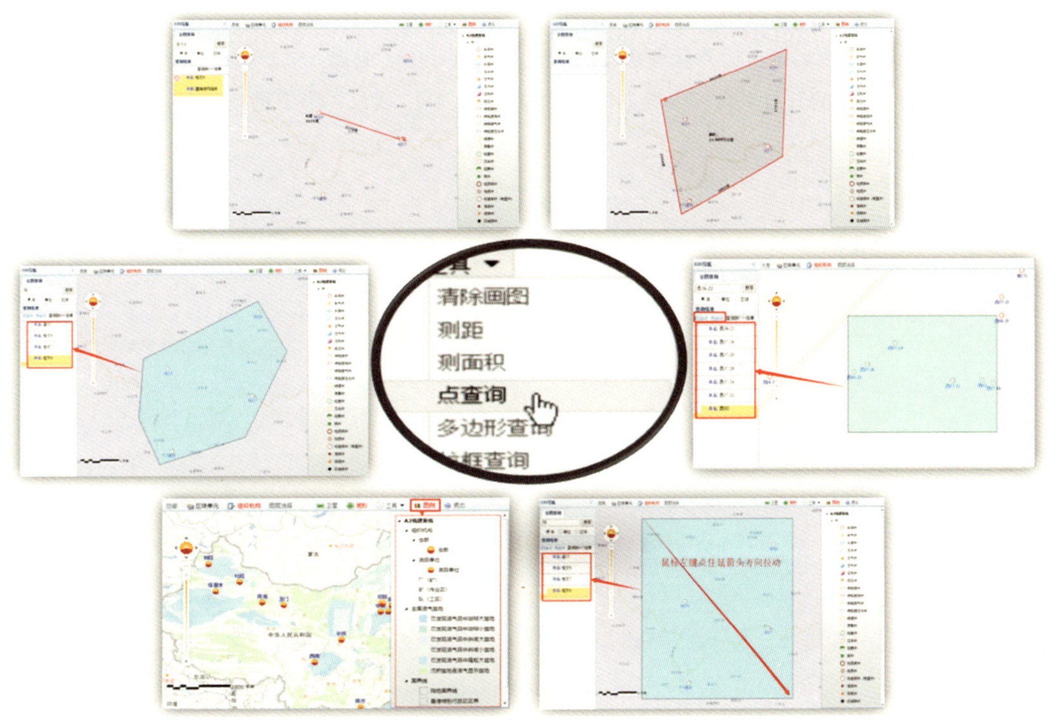

图 6　常用功能

5 结论

基于 .NET 开发环境和梦想云容器技术及微服务结构，对中国石油油气水井生产数据管理系统 GIS 应用进行了云化升级开发，通过引进成熟工具软件和定制开发的混合建设模式，可大幅度提高工作效率。

按照梦想云统一技术平台的开发规范，研究探索了对地理信息资源、服务与应用安全共享的技术实现，促进了数据、图形、信息管理应用的一体化应用，取得了预期效果。

参 考 文 献

[1] 陈永华. WebGIS 三维可视化的研究 [D]. 郑州：解放军信息工程大学，2000

[2] 孙毓蔓，左小清，苏文豪. 基于 ArcGIS Engine 与 C#.net 的地块合并功能的实现 [J]. 软件，

2018，39（10）：150-155
［3］王秀珍．论云计算平台即服务 PaaS 架构的研究与设计［J］．中国新通信，2017，29（29）：86
［4］韩道军，贾培艳．新建构主义在 ASP. NET MVC Web 程序设计课程中的应用［J］．软件导刊，2018，17（2）：224-226
［5］胡鹏，宋超，张鑫．构建基于．NET 远程框架的图像分布式计算平台［J］．襄阳职业技术学院学报，2018，17（2）：82-85
［6］敬德飞．面向 IaaS 云平台运营管理系统的研究与实现［D］．成都：电子科技大学，2018
［7］丁辉．基于 PaaS 的开放平台安全容器的设计与实现［D］．武汉：华中科技大学，2014

应用实践篇

梦想云在地震资料处理解释业务中的应用

王小善　宋林伟　许海涛　王一重　王　恺

（中国石油集团东方地球物理勘探有限责任公司研究院）

摘要　中国石油勘探开发梦想云构建了统一数据湖、统一技术平台和通用业务应用，并搭建完成了云原生勘探开发研究环境，在中国石油全面推广应用。对于全球找油找气的物探专业化公司，解决采集处理解释一体化、前后方一体化、甲乙方一体化问题是提高勘探开发效率和成果质量的核心问题。梦想云的推广应用及其可定制的开发能力，为依托所服务油气田公司的数据湖资源，研究探索地震资料处理解释一体化特色模式，构建前后方一体化、甲乙方一体化的工作与研究环境，提高服务质量和服务能力，提升了管理水平，增强企业核心竞争力提供了有效支撑。

关键词　梦想云　地震资料　处理解释　一体化　运作模式

1　引言

随着全球信息技术的高速发展，企业信息化管理与应用水平不断提升。数字化转型、智能化发展已成为当今时代企业发展的主旋律。信息技术的全面深入应用[1-3]，已成为油气田企业抵御各类风险、提升核心竞争力的重要手段。国内外油气田企业普遍已从数字油气田建设阶段转入智能油气田、智慧油气田发展建设阶段。中国石油发布并推广使用的勘探开发梦想云，在统一数据湖和统一技术平台基础上，可以为地震资料处理解释业务及研究人员构建一体化工作平台和以项目为主线的协同研究工作环境，实现跨地域、跨单位、跨专业的数据共享、成果继承以及专业软件整合应用。利用梦想云技术平台的应用集成技术，为项目研究环境提供流程化的多平台、多软件、多学科的协同应用。梦想云在中国石油集团东方地球物理勘探有限责任公司（以下简称东方物探）研究院的推广应用，为变革传统研究与工作模式、提升处理解释业务[4]信息

第一作者简介：王小善（1963—），男，河北安新县人，硕士，2000 年毕业于石油大学（北京），高级工程师，主要从事地震资料解释、综合研究技术管理、信息化建设管理工作。通信地址：河北省涿州市华阳东路东方公司科技园区，邮政编码：072750，E-mail：wangxiaoshan@ cnpc. com. cn。

化水平创造了条件。通过创新实践，在梦想云上对处理解释一体化、前后方一体化、甲乙方一体化进行了有益的探索，取得了显著成效。

2 观念与组织变革

勘探开发梦想云的推广与应用对传统物探业务来说是新生事物，涉及业务流程调整，项目组织管理模式与技术手段的变化，也不可避免地要改变传统的操作规程和项目运行模式[5]，给每位员工带来的冲击和影响不亚于从使用非智能手机到智能手机的变化。为了拥抱这种变化，东方物探研究院在组织管理、项目实施、环境与机制、思想观念、安全管控等多方面进行了全方位调整和保障。

（1）组织管理方面。梦想云推广应用涉及东方物探研究院下属七个单位（包括五个靠前分院），推广涉及的单位多、发布范围广、业务重点不同。

首先东方物探研究院成立了以主要领导为组长、主管领导为副组长，七个推广单位主要领导、计算机支持部门主要领导以及梦想云项目负责人为成员的工作领导小组，并明确了各自的主要职责。其次成立以东方物探研究院主管领导为组长，以推广实施单位主管领导、主管科室负责人、梦想云项目技术负责人为成员的推广实施小组，并明确各自的职责。

（2）项目实施方面。结合各推广单位业务实际，编制项目实施方案，明确工作目标、工作原则。

工作目标：实现梦想云平台协同研究的全面推广应用，完善梦想云物探采集处理解释一体化应用体系建设。新的开发研究、规划部署研究以及工程研究项目全部在梦想云平台上开展。2019 年目标：所有新领域及风险勘探研究项目全部在梦想云上开展，国内重点解释及综合研究项目全部在梦想云上运行，探索处理项目在梦想云上运行的技术实现。

工作原则：业务主导，并行推进，示范先行，全员参与。

工作任务：①所有上线项目开展数据准备与治理工作，完成研究环境配置，实现井位部署论证主题应用场景搭建，实现协同研究应用；②重点研究推进甲乙方一体化、前后方一体化、处理解释一体化工作实施；③本着从实际需求出发，提创意、想方法，以创新拉动应用，提升平台的适用性；④不断总结交流应用经验，推进平台完善。

（3）环境与机制建设方面。按照集团公司网络信息安全有关要求，保持生产网与办公网物理隔离的状态，采用确保数据安全的逻辑隔离部署技术方案，通过隔离区服务器，实现办公网资源对生产网资源的安全访问。

建立长效机制，从项目确定、项目执行、中期检查、项目结束四个环节对上云项目进行监督管理，建立月报制度实现跟踪管理；通过明确责任、明了节点、明晰奖罚，激发单位与个人参与梦想云应用创新的积极性。

（4）思想观念方面。通过应用培训、技术推介、愿景拉动等方式，推动新观念的形成；利用新技术、新应用营造新业态。通过集中、现场和远程视频培训方式已培训业务人员达 191 人次，系统注册用户 608 个。

（5）安全管控方面。通过采用 IP 控制访问、用户授权访问等方法，在保证数据安全的基础上，保障甲乙方数据和信息交流的顺畅。探索形成了基于梦想云的甲乙方一体化交流方法及入湖数据管理办法。

（6）技术实现方面。按照梦想云中提供的任务与项目管理机制，落实项目长负责制，实现任务、岗位、人员的统一管理，业务人员按期上传研究数据和阶段成果，项目长、技术负责和单位领导分级负责审核成果质量。甲方领导、技术负责和业务人员同时参与到项目中各负其责，及时掌控研究进展，在线浏览各阶段成果图件，方便、快捷地将成果数据加载到研究工区，利用梦想云云端三维展示功能，以平面、剖面、三维体多种方式分析地震资料品质、检查处理解释成果质量，及时提出指导意见。

建立项目专责数据管理员制度，确保项目进展。不断更新项目成果，保持在线数据版本唯一。逐渐丰富与完善入湖数据，构建起不同领域、不同类型的“知识库”，为研究工区后续的滚动研究提供数据、成果、认识支撑。

落实项目数据入湖流程与质控管理办法[6]，确保入湖数据高质量、可持续积累。主要包括四大类数据：地震数据体、构造解释类数据和图件、成藏分析类数据和图件、汇报成果多媒体。主要业务及数据流程包括：当地震资料处理项目验收后，地震数据体数据（最终版本）入湖；通过甲方层位、断层闭合审查后，地震解释层位、断层、断层多边形、构造图等数据和图件入湖；通过甲方圈闭/井位审查后，储层预测和属性分析图件等成藏分析类数据和图件入湖；风险井位/新区新领域项目汇报前，汇报多媒体入湖。

在上述组织与技术等方面保障的前提下，东方物探研究院结合其自身业务特点，研究探索了基于梦想云的“前后方一体化项目运行”“甲乙方一体化运作”和“处理解释一体化”创新应用模式，使乙方处理解释项目可以快速获取油气田甲方的勘探开发动静态数据，甲方也可提前介入项目研究，及时了解项目进度；或解释人员提前介入处理项目，指导目标处理及参数调优等，助力项目降本提速、提质增效。

3 处理解释一体化研究及实现

3.1 搭建处理解释一体化项目场景

利用梦想云项目研究环境定制功能，创建项目基础信息，组建包含处理、解释业务主管领导、骨干和支持人员一体化的项目研究团队，将甲方项目质控人员加入团队，为项目分工协作、整体运行、成果形成和演示汇报等创建一体化项目环境。

通过设置项目研究与实施计划、关键节点和阶段成果的运行表，可根据任务及工作量按计划调配相应资源推进项目整体运行。具体操作如下。

（1）项目管理员设计项目视图。根据项目类型，构建项目工作任务或关键内容的树形结构（图 1）。采用从顶到下或从开始到结束的设计方法。

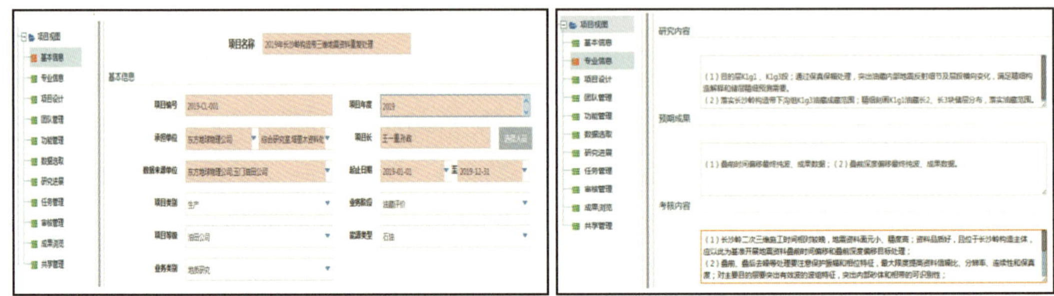

a. 项目基础信息　　b. 项目概况

图 1　项目创建与任务定制

（2）项目管理员录入项目基本信息，包括项目名称、编号、项目负责人等。

（3）项目负责人组建联合项目组。指定处理项目长、处理员、解释人员和甲方质控人员等，按任务对人员进行分工，并建立项目组成员平台账号。

（4）项目负责人配置系统资源，搭建处理流程场景，制定业务与数据集，设置一体化结合点（图 2）。

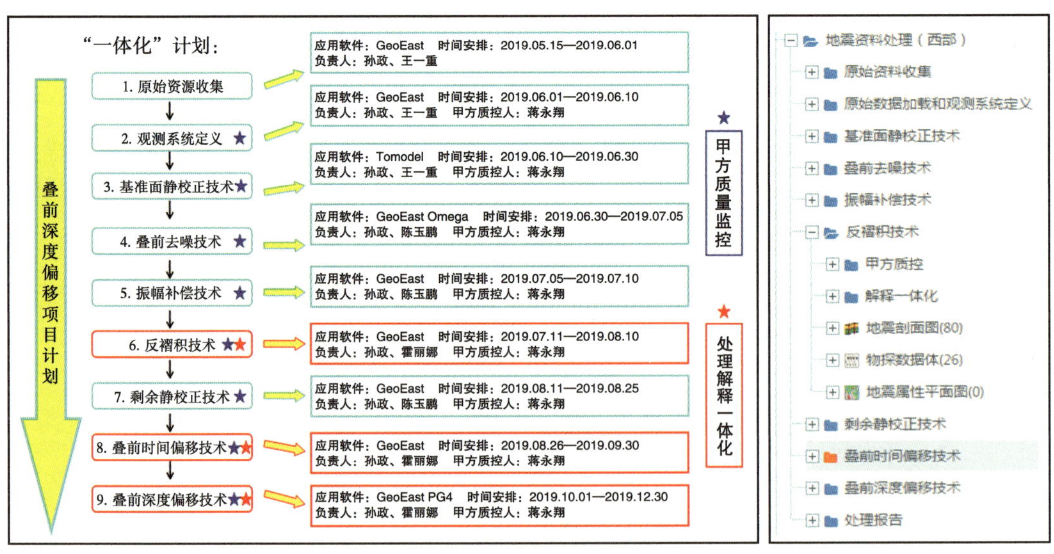

图 2　设置甲乙方及处理解释一体化项目结合点

（5）项目成员将各自掌握的项目资料上传平台对应任务节点，形成任务节点输入数据集，并根据数据集的使用范围定义数据共享范围（个人、项目组或公开使用）

（6）项目成员根据本人所承担的任务，在数据湖查找并补充开展项目工作要使用或参考的数据集，并配置个人所使用的应用软件及工具。

（7）项目成员协同开展项目研究工作。项目负责人可及时跟踪、检查项目进展，指导项目工作。

3.2 梦想云发挥处理解释一体化项目优势

（1）通过设置一体化项目总体负责和技术负责，充分发挥处理解释团队、甲乙方和前后方研究团队的技术优势，设置研究子课题，明确子课题研究任务、时间节点及考核指标，形成统一目标下的跨公司、跨地区、跨专业的“超级组织”优势和技术合力。

（2）“超级组织”成员可以将自己掌握的项目资源，包括各种数据、成果、图件等，上传到项目研究环境中，变为项目团队共同的资源，打破了传统的个人独有或少数人可用的弊端，实现人人贡献、团队共享的局面。同时平台也提供了数据安全、成果来源的保障。

（3）重点综合研究项目通常包括资料处理，钻井测井资料分析，地质研究，地震资料解释，模式实验论证，成藏因素论证，井位部署论证等多方面工作，在研究前期采用并行研究对比，中后期统一认识、分工协作推动项目高效、高质量运行。

（4）基于梦想云的汇报功能，将上传到平台的多媒体与实际研究工区及各类成果进行融合/关联，形成“多媒体汇报大纲+工区、成果及图件”的动静态相结合的汇报材料，支持随时、随地的在线一体化演示汇报，将以往“领导只能看什么”变为“领导想看什么就能看什么”，为领导准确决策提供了全面、详尽的资料和数据支持。

3.3 处理解释一体化的实现效果

在搭建处理解释一体化项目环境时，梦想云将处理项目组与解释项目组真正的联系在一起，作为一个整体项目进行管理，形成了处理解释更加紧密结合的一体化流程及环境。在处理过程中，解释人员可以随时参与，通过三个关键点的结合，即关键处理参数、精细速度分析和偏移成像的处理解释，将解释人员的地质认识施加到处理过程中，一方面验证已有地质认识的正确性，另一方面提高处理成果与地质认识的符合度。

项目运行过程中，当处理环节需要解释人员介入时，处理人员可通过平台申请，在数据湖中更新一体化数据，解释人员通过平台下载数据，也可登录远程处理服务器协同研究。以反褶积处的处理解释结合点为例，解释人员通过平台数据湖，调取所需井数据和以往解释成果等，制作合成记录，用处理人员更新的不同参数反褶积结果进行井标定，求取相关系数，定量分析不同参数反褶积效果，得出最优参数，并反馈到平台。处理人员通过平台获取解释人员优化参数，再用于定性定量分析的进一步优化处理中，确保处理成果高质量同时，保障了项目研究成果的高质量。特别是针对多轮次的中间成果，解释人员提前介入，可以做到问题早发现，数据早整改，成果早应用，确保项目质量和按期交付（图 3）。

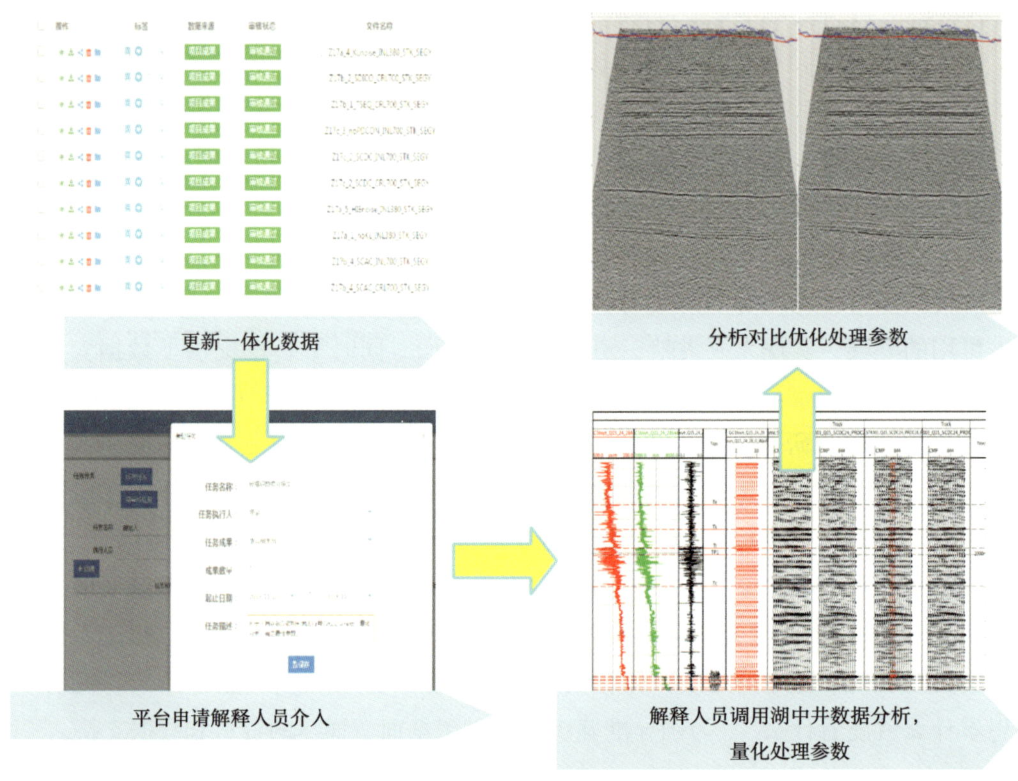

图 3　处理解释一体化实现示意图

应用梦想云将处理解释一体化落到了实处，取得了显著效果：

（1）处理解释一体化结合更加紧密、便利、高效。

（2）处理项目成员可以及时掌握解释实际需求，真正做到以地质目标为导向，开展精细地震资料处理。

（3）优化处理参数，提高最终的地震资料品质，从而提高勘探的成功率。

（4）缩短项目周期，降低生产成本。

4 甲乙方一体化研究及实现

随着油气田勘探节奏的加快，甲乙方一体化协同工作对缩短油气田勘探开发周期越发重要。甲乙方一体化工作思路贯穿处理解释的全流程，梦想云为甲乙方一体化搭建了良好的沟通环境。

4.1 甲乙方一体化的实现方法

（1）利用梦想云直接获取已授权项目所需的钻井、测井基础数据，包括单井资料、成果图件、文档报告等，形成项目“直连”数据通道，为乙方研究人员提供了便捷、高效的数据获取途径。

梦想云中已上线或陆续上线的众多专业软件和数据分析工具极大方便了研究人员的应用。以井筒可视化功能模块的应用为例，首先选取目标井，再选择井筒可视化模板，即可快速绘制出测井、录井以及分析化验等综合曲线图，为对比曲线特征和综合分析钻测井相关数据质量，提供了极大的便利。

（2）利用梦想云应用集成功能，实现了梦想云与甲乙方已建应用软件云的资源整合即“两云融合”，打通了梦想云数据湖与云化应用软件之间的数据通道，为甲乙方实现数据与应用资源共享创造了条件。通过梦想云构建的应用会话共享与管理机制，使位于不同地点的甲乙方科研人员能够开展基于三维地震资料解释场景的多用户、交互式协同工作。以地震地质综合研究工作为例，以往通常需要配置独立的计算机服务器运行 GeoEast、OpenWorks 等解释系统，项目研究受限于网络带宽和软件服务器的构建模式，运行效率较为低下，无法满足高节奏的勘探研究需求。

梦想云为甲乙方一体化协同研究项目提供了数据、软硬件等相关资源和平台支撑。甲方为乙方建立基于梦想云的用户账号和资源（含数据与软件）使用权限，并统一管理软硬件资源，实现异地高效、便捷的协同工作。通过这种模式，实现了云平台上项目在较低带宽的网络环境下，科研生产和演示汇报的一体化高效协同。

“两云融合”下的科研生产和演示汇报，实现了汇报演示材料和实际研究成果的统一，避免了汇报“以点盖面”和“以偏概全”，推动并提升了科研成果的质量，为领导全面掌握资料、科学准确决策奠定了基础。

以往乙方很难获取的勘探开发的动静态资料，现如今通过一体化协同工作环境全面改观，甲乙方一体化的美丽愿景在梦想云环境下成为现实。甲乙方处理或解释研究人员通过登录梦想云进入同一项目工作环境，双方即可实现“面对面”质控与监督，项目完成后，处理报告、研究成果和质控后的数据按要求入湖，实现成果分享。大大减少了以往甲乙方互到现场的弊端，实现了真正意义上的甲乙方一体化工作，有效避免了返工，实现了项目降本提速，保障了项目的高效运行（图 4）。

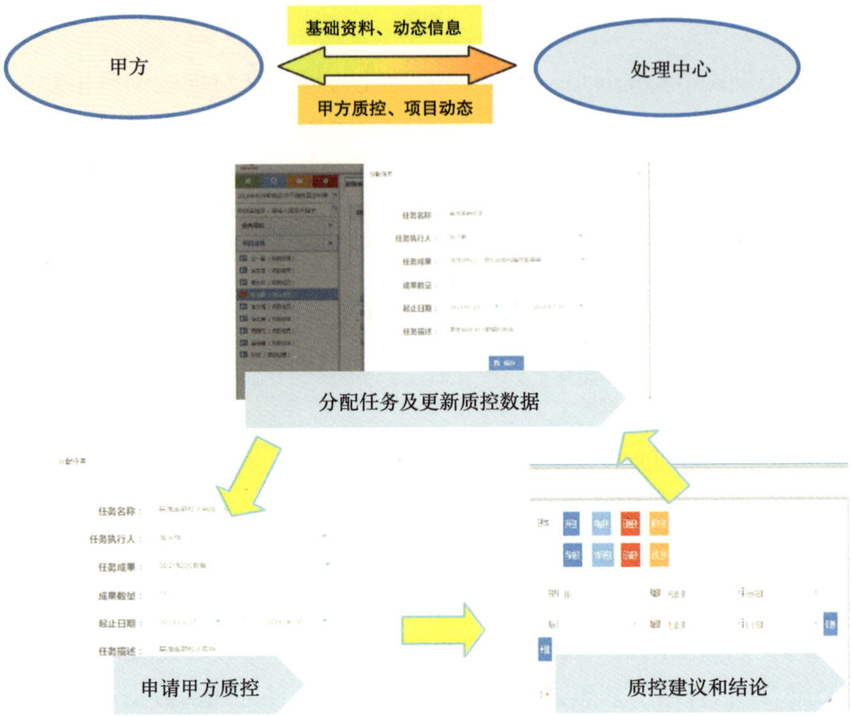

图 4　甲乙方一体化实现示意图

4.2　甲乙方一体化的主要成效

（1）甲乙方资源的共享，大幅度减少资料收集时间，提高项目运行效率。

（2）钻、录、测、随钻与分析化验等动静态资料的及时共享，促进了研究成果与生产更加紧密的结合。

（3）甲乙方及时掌握项目进展，同时把握项目节奏及质量，提升了研究成果水平。

（4）甲乙方应用软件共享，弥补项目资源的局限和不足。

5　前后方一体化研究及实现

前后方指乙方在甲方现场保持一定的人员与甲方一起工作，后方本部配有另外的团队和资源支持前方工作，形成前后方协同工作的一种服务模式。东方物探研究院在新疆、四川、陕西、辽宁、吉林、北京等多个地方设有 16 个靠前站点，1400 余名研究人员长期靠前工作，前后方团队的高效配合，可以发挥出乙方更大的服务优势。

5.1 前后方一体化的实现

在设备、软件、专家资源配备等方面，前后方具有较大不同，表现为“小前方、大后方”。以往遇到较大问题情况下，只能将处理或研究资料带回本部解决，消耗人力、物力和财力资源，导致生产成本增加。如今利用梦想云，靠前人员可以直接登录后方处理服务器，进行数据的传输，使用后方的软件和计算资源的进行高性能计算和分析，大大提高了工作效率，保障了项目的周期。同时，前后方领导、专家可以共同在云平台环境中对每个项目的进度及质量进行及时督导，实现了跨地区、跨组织的资源共享。

5.2 前后方一体化的主要效果

（1）项目运作成果及时更新、共享，前后方交流，互动更加顺畅。梦想云实现了办公网与生产网之间的数据安全访问。

（2）充分利用现有资源，实现了前后方软件共享。在中国石油内网，项目长利用梦想云进行项目研究任务分配，前后方成员接受任务，利用云平台提供的各种应用模块和 GeoEast 地震资料解释系统等完成项目综合研究工作，靠前站点及时了解后方各项研究任务进度，全面掌握工作进展，实时进行沟通和质量把控。

（3）减少靠前人员，有利于家庭稳定、队伍稳定。以东方物探研究院地质研究中心冀东分院为例，项目主要在冀东油田运行，部分员工长期两地分居。梦想云上线推广后，各方人员均可以在梦想云上异地协同工作，共享计算机资源，大大减少了员工出差，提高了工作效率。

（4）通过前后方联动，各种资源可以及时共享，研究成果更易检查和质控，全面提升了成果质量，实现了中国石油内网异地协同研究。

6 总体应用效果

截至目前，东方物探研究院已上梦想云项目 132 个，根据推广应用项目需要，先后从数据湖中抽取、关联了 648 口井的相关数据，地震数据体 488 套已完成入湖工作。通过梦想云平台，应用 GeoEast 、双狐、Resform 等软件，共解释层位 442 层，制作各类成果图件 542 张，论证意向井近 30 口，已全部归档至梦想云数据湖与油田公司共享。

此外，在东方物探研究院推广应用过程中，基于三个“一体化”的业务需求，对梦想云项目组提出改进与完善建议 47 项，已解决 42 项，正在解决 5 项。推进了平台功能提升和梦想云的完善。

7 结论

依托梦想云，对地震资料处理解释三个“一体化”体系进行研究和探索，实现了在中国石油内网的整体项目一体化管理，实现了甲乙方、领导与项目组、处理与解释、前后方之间的高效协同、无缝衔接、技术[7]和管理全面落地，取得了显著效果。

随着梦想云生态的持续完善，后续勘探开发、生产运行、经营管理、决策分析等更多的应用集成，以及对人工智能、大数据分析技术的融合，期待梦想云能够为物探采集、处理、解释项目的一体化高效运行、高质量交付提供更强大的能力支撑。

参 考 文 献

[1] 冯海涛，杨江．系统集成技术在企业信息化建设中的应用研究［J］．信息系统工程，2011（7）：122-123

[2] 许增魁．数字油田技术发展探讨［J］．中国信息界，2012（9）：28-32

[3] 马涛．数字油田软件系统架构研究［J］．信息技术与信息化，2010（6）：41-45

[4] 王宏琳，陈继红．地球物理软件集成环境研究［J］．石油地球物理勘探，2010，45（2）：299-305

[5] 邵卓娜．地震解释软件应用模式研究［J］．信息与电脑（理论版），2013（10）：46-47

[6] 袁非，梁桂美．地震数据处理质量控制体系建设及效果［J］．石油工业技术监督，2010（9）：61-63

[7] 苟明福．地震数据处理的关键技术与效果［J］．洁净煤技术，2012，18（3）：106-108

梦想云在油气精益生产管理中的应用

时付更　王洪亮　孙　瑶　陈新燕

（中国石油勘探开发研究院）

摘要　梦想云是中国石油上游业务共享平台，以油气勘探、开发生产、协同研究、生产运行、经营管理、安全环保等数据管理为核心。油气水井生产业务借助云平台实现了生产管理数据的统一录入、存储、处理、统计、发布等一体化协同管理，依托梦想云平台管理了中国石油的全部油气水井的油气各项数据，通过建立数据治理跟踪和评价标准，对油田生产数据、科学研究数据进行深度挖掘，开展了生产数据跟踪评价、产能建设评价、低产井和长停井分析应用研究工作。研究提出了一系列的指标和标准体系，通过动态直观展示跟踪和评价结果，为战略规划研究提供数据支撑。

关键词　梦想云　数据湖　油气水井　精益生产　微服务

1　引言

油气水井生产数据管理系统（A2）是中国石油信息技术总体规划项目之一，系统以油气生产管理为核心，实现了油气水井生产数据的采集、处理、统计、汇总、存储、上报、发布一体化管理。系统覆盖中国石油总部和16个油气田公司，管理了36万多口油气水井的油气生产数据。数据量为30多亿条记录约2.5TB。由于数据量巨大，并且多套数据库采用分散式部署模式，在集团公司进行全面统计分析时，暴露出很多问题。千万条记录的数据在单个数据库上查询效率明显降低、多个分布式的数据库间存在信息孤岛、数据资产利用率低，无法实现各类数据之间的多维分析。原因是多方面的，首先关系型数据库中数据记录超过千万条，在多表联合查询时，由于join操作过多，查询时间需要十几分钟；其次多个系统间需要重复操作，在集团公司进行数据分析研究时，必须登录多套系统查询数据之后再进行手工统计分析工作。例如进行产能数据

第一作者简介：时付更（1966—），男，河南西平县人，博士毕业于中国石油勘探开发研究院，主要从事石油勘探开发信息化规划、数据模型设计、油气生产数据管理及分析应用研究。通信地址：北京市海淀区学院路20号中国石油勘探开发研究院计算所，邮政编码：100083，E-mail：sfg@petrochina.com.cn。

预测时，需要其他各项数据的辅助决策，此时就需要登录多套系统进行数据查询，导入导出等，无法高效地进行全局分析。基于以上原因，迫切需要一个平台能够满足中国石油动态分析需求，可以深入透视分析数据背后潜在的有用信息，支撑油气田生产研究工作。

目前国外石油行业的大型厂商，例如壳牌公司、BP、雪佛龙公司、挪威国家石油公司等在单井生产数据采集、集中存储管理、生产辅助决策、生产优化等方面取得了很好的效果，发展趋势是及时发现和诊断井站库出现的问题和故障，做到及早发现，变事后处理为主动预防，增加油气产量[1-3]。国内石油工业在数据存储、智能处理和大数据辅助决策等方面与国际石油公司还存在差距。各油气田公司自行开发了一些涉及各自生产业务的数据管理系统、勘探钻井系统、科研管理系统等[4-9]，但是存在数据模型、标准不统一、数据库过多、分散管理等问题。

“十二五”末，中国石油提出以“两统一、一通用”为核心的勘探开发梦想云建设蓝图，旨在实现上游全业务链数据互联、技术互通、业务协同与智能化发展，构建“共创、共建、共享、共赢”的信息化新生态。梦想云依托数据湖和 PaaS 云平台技术，建设统一数据湖和统一技术平台，搭建了通用的协同研究环境，实现勘探开发生产管理、协同研究、经营管理及决策的一体化运营，支撑勘探开发业务的数字化、自动化、可视化、智能化转型发展。

2　梦想云集成油气水井生产管理应用技术研究

在梦想云平台于 2018 年 11 月发布上线应用以来，油气水井生产数据管理业务借助于梦想云平台通过对数据及技术的互通共享，实现了数据的挖掘分析及业务的协同研究，为油气水井精益生产管理提供了便捷、更快速的分析方法[10,11]。通过对数据的联合分析不断寻找每一项油气生产开发环节中存在的潜力点与增效点，以最小的资源投入实现油气水井生产管理过程中最大价值的产出[12-14]。

2.1　油气生产数据入湖研究

在 A2 系统建设过程中，一直试图建立统一的数据模型来表示勘探开发业务中所有实体及其联系。由于一个业务实体在企业中可能有多种表示形式，不同的业务应用系统可能会基于特定的目标来构建数据逻辑结构，同时不同的系统采用不同的数据存储结构及访问方式。这些问题已困扰企业多年，并阻碍了业务处理、服务定义及术语命名等事务的标准。

梦想云平台数据湖实现了一个较好的统一数据模型，而不用担心对业务程序产生实质性影响。数据湖基于从实体所有者相关的所有系统中捕获的全量数据来尽可能

“丰满”地表示实体，将中国石油上游业务应用系统数据进行入湖处理，实现数据共享和智能分析能力，建立中国石油勘探开发业务开放数据生态，为数据治理、数据挖掘奠定了坚实的基础，梦想云平台数据服务框架如图 1 所示。

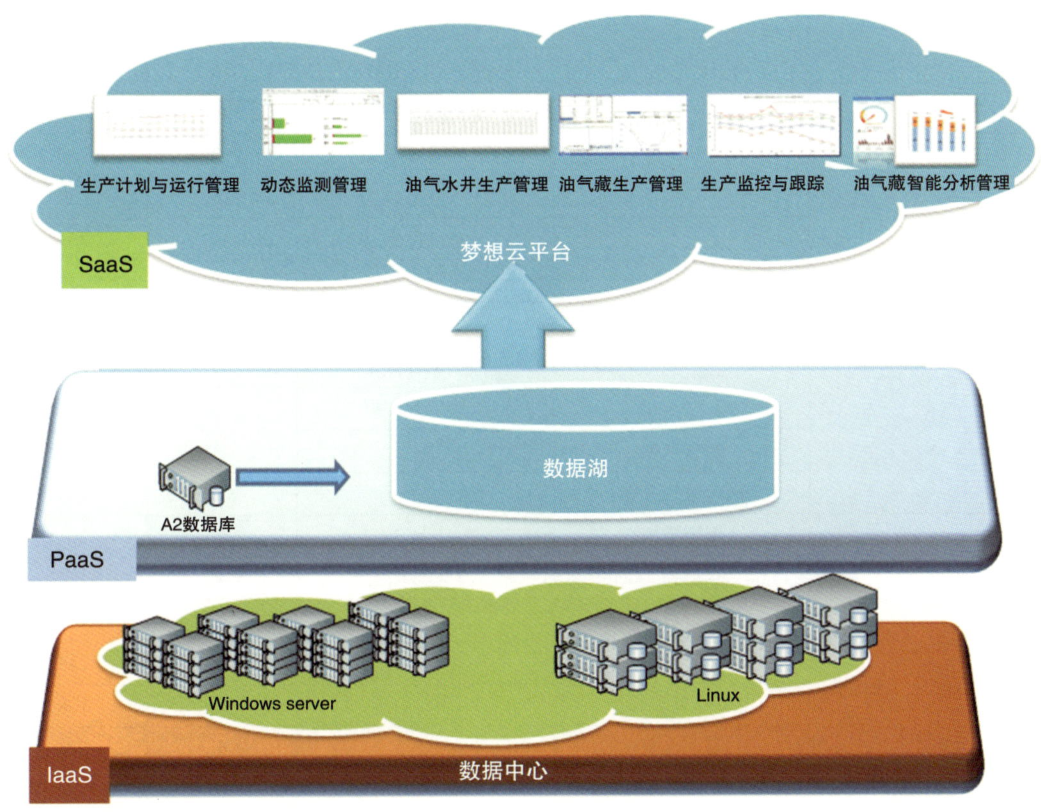

图 1　数据服务框架图

油气水井管理系统管理了 37 万多口油气水井，主要包含基础实体、生产测试、油气生产、增产措施、采油工艺（井设备）、油气集输（站库）六类数据共计 9512 项（表 1）。随着企业体量增大，企业需要更智能地处理这些横跨多个系统的油气水井生产数据。通过梦想云平台数据湖建立数据逻辑统一、数据分布存储、互联互通的业务领域模型，精准地描述数据并能代表对勘探开发业务最有价值的油气水井生产数据，实现数据的全生命周期管理、治理、共享应用。通过梦想云平台实现对数据、应用、系统综合管理，构建标准化、流程化、自动化、一体化的数据管理体系，确保数据架构合理，条理清晰，过程可控，知识积累传承。针对油气水井生产管理中数据量大，指标多、杂、散、不直观的问题，构建了一个精益生产要求下的数字化管理平台。油气生产中的每个环节要素，必须通过精准数据来实现精益管理的落地，通过数据湖能快速准确的构建所需的各项数据，为油气生产管理业务提供了强大的数据支撑。

表1　A2系统管理数据范围表

大类	亚类	子类	表张数	字段数
基础实体			35	660
生产测试			30	454
油气生产	单井生产	单井计划数据	10	121
		采出井日数据	32	776
		采出井月数据	26	697
		注入井日数据	12	310
		注入井月数据	14	330
	区域生产	基础数据	9	339
		计划数据	10	237
		生产运行	15	456
		油藏工程数据	53	2204
		采油工程数据	12	208
	站库数据		23	507
	锅炉运行数据		7	245
增产措施	增产措施		5	201
	射孔		4	131
采油工艺（井设备）	井口数据		7	199
	井筒设备		6	243
	常规泵		5	138
	潜油电泵		6	344
	螺杆泵		6	183
	封隔器		1	44
	静态参数表		14	155
	采出井维护		14	244
油气集输（站库）			6	86
合计			362	9512

2.2　油气生产应用集成研究

勘探开发梦想云提供的技术平台全面支撑油气勘探、开发生产、协同研究、生产运行、经营管理和安全环保六大领域通用业务应用建设，提供容器平台、DevOps、微服务、应用生态、服务中台和移动框架平台等系统应用基础框架，满足了应用系统的统一平台、统一框架、统一集成、统一管理等应用需要。

以前油气水井生产数据管理系统是独立的业务系统，为中国石油及各地区油田提供独立的油气水井生产管理应用，同时为其他众多应用系统提供专业数据接口服务，容易出现占用资源众多、数据接口开发成本大、数据以及业务功能应用共享不通畅、系统维护成本较高等问题。基于梦想云平台将应用采用微服务的形式进行改造并集成到梦想云平台上，通过梦想云服务中台提供统一的数据及业务功能共享应用，很大程度上降低了系统硬件的资源占用成本，同时也降低了系统开发维护成本，更能为勘探开发协调研究提供统一的专业应用及数据应用分析。

3 应用实践研究

基于梦想云的高效数据服务，油气生产分析粒度基本单元由原来的油田细化为单井，在集团公司层级实现了油、气、水井生产管理数据的全样本分析，建立起了跟踪和评价系统并进行了实际应用。其中，产能建设评价模块，可以掌握不同地区、不同油藏类型分年投产井开发状况和生产趋势，进行产能建设效果评价，支持规划编制工作；低产井和长停井分析模块，可以得到低产井和长停井分布状况、增长趋势等，为盘活油井资产利用率提供支撑；年度生产跟踪模块，可以跟踪生产动态，对生产指标异常的油田或区块及时监控预警，并提出开发调整对策，发挥指导生产的作用。

3.1 生产运行跟踪应用研究

生产运行跟踪应用，主要跟踪分析油田生产动态，实时监控油田生产状况，如图 2 所示，通过图表直观展示跟踪和评价结果，为战略规划研究提供数据支撑。

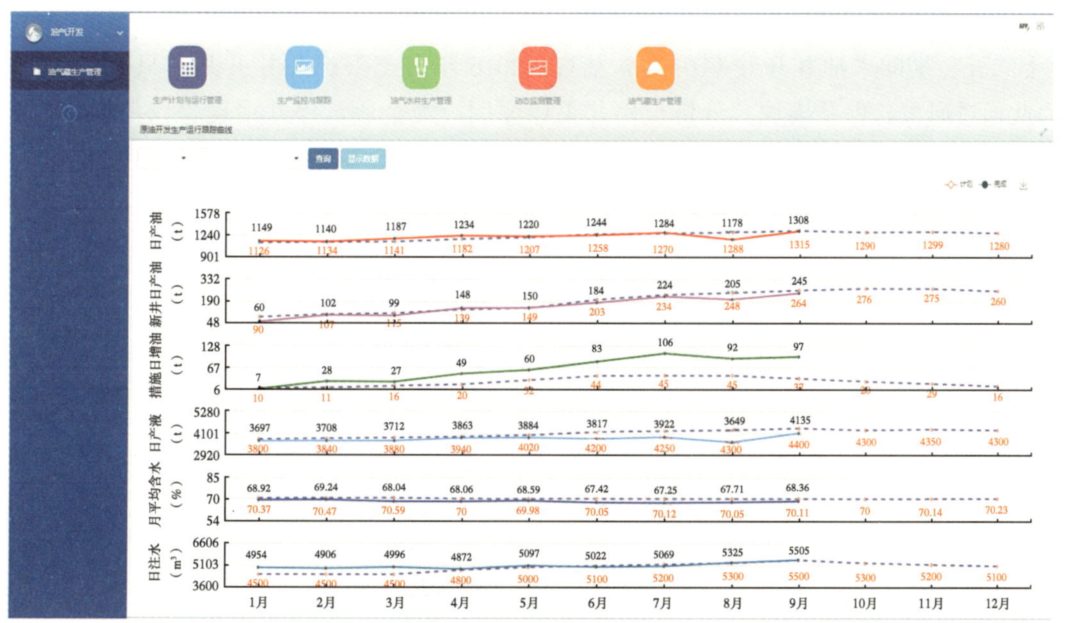

图 2 生产运行跟踪应用

3.2　产能建设评价应用研究

产能建设效果评价模块可以跟踪历年产能建设效果，掌握不同地区、不同油藏类型分年投产井开发状况和生产趋势，通过跟踪不同年份投产井在历年产量变化情况，得到油田产能贡献率、完成率、计划产能到位率，同时能够跟踪产能井综合含水变化趋势，评价产能开发效果，支持规划编制工作，如图 3 所示。

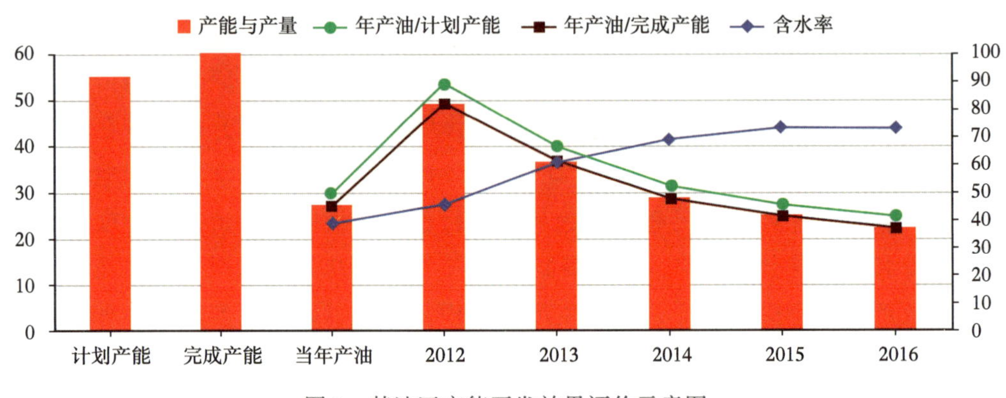

图 3　某油区产能开发效果评价示意图

3.3　低产井和长停井分析应用研究

随着大部分油田开发进入中后期，地层与井下的情况越来越复杂，特别是由于近几年油田开发难度日益增大、开发成本不断上升，停产、停注井呈逐年上升的趋势，“十二五” 期间采油井开井率在 75%左右，2016 年由于限产关井开井率只有 71.3%。为此通过研发长停井模块，分析长停井关停原因，为企业长停井治理提供依据，如图 4、图 5 所示。

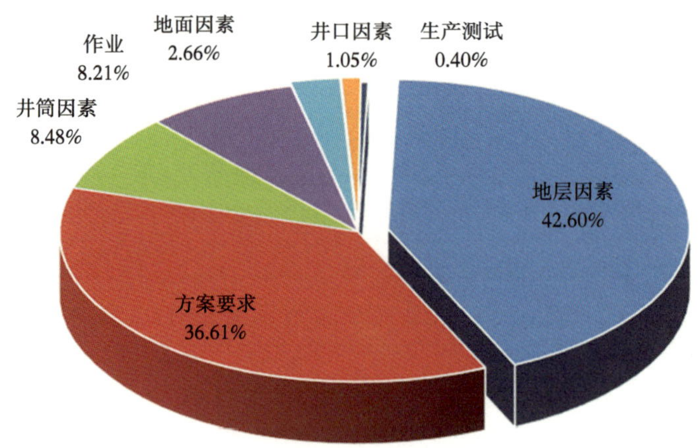

图 4　2016 年长停采油井构成

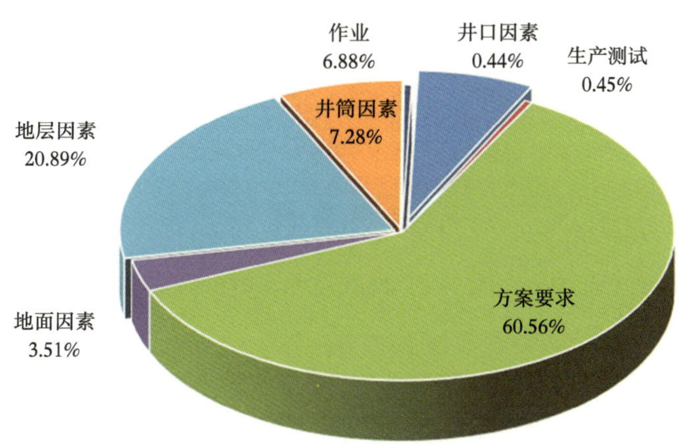

图 5　2016 年长停注水井构成

通过数据挖掘分析，2016 年底长停井占企业油水井总数比例 18. 8%，产生的主要原因有：(1) 地层能量不足、高含水、地层出砂等原因造成的低产低效关停；(2) 因为套管变形、井内有落物等造成的恢复难度较大关停；(3) 受成本控制、地域环境限制、企地关系影响等造成的关停；(4) 待报废井。

因此建议：(1) 长停井治理和恢复不是简单的恢复开井，不能只把眼光盯在油井上，既要关注油井的恢复，又要关注水井的恢复，更要从井网完善和储量动用的整体考虑问题，将油藏综合治理与单井措施挖潜相结合，着力改善油藏开发效果；(2) 坚持生产管理与经营管理相结合，详细进行事前油藏研究和经济评估；(3) 做好复产后的跟踪管理和日常维护工作，及时分析生产动态、优化生产参数、强化注采调整，确保能够稳定生产。

4　结束语

梦想云平台采用微服务架构设计，提升了该平台的扩展性，实现了业务功能的快捷实现。通过平台管理子系统集成统建、自建平台应用成果，通过数据服务子系统支撑云平台的数据服务，最大化地发挥了数据的价值，实现由数据管理向数据应用集成的跨越，系统采用大数据云平台分布式存储基础，实现数据的高效存储和访问。平台已经成为油气勘探、开发生产、协同研究和总部各级油气生产数据管理、科研人员的日常工作平台。开发生产模块每年在辅助增加产量、提高工作效率、保护数据资源、降低运维成本等方面预计可创造近亿元的效益。

油气水井生产业务借助梦想云平台，深入挖掘数据，充分利用数据资产价值，综合了油田开发、数据库技术和数据分析等方面的专业知识和信息技术，通过建立生产数据跟踪和评价系统，实现了数据挖掘在油田开发战略规划中的应用。目前取得一定的应用效果，但在数据关联分析、基于机器学习的数据挖掘以及结合真实业务应用场景的数据统计分析等能力还需进一步加强，使数据挖掘更好地应用到研究和生产实践中。

参 考 文 献

[1] MALLEK H, GHOZZI F, TESTE O, et al. BigDimETL: ETL for multidimensional big data [C]. Berlin: Springer, 2017

[2] DENG Z H, LV S L. PrePost+: An efficient N-lists-based algorithm for mining frequent item sets via children-parent equivalence pruning [J]. Expert Systems with Applications, 2015, 42 (13): 5424-5432

[3] YAN X, ZHANG J, XUN Y, et al. A parallel algorithm for mining constrained frequent patterns using MapReduce [J]. Soft Computing, 2017, 21 (9): 2237-2249

[4] 黄文松，王家华，陈和平，等．基于水平井资料进行地质建模的大数据误区分析与应对策略[J]. 石油勘探与开发，2017，44（6）：939-947

[5] 曲海旭．基于大数据的油田生产经营优化系统研究及应用［D］. 大庆：东北石油大学，2016

[6] 李熙喆，刘晓华，苏云河，等．中国大型气田井均动态储量与初始无阻流量定量关系的建立与应用［J］. 石油勘探与开发，2018，45（6）：1020-1025

[7] 杨飞，周静．智能钻井大数据技术的发展研究［J］. 科学管理，2017（9）：230-231

[8] 李大伟，熊华平，石广仁，等. 基于全球典型油气田数据库的数据挖掘预处理［J］. 大庆石油地质与开发，2016，35（1）：66-70

[9] 李金诺．浅谈石油行业大数据的发展趋势［J］. 价值工程，2013，32（29）：172-174

[10] 侯亚欣，李浥东，徐群群，赵宏伟．基于企业信息管理的综合实践教育云平台建设［J/OL］. 实验技术与管理，2019（10）：36-39

[11] 张鹏程，杜剑光，杨梅．智慧广州时空云平台在不动产信息化中的应用与实践［J/OL］. 地理空间信息，2019（10）：10-13+5［2019-10-28］

[12] 冯贺楼．用云平台远程控制提高财务内控管理水平——以黑龙江省煤田地质局一〇八勘探队为例［J/OL］. 中国国土资源经济，2019：1-5

[13] 何晓政．大数据云的计算与存储资源管理标准化方法研究［A］. 中国标准化协会、郑州市人民政府．第十六届中国标准化论坛论文集［C］. 中国标准化协会、郑州市人民政府：中国标准化协会，2019：7

[14] 杨忠彪．CloudStack 云平台异常运行告警系统设计与实现［J］. 计算机测量与控制，2019，27（9）：223-226，231

梦想云协同研究环境在鄂尔多斯盆地的应用研究

石玉江　王　娟　魏红芳　杨　倬　王红伟　姚卫华

（中国石油长庆油田公司勘探开发研究院）

摘要　油气藏研究涉及多学科、多类型数据及多专业研究成果，多学科一体化协同研究成为必然趋势。为了提供一体化协同共享的油气藏研究工作环境，在建设盆地级统一数据湖的基础上，以项目为主线，构建了包含项目资料快捷查询、专业软件接口集成应用、在线辅助分析工具以及项目全过程管理的项目工作室，有效支撑了日常油气勘探开发业务工作，提升了科研工作的质量和效率。

关键词　数据湖　油气藏协同研究环境　项目工作室

1　统一的数据湖建设

鄂尔多斯盆地是我国第二大沉积盆地，总面积约 $37\times10^4km^2$，横跨陕、甘、宁、蒙、晋五省，长庆油田在鄂尔多斯盆地的石油勘探始于20世纪50年代，直到21世纪初，随着科研人员对低渗透致密油气藏开发技术的不断探索，才迎来了鄂尔多斯盆地大规模的勘探开发，同时也积累了大量的油气生产、管理等基础数据。

数据是认知地下油气藏的基础，油气藏数据涉及勘探开发过程中钻井、录井、测井、油气生产等不同阶段，地质、工程、工艺等多专业领域的生产和研究成果，是石油企业的核心资产和勘探开发科研生产的基础资源[1]。油气藏数据具有类型多样、多尺度和多维度、多源性、异构性的特点，按照数据流与业务流相统一的原则，长庆油田在整合集成油田40余年来形成的钻井、录井、测井、试油气、分析试验、油气生产、储量等18类专业数据库的基础上，新建了生产支撑类、统计报表类、方案设计类、地质图件类和项目文档类5大研究成果库，并对时效性要求较强的实时数据搭建了四条实时数据采集链路，新建地质露头、全尺寸薄片图像、油层综合数据、数字岩

第一作者简介：石玉江（1971—），男，甘肃平凉市人，西北大学博士毕业，教授级高级工程师，主要从事测井技术应用、地质综合研究与数字化与信息管理工作。通信地址：陕西省西安市长庆兴隆园小区长庆油田分公司数字化与信息管理部，邮政编码：710021，E-mail：syj_cq@petrochina.com.cn。

心等专题类数据管理系统，同时开展勘探开发数据治理，做到了全油田数据标准统一、数据唯一、质量可靠、安全可控，变传统的数据资产化管理为应用驱动的资源利用化模式，数据量达到12万余口井、4.6亿多条记录、15TB容量，对分散在科研人员个人手中的490多万份成果资料进行了标准化管理和应用，构建了具有大数据特征的油气藏数据资源池，为数据共享服务和挖掘应用奠定了基础。

长庆油田经过多年的信息系统建设和数据治理，积累了海量数据，基本满足各系统自身应用需求。但目前跨部门、跨领域的数据集成共享还不够充分，对系统应承担的数据加工任务缺乏总体策略和规划，未能实现数据深度融合和通用数据统一处理，无法满足公司层面的数据分析应用，离全域数据管理、全面集成共享、数据到资产的转化等目标还有一定距离。

随着协同共享时代的到来，数据生态成为支撑勘探开发业务应用和大数据、人工智能分析等应用的数据架构方式，为勘探开发全业务链协同共享与智能化提供数据服务。数据湖是一个集中式存储库，允许以任意规模、原生格式存储所有结构化、半结构化、非结构化以及二进制数据，支持不同类型的分析，帮助业务做出更好的决策。

长庆油田基于总部勘探开发梦想云平台建设理念，坚持顶层设计，结合现有勘探开发数据资源和业务应用，增强全局数据治理、数据共享和智能分析能力，建立盆地级统一数据湖（图1），为智能油田建设提供数据服务，构建油田数据共享管理应用生态，推动“共享中国石油”战略落地。

其中，数据采集层按类型分源头对各类数据进行采集存储，为上层业务应用提供基础数据源；共享存储层基于统一的EPDM模型，以数字化油气藏研究与决策支持系统（RDMS）[2]为基础，强化数据标准化治理与全局共享，实现数据及时性、准确性、

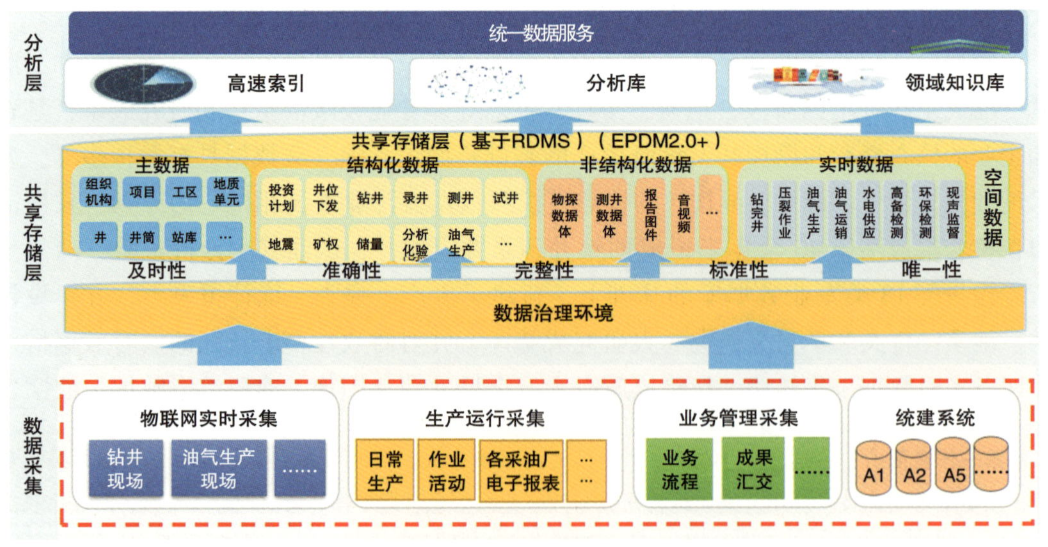

图1　盆地级统一数据湖架构示意图

完整性、标准性和唯一性存储、管理与共享；分析层以建立业务开放的数据生态为目标，增加分析库和领域知识库的建设，并提供高速索引模块，为高效数据分析和智能油藏提供统一的数据服务。

2 协同研究环境应用

油气藏研究过程是对油气藏进行综合性、一体化的认识，以及判断、决策、再认识、再决策的复杂过程[3]，也就是从各类基础资料的收集、整理和前人的研究成果开始，通过专业软件对数据的加工处理和研究人员的创造性思维，形成对油气藏的认识和勘探开发技术方案，然后将这些决策通过工程现场的实施后，反馈回结果并产生新的研究问题和数据，这些数据作为新的输入数据又开始一个新的循环[2]。因此从本质上看油气藏开发是一个迭代式循环过程。要实现高效率的油气藏研究，必须解决好油气藏研究中迭代式循环面临的三大问题：一是如何实现多学科海量数据的高效组织和研究成果的共享；二是如何实现不同门类专业软件的集成应用，形成油气藏一体化研究环境；三是如何实现跨学科、跨部门、跨地域协同，做到研究、决策与执行各环节信息的实时反馈、良性互动。

油气藏协同研究环境以提高效率、促进知识共享和信息一体化为目标，基于盆地级统一数据湖，为科研人员提供统一的数据共享，同时为业务应用提供统一的数据服务，并通过开发专业软件接口和在线分析模型工具，搭建一体化的协同共享研究环境，辅助开展油气藏综合研究和智能分析。

（1）勘探开发业务流程梳理实现了业务流与数据流相统一。

按照油气藏勘探开发各个阶段的实际业务流程，参照行业标准，系统梳理油气预探、评价、开发、稳产等各阶段的业务主题，针对每一个主题业务所涉及的各个环节，再梳理开展每一项业务研究所需要用到的基础数据和成果数据，并将业务流程规范化（图2），这样就做到了业务流与数据流相统一。同时，依据国家标准、行业规范，对油气藏研究成果数据从图表名称、内容、样式等进行标准化[4]。

（2）专业软件接口集成应用搭建了多学科一体化研究环境。

针对油气田勘探开发专业软件门类多，数据格式不开放、标准不统一的现状，采用统一集成框架，整合勘探主流的地质、地震、测井、油藏工程等多个业务领域的专业软件，实现了数据快速提取、标准格式自动转换以及“一键式”发送等功能，大大节省了科研人员搜集整理数据、格式转换等数据处理时间，构建了勘探开发一体化研究工作环境。

以石文（Gxplorer）软件绘制一张4口井的油藏剖面为例。石文软件是一款综合性的油气勘探开发地质研究软件，提供井资料地质研究和地质分析成图手段，可以形成地层、层序、沉积相、油气水解释等多种类型的综合性研究成果和图件，在油气藏研

业务节点	所需数据集
地震解释	XX井试油试采成果表
	XX井测井曲线数据
	XX井测井解释成果表
	XX工区地震数据体
	XX工区测网数据
	XX工区砂厚统计表
	XX构造XX区块（断块）XX（组段、油组、油层）连井对比图
	XX井录井综合图
	XX井岩心录井图
地层研究	XX井基础数据
	XX井井斜数据表
	XX井测井曲线数据
	XX井地层分层数据
	XX井测井解释成果表
	XX井岩屑描述记录
	XX井钻井取心描述记录
	XX井井壁取心描述记录
	XX井岩石薄片分析数据
	XX井岩心照片
	XX工区二维（三维）地震数据体
	XX工区砂厚统计表
	XX井测井解释成果图
	XX井录井成果图
	岩心分析综合柱状图
	XX构造XX区块（断块）XX（组段、油组、油层）沉积微相图

业务节点	所需数据集
构造研究	XX工区二维（三维）地震数据体
	XX井基础数据
	XX井井斜数据表
	XX井测井曲线数据
	XX井地层分层数据
	XX凹陷（构造带、构造、区块等）构造剖面图
	XX凹陷（构造带、构造、区块等）XX（层系、层位、砂组、小层）顶面构造图
沉积研究	XX工区二维（三维）地震数据体
	XX井基础数据
	XX井井斜数据表
	XX井测井曲线数据
	XX井地层分层数据
	XX井测井解释成果表
	XX井岩屑描述记录
	XX井钻井取心描述记录
	XX井井壁取心描述记录
	XX井重矿物分析数据
	XX井轻矿物分析数据
	XX井岩石薄片分析数据
	XX井岩心照片
	XX井单井相分析成果
	XX区块XX井—XX井连井相分析成果
	XX凹陷（构造带、构造、区块等）XX（层系、层位、砂组、小层）沉积微相图
	XX凹陷（构造带、构造、区块等）XX（层系、层位、砂组、小层、单砂层、砂体）顶面构造图

图 2　“地质研究”业务数据集梳理示例

究与管理中应用比较频繁，是科研人员日常使用的重要工具软件之一。运用石文软件生成油藏剖面图涉及的主要数据类型有基本信息、分层数据、测井数据，平台自动推送绘制 4 口井油藏剖面所需的数据，并进行标准格式转换，通过数据发送按钮“一键式”发送至石文软件。

就绘制一张 4 口井的油藏剖面图而言，两种工作方式的对比如下：以往工作方式下，科研人员需要分别从各专业数据库收集井基本信息、分层数据、测井数据，经规范化整理后，逐项加载到石文软件，耗时约 2 小时；而现在采用数字化工作方式后，通过系统自动推送所需数据，按照软件要求进行标准格式转换，一键式发送至石文软件，耗时约 5min，大幅度提高了工作效率。

（3）在线分析模型工具支撑油气藏研究在线综合分析。

油气藏研究涉及数据种类繁多，科研人员需要在各专业数据库和相关部门进行数据收集，渠道分散、费时费力、效率低下，而且主要依托 Excel 工具进行图版分析，数据整理步骤多，图版深入分析只能通过手工整理原始数据重新绘制，缺乏灵活性。比如专题图制作过程中，往往需要收集每口单井资料，逐井导入数据、绘制图像、截取图像、粘贴图像，耗时耗力。

针对以上问题，通过数据自动推送、加工处理，开发数据统计分析、模型算法、图面作业、专题图绘制等辅助工具，提供便捷的图面作业、图表分析等人机交互界面，建立基于标准化业务流、数据流的在线分析环境，辅助开展油气藏综合研究及交互分析。

以储层特征研究类工具为例，针对薄片鉴定、粒度分析、常规孔渗、压汞等样品分析测试，系统集成了岩性分类、沉积环境恢复等 21 种储层研究常用图版（图 3），采

石英（%）
excelexp
长石（%）
岩屑+云母、绿泥石（%）
Ⅰ—石岩砂岩；Ⅱ—长石石英砂岩；Ⅲ—岩屑石英砂岩；Ⅳ—长石砂岩；
Ⅴ—岩屑长石砂岩；Ⅵ—长石岩屑砂岩；Ⅶ—岩屑砂岩；
碎屑组分三角形分类图
C=1%，粒径（μm）
C=M
M=中值（μm）
1—牵引流沉积；2—浊流沉积；3—静水沉积
QR—递变悬浮沉积；RS—均匀悬浮沉积；
PQ—悬浮沉积为主；OP—滚动搬运为主；NO—滚动组分
牵引流沉积C—M模式图
安72—1868.9m—正态概率累积
安72—1868.9m—频率
安72—1868.9m—累积频率
概率累积百分比（%）
粒径φ
现代河道砂的粒度概率图
p_c（MPa）
压汞曲线
Σ_{Hg}（%）
压汞曲线模式图
中值粒径（mm）
Sheet1
孔隙度（%）
渗透率（D）
分选
极好
非常好
好
中等
差
非常差
粗
中
细
非常细
粉砂
储层孔隙度渗透率恢复模式图

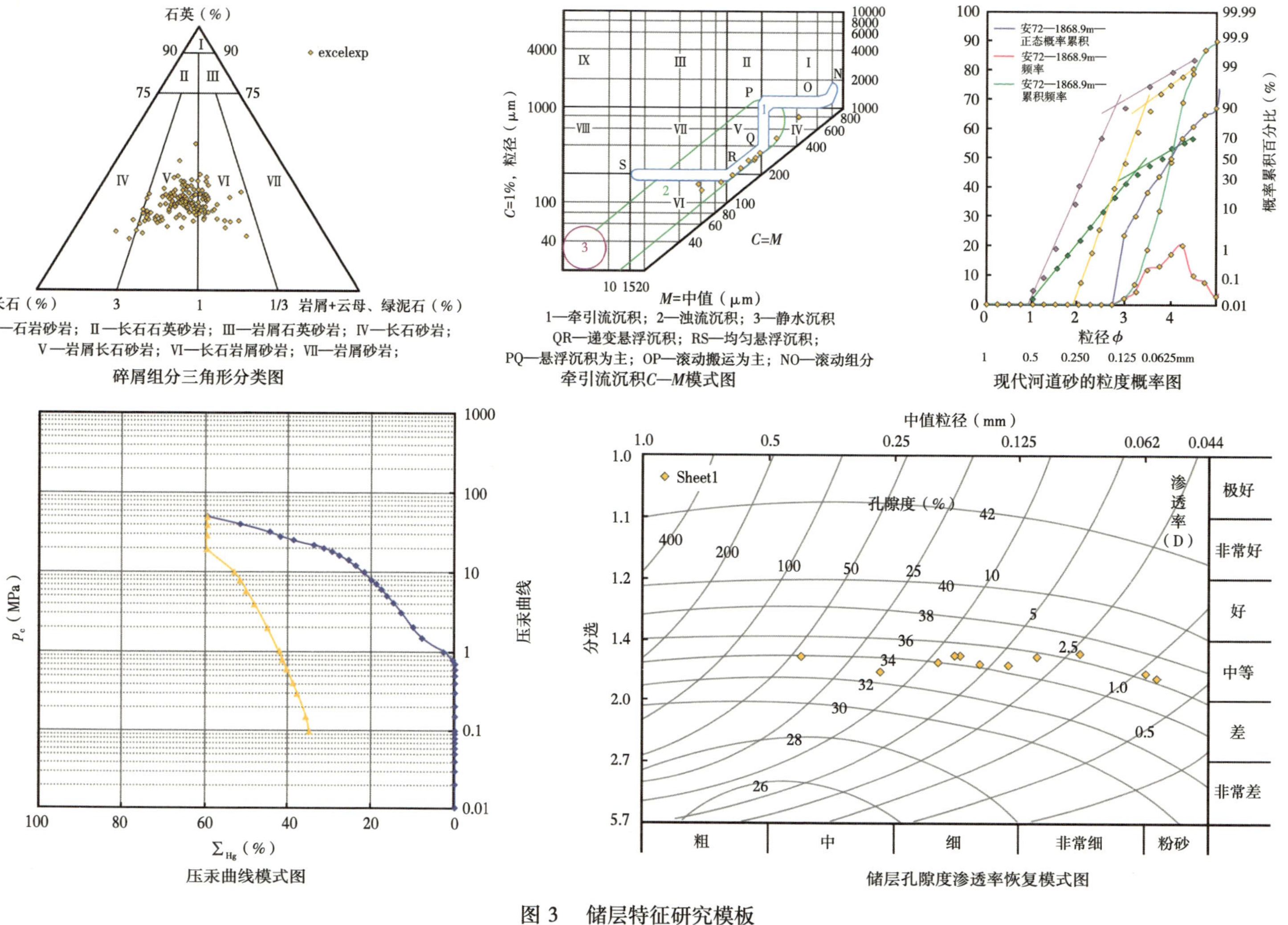

图3 储层特征研究模板

用“数据+模板”的成图方式，可快速计算目标区的碎屑组分特征、孔隙组合、粒度概率曲线等参数图件。

（4）以项目为主线搭建项目工作室。

油气藏研究往往依托具体的项目实施，在这里，建立以项目为核心的项目工作室，分专业建立协同研究环境（图 4），将研究人员与项目、岗位、数据（含成果）、专业软件、常用工具有机融合，实现对地质油藏综合研究全过程应用支撑，为勘探开发研究人员和决策人员搭建一体化的协同工作环境，支撑跨盆地、跨油气田企业的数据共享、成果继承。

图 4　项目工作室主页面示意图

通过项目工作室，建立项目分级管理，实现不同层级项目（如国家、集团公司、油气田公司等）的在线管理，并支持基于任务驱动的项目过程管理，项目经理或项目负责人可以根据研究内容，定制研究流程，组件项目团队，分解研究任务，把控项目进度，审核研究成果，确保项目按时完成，成果按时归档，做到了科研项目全线上管控。

3　应用效果

基于勘探开发梦想云定制的项目工作室，可以方便获取数据湖中跨专业、跨部门、跨地域的数据共享应用，并且与专业软件之间进行直接数据推送，实现各专业数据与多种专业软件之间的无缝对接，数据和成果得到多层次共享使用，显著提高了工作效率。同时，通过快速搭建项目研究环境，实现以项目为主线的研究团队、数据和任务的一体化管理，提高了项目管控深度，并为项目成员建立交流平台，方便项目组成员之间的成果交流。

以鄂尔多斯盆地风险勘探项目优选为例，首先，应用云平台协同研究环境搭建项目工作室，按照项目类型梳理数据集、专业软件与常用工具，上传项目基础资料，指定研究工区范围与项目团队，添加研究区重点井号，归档已完成的研究成果。其次，应用数据湖资源，选取项目研究目标区单井的钻井、录井及测井、分析试验等资料，以及目的层地层厚度、沉积相、地层剖面等地质图件，综合分析有利成藏条件，将更新的成果上传并经审核后归档至数据湖，便于成果共享。再次，应用云平台 GeoEast 专业软件接口和三维地震数据可视化工具，地质研究人员可在线查看研究工区的二维剖面，并对三维地震数据体过井剖面自动切片，立体展示反射层构造形态，辅助开展地震、地质综合研究，精细刻画目标区地质特征。最终优选出目标区，并利用井位部署论证应用场景，部署意向井，完成项目研究。整个过程中，充分应用了项目工作室对项目的过程管理功能，项目经理围绕主要研究目标细化下发十项子任务，高效、精细化完成了项目研究工作。

通过系统应用，总结以下三点应用成效：一是大幅度提高了科研工作的质量和效率。数据的高效提取、软件的无缝集成、成果的继承共享，避免了低效的数据准备和重复劳动，可以使技术人员投入更多的时间和精力用于创新性研究。二是促进了科研和决策方式转变。全面的数据服务、共享的科研支撑平台，改变了传统的研究模式，实现了勘探与开发、研究与生产、地质与工程一体化，促进了油气藏管理水平的提升。三是以项目为核心的研究管理，建立了跨部门、跨地域、跨学科的协同研究团队，便于数据、成果的共享和研究动态的交流。

参考文献

[1] 高志亮. 数字油田在中国——理论、实践与发展 [M]. 北京：科学出版社，2011

[2] 杨华，石玉江，王娟，等. 油气藏研究与决策一体化信息平台的构建与应用 [J]. 中国石油勘探，2015 (5)：1-8

[3] 计秉玉，赵国忠，李洁，等. 多学科集成化油藏研究方法与应用 [M]. 北京：石油工业出版社，2009

[4] 姚卫华，王娟，邹永玲. 数字化油气藏地质图件图层标准的制定 [J]. 中国石油和化工标准质量，2013 (14)：179-180

梦想云协同研究环境在塔里木盆地的应用实践

杨海军[1]　李　勇[1]　雷刚林[1]　罗彩明[1]
尹晨阳[2,3]　屈　洋[1]　董　杰[2,3]

（1. 中国石油塔里木油田公司勘探开发研究院；2. 中国石油集团东方地球物理勘探有限责任公司；3. 北京中油瑞飞信息技术有限责任公司）

摘要　自中国石油勘探开发梦想云 1.0 版发布以来，得到了各油田全面应用，并取得较好效果。塔里木油田基于梦想云，完成了油田区域湖建设，搭建风险勘探应用环境；结合塔里木盆地油气勘探特点，探索了圈闭管理和圈闭审查功能的实现；基于前期成功的应用，对梦想云未来的发展提出了畅想，并给出了具体的建议。

关键词　梦想云　协同研究　油气勘探　圈闭管理

1　引言

在 2016 年 4 月举行的中国石油科技与信息创新大会上，王宜林董事长提出了“业务主导、自主创新、强化激励、开放共享，以科技创新带动全面创新，以信息化建设应用促进两化融合，以体制机制改革激发创新活力”的创新发展战略。中国石油勘探与生产分公司围绕中国石油上游业务需求，结合板块“十三五”信息技术发展规划，制定了建设中国石油上游业务信息与应用共享平台的宏伟蓝图，旨在消除信息孤岛，实现勘探开发数据互联互通，搭建集科研、生产、管理于一体的统一共享平台，支撑勘探生产、开发生产、协同研究及经营管理等方面的综合应用，提升上游业务的运营能力。上游业务信息一体化协同共享平台（A6）作为上游业务信息与应用共享平台（即梦想云）载体，于 2018 年 6 月完成五家试点油田建设，之后全面启动了推广油田应用建设。

第一作者简介：杨海军（1970—），男，汉族，河北卢龙县人，1992 年毕业于石油大学（华东）勘探系石油地质勘查专业，高级工程师，现任塔里木油田勘探开发研究院院长。通信地址：新疆库尔勒市建设街道塔里木油田公司勘探开发研究院，邮政编码：841000，E-mail：yanghaij-tlm@ petrochina. com. cn。

塔里木油田作为梦想云首批试点油田之一，在完成上游业务统一标准的底层数据库和统一技术平台搭建的基础上，进一步明确了“统一管理、统一标准、统一平台”的总体要求，即统一管理体系保证信息化建设和应用的协调统一，统一标准体系为信息共享奠定基础，统一技术平台保证建设的持续与高效。通过设立梦想云深化应用研究项目，以进一步解决梦想云推广过程中遇到的各种问题，利用统一技术平台的开放性和可扩展性，增强平台功能，满足油田“共性+个性”化的需求，提升用户应用体验，推动梦想云在上游业务领域的全面应用。

2 梦想云应用架构

2.1 区域湖建设

近年来油田加大了主营业务数据的程序化、规范化管理，并已在油气勘探、油气开发等 11 个业务领域建立了业务管理系统 57 个，其中集团公司统建 12 个，油田自建 45 个，较好地支撑了油田勘探开发业务应用需要。但受业务领域分工和技术实现限制，塔里木油田信息化建设一直面临数据多头录入、标准不规范、功能重复开发、数据共享应用难等问题的困扰。基于最新的梦想云，油田完成了区域湖建设，实现了与 A1、A2、A5 等统建系统数据库对接和数据入湖管理，其中涵盖了来自 A1 的 1450 个物探工区地震数据、3862 口井的测井数据体，来自 A2 的 2829 口油气水井生产数据和来自 A5 的采油与地面工程相关数据。油田区域湖与集团公司总部主湖之间构成了云环境下“逻辑统一、分布存储”的连环湖，主湖管理集团公司核心数据，支持共享应用；区域湖管理本地区各类数据资产，负责数据入湖治理。为统建系统和油田自建系统模块化上云奠定数据基础。

2.2 业务应用建设

通过构建统一开发平台，为上游业务应用开发提供统一的支撑与治理平台，制订软件开发统一标准及接口规范，建立包括数据服务、专业绘图服务和算法服务的企业服务目录，提高软件开发和应用效率。

以统一平台为支撑，构建勘探生产管理、开发生产管理、协同研究、经营管理与决策、安全环保等领域云化通用应用（SaaS），完整支撑油田公司上游业务应用。

2.3 协同研究环境建设

在统一区域湖和技术平台基础上，为勘探业务研究及决策人员构建一体化工作平台，实现跨地域、跨组织、跨专业的数据共享、成果继承及专业软件整合应用，并通过项目研究环境支持基于主流软件的多学科协同，实现与油田在用专业软件云的软件互联，实现与油田已建塔中、塔北、库车及全盆地勘探项目研究环境和轮南、哈得、东河、克拉、克深、迪那等油气藏项目库的数据互通，全面提升勘探开发生产科研效率和研究水平。

2.4 圈闭审查环境建设

在勘探开发协同研究环境基础上，结合塔里木油田圈闭审查要求，搭建多学科、流程化圈闭审查业务协同工作环境，包括圈闭审查资料准备、圈闭逐级审核、圈闭报告生成、圈闭成果管理等，实现节点化流程、表单化质控、一键式修正，为提高塔里木油田圈闭成果质量，进一步规范圈闭研究、过程质控、圈闭审查与成果管理的各项工作提供支撑。

下面结合塔里木盆地油气勘探特点，重点论述圈闭管理功能在梦想云上的实现。

3 油气勘探特点综述

塔里木盆地油气资源量大，油气探明率低，仍处于勘探初级阶段。盆地多期构造运动、多期成藏、多期调整，油气藏复杂多样，且普遍具有超深、高温、高压、高含硫、高含蜡的特征，油气勘探过程具有较大的风险性[1-3]。因此油气勘探的成功与否不仅依赖于勘探技术的进步，还依赖于勘探综合研究与管理水平。塔里木盆地油气勘探具有以下特点。

（1）油气勘探的目的是寻找具有工业价值的油气资源，因此勘探投入具有经济属性，勘探工作者要长期面临资料缺乏的困境。

（2）油气勘探是科学探索的过程，石油深埋于地下，大多数已探知的油气资源都是利用地震、钻井、地球化学等信息开展综合地质研究间接得出的，因此研究成果往往存在极大的不确定性。石油在地下的赋存和运移经历漫长的地质时期，且油气藏类型复杂多样，勘探工作者面临的理论和技术危机也随之增大，不同研究人员的技术水平和认知能力直接决定油气勘探的成功与否。

（3）油气勘探是一项系统性过程，其核心实质是石油地质研究，石油地质研究具有地质、地球物理、石油工程等多学科融合，需要地震、测井、岩石物理、油藏动态等多种信息综合应用的特点。每个研究过程相互影响、相互制约，同一观点还需要不同专业相互佐证，研究结果往往具有推测性。

（4）油气勘探的灵魂和核心是信息，油气勘探实质上是一场信息勘探，勘探工作者需要进行对基础数据采集、处理、加工，建立起可能的油气藏模型，进而加以论证。面对海量的基础数据，科研人员要用辩证法的思想武装自己，科学分析资料的可靠性和真实性。

（5）油气勘探要求勘探工作者能够把地质研究的普遍规律和研究区块的特殊性有

机结合，能够利用类比思维，根据已知信息推导未知信息，做到由外及内、去粗存精。同时由于油气勘探过程的复杂性决定了对地下地层的认识不是一蹴而就的，勘探工作者需要不断摒弃固有的思想，敢于质疑，勇于逆向思维、横向思维和发散思维。

（6）油气勘探的预期目标是要查清地下地质情况，主要是通过综合柱状图、连井对比图、地震剖面图、生产曲线等图表化、图形化的材料表达地质构造客观实体，因此地质研究必须建立一定的技术标准和规范。

油气勘探最大的特点就是风险大，不确定因素多，探索性强，特别是随着优质的大中型油气藏开发，余下的油气藏所面临的地下条件更加复杂。油气勘探的成功取决于油气勘探项目的构成和运行，一般油气勘探项目采用集中决策、分级管理的模式，按照流程和层级，一般包括实施层、管理层和决策层。其中实施层主要负责包括综合地质研究、区带评价和储量井位等具体研究，对科研人员专业水平要求较高。管理层主要职责是实施项目全过程管理，组织专业团队，保证项目正常运行，重点是对研究进度和研究质量进行控制，对于研究过程中发现的问题要及时协调沟通。目前塔里木油田推行项目专家管理制，主要目的就是发挥专家经验丰富、能够快速利用手头资料提取有用信息的特点，高效指导科研项目顺利开展。决策层主要职责是通过全面仔细的地质分析、风险分析和工程分析，结合资源评价、勘探评价和经济评价并考虑相互之间的制约和影响关系，对勘探建议和方案做出客观、最优的抉择。油田层面的决策层一般指负责圈闭审核、井位部署、储量验收的研究院和油田负责人，时效性和综合性是勘探决策基本的特点，决策层必须具有在可能的勘探结果中快速证伪的能力，对勘探方向和勘探工作量能够做出明确判断，勘探决策的失误可能导致严重的经济后果。

4 基于梦想云的圈闭管理

在面对同一个地质目标的任务前提下，勘探开发一体化综合研究工作以项目研究为主体，每个项目分解研究任务后，分别需要相关的数据、软件工具的支撑，协同研究的关键是处理好任务、数据、软件三者间的关系[4]。协同研究与应用功能面向研究及技术决策用户，提供按研究目标和业务的数据组织、成果共享、在线成图、专业软件集成应用、常用研究工具等功能，推动多学科协同研究；对 OpenWorks、GeoEast 等主流专业软件的统一、标准化管理及专业软件云化应用支撑，提升应用效率与效果。

根据塔里木盆地油气勘探研究的特点，为提升塔里木油田圈闭成果质量，进一步规范圈闭研究、过程质控、圈闭审查与成果管理的各项工作，塔里木油田公司制订了圈闭研究业务流程（图 1）。根据流程要求及不同角色业务需要，依托梦想云，打造了圈闭研究成果共享管理模块，通过专业软件接口，实现了与对应研究项目的单一来源同步更新，通过二级审查的圈闭需要录入圈闭一级、二级质控审查记录、圈闭基本信息和基础要素、圈闭构造平面图、地震剖面图、圈闭评价报告及圈闭审查所需的其他图件资料（资料评价、层位标定引层、构造建模、等 T0 图、速度图、储层预测图、地层对比图、储层对比图、预测油气藏剖面图等）。

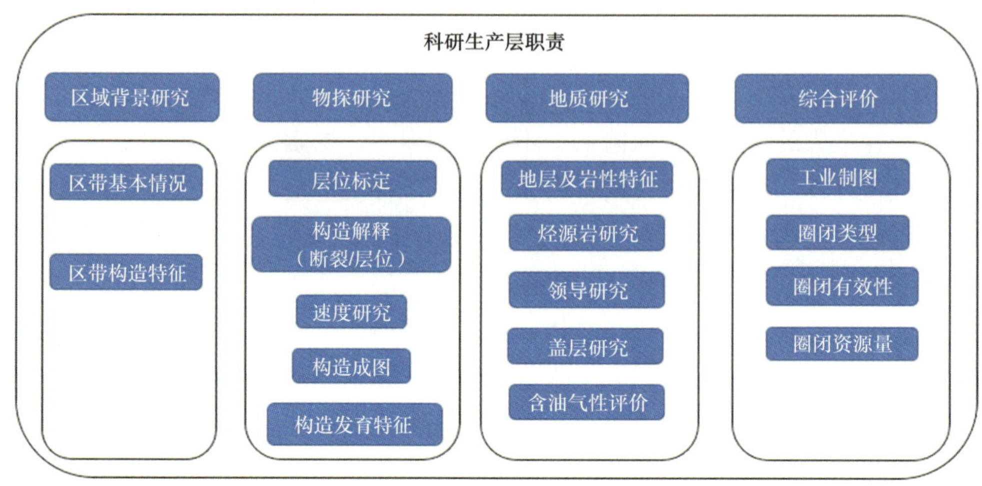

图 1　圈闭研究业务流程

根据各专业层级在圈闭研究、审查过程中的不同职责（图 2），配置相应的工作环境及专业软件，提供数据快捷查询、在线浏览、成果审查和批复、圈闭评价报告自动生成功能、圈闭历史研究成果归档管理、圈闭动态信息跟踪与核销。

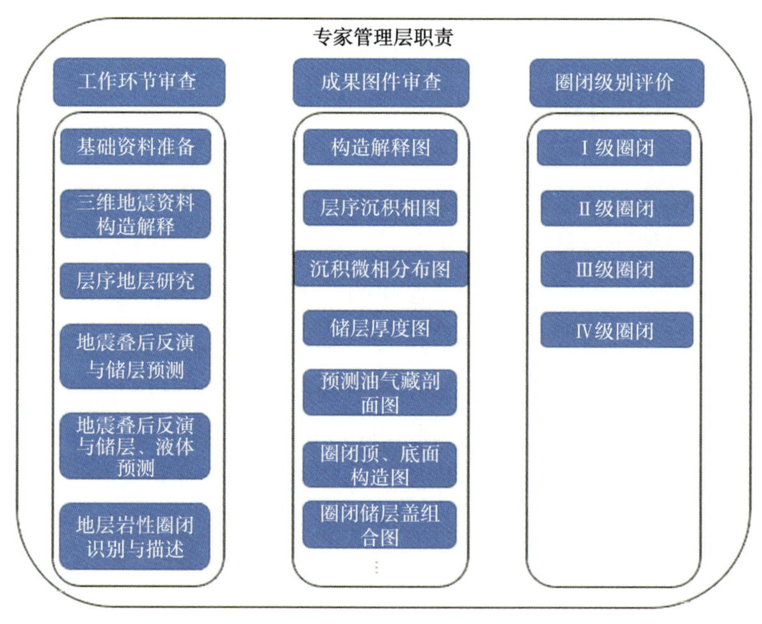

图 2　圈闭专家审查流程

5 梦想云应用展望

5.1 生产动态实时掌控

梦想云平台作为中国石油勘探开发一体化信息与应用共享平台，目前基于集团公司勘探开发数据模型（EPDM）已经集成了油田指挥信息管理系统，实现了生产数据的实时共享。此外梦想云作为面向业务应用的统一开发技术平台，制订了软件开发统一标准及接口规范，使得数据搜索服务、专业绘图服务和算法服务可以直接集成到云平台上，因此梦想云具备了数据快速查询，查询结果快速图形化显示的能力优势。下一步需要继续加强智能化数据分析在科研生产方面的支撑作用，通过区带或油气藏分析过程中生产数据的表单式管理和图像化展示，让科研工作者可以快速调用成果报告，直观了解正钻井情况、油气水井生产情况，在线监控油田生产运行状况，深层次提取和挖掘所需信息，最终达到让领导快速全面掌握油气藏特征并及时做出科学合理决策的目的。

5.2 项目全生命周期管理

油气勘探所涉及的项目类型非常多，包括规划部署、地质研究、储量研究、物探测井、井位论证、圈闭审核等，以往的项目管理往往具有经验式、碎片化的特点，不同专业间并行开展工作，缺少必要的沟通和协调。而梦想云可以在现有项目团队管理的基础上打造更先进的科学化管理平台，不断提高管理效率。

一般而言科研项目管理要经历五个环节：（1）项目启动过程，包括项目立项和项目审批；（2）项目规划过程，项目负责人对项目现状存在的问题深入分析，制定研究计划；（3）项目执行过程，主要是协调各项工作顺利开展；（4）项目控制过程，在发现研究工作偏离目标后及时纠正；（5）项目结束过程，主要是成果总结和收尾。梦想云由于具备特有的任务管理功能，可以在项目研究的过程中实现研究进度的实时查看，研究成果实时共享，管理层、决策层全面介入研究过程，强化节点把控和质量监控，及时发现研究中的不足，指出下步研究方向，不断提高科研人员工作效率，大幅度减少“低水平、重复性”的工作。通过优化任务管理功能，可以使不同学科、不同专业的研究人员在线上开展进行交流，意见及时反馈，对于专业性较强的问题，可以由专业专家团队予以解答，提供解决方案。

5.3 数据全方位跟踪查询

石油勘探行业存在海量的非结构化数据，数据类型多、年代跨度大，涉及物探、测井、钻井、试油、录井、油藏等多方面资料，文件格式也不统一。利用梦想云强大的数据湖功能，可将数据分门别类建立属性标签，方便快速查询；将表单式数据资料以图像的方式显示，对于钻井、地震采集、开发动态、产量等油田生产动态数据实时的掌控，给领导决策提供依据。

5.4 研究对象智能识别

随着人工智能技术的高速发展，AI 智能图像识别技术越来越成熟。利用该技术，计算机可以利用海量的石油勘探图像数据，结合模式识别、深度学习等先进算法，使分析岩心、岩屑、薄片等研究向精细化、可视化、自动化、智能化发展。通过人机交互，使计算机变得更聪明，拥有地质思维。对未来设想如下：（1）基于人工智能技术，以数据为驱动，知识图谱为引导，实现图形智能识别，建立基于图像的智能检索系统；（2）充分利用数据库、专家库资源，研究对数据进行处理、分类、理解、认知的方法，建立基于云平台的地质专家系统；（3）通过建立和完善多专业、多体系图形知识库，提供学习的平台，提高研究人员培训效率和研究水平。

5.5 业务应用模块化集成

油气勘探在研究过程中，涉及大量面向不同类型、不同层次的业务，但是受信息技术发展、普及程度等因素的影响，不同单位、不同部门之间存在规范不统一、重复建设和成果共享程度低的问题。建设企业级的应用资源中心，打造模块化的应用，可以满足油田勘探开发、综合应用、生产运行、精细化管理等各项业务应用统一管理要求。这种模块化的资源库，可以实现技术与资源的积累，加快项目研发进度、提高项目质量、增强成果的利用率。业务模块化集成主要步骤包括：（1）开展精细业务划分；（2）对业务系统研发技术路线进行统一；（3）按照统一的规范，对业务系统进行应用模块云化改造；（4）在梦想云集中管理、统一调配，进行数据集成；（5）基层用户定制所需的业务资源树，分配应用资源，开展科研工作。

5.6 多学科成果一体化展示

随着科学技术的进步，油气勘探逐步由单一学科向多学科一体化描述发展，即应用地质、物探、测井、测试等多学科相关信息，以石油地质学、地球物理学等理论为基础，以计算机快速搜索、智能化分析、一体化显示为手段，对所研究地质体进行由点到线、由面到体的四维定量化研究[5]。区带评价和圈闭研究是油田勘探中的一项重要工作，在区带和圈闭研究过程中如何最快速、最全面系统地获取真实的原始资料，是科研人员正确认知地下地质体最关键的因素。信息获取碎片化、片面化可能导致最终结果完全偏离实际，导致勘探失利。正因为如此，在梦想云上实现跨学科、跨平台、跨专业软件的成果快速展示在综合研究过程中就显得尤为重要。随着数字计算技术、计算机网络技术、人工智能技术的飞速发展，利用计算机手段自主高效获取信息成为梦想云发展的必然方向。

6 结束语

目前塔里木油田梦想云应用推广工作已经全面展开，并在油气勘探井发科研工作中已取得一定成效，特别是对圈闭管理系统的研发，实现了节点化流程、表单化质控、一键式修正，极大地缩短了科研人员数据准备和研究的时间，把科研人员从大量重复、简单的工作中解放了出来，从而促使科研人员的工作习惯发生了根本性转变。近年来国际上物联网、云计算、大数据、人工智能技术高速发展，梦想云作为一个开放、生态、共享的协同研究平台，可以借力先进科技与信息技术的发展，不断融合丰富的通用业务应用，大力开发移动应用，并通过应用大数据和智能化技术提升服务能力，促进梦想云爆发式的发展。下一步，塔里木油田将结合实际，统筹部署，持续打造具有塔里木油田特色的应用和模块，不断提高梦想云的应用水平。争取通过 1~2 年的推广，确保全部科研工作在梦想云上开展，为中国石油油气增储上产、提高核心竞争力贡献力量!

参考文献

[1] 田军. 塔里木盆地油气勘探成果与勘探方向［J］. 新疆石油地质，2019，40（1）：1-11

[2] 贾承造. 塔里木盆地的构造特征与油气聚集规律［J］. 新疆石油地质，1999，20（3）：177-183

[3] 贾承造，魏国齐. 塔里木盆地构造特征与含油气性［J］. 科学通报，2002，47（增刊）：1-8

[4] 刘全稳，陈景山，曹淑丽，等. 圈闭管理的内容与方法［J］. 天然气工业，2002，22（3）：17-20

[5] 李丹祥. 企业信息化建设探析［J］. 改革与开放，2009（8）：56-58

梦想云协同研究环境在四川盆地的应用与成效

张富利[1]　罗　涛[1]　汪福勇[1]　张恩莉[1]　张华义[1]
邱玉超[1]　陈柯宇[2]　周　燕[1]　向永慧[1]　吴　勇[1]
赵　涵[1]　王　琳[1]　吴　婷[1]　钟旭赓[1]

（1. 中国石油西南油气田公司勘探开发研究院；
2. 中国石油西南油气田公司通信与信息技术中心）

摘要　应用梦想云，通过对数据组织与管理、科研协同研究等业务应用的分析总结，探索了“平台+项目+业务”工作模式，并在四川盆地风险勘探业务研究工作中取得了如下成果和认识：(1) 通过地质综合研究与勘探生产相结合，开展油气藏相关多学科信息综合研究，可实现四川盆地风险勘探工作流程规范化、管理手段智能化、勘探决策科学化，井位部署更加准确，大大提高了勘探工作效率。(2) 利用梦想云开展页岩气、开发等其他专业的应用，可进一步发挥该系统的技术优势。

关键词　梦想云　四川盆地　风险勘探　协同研究　井位论证部署

1　风险勘探研究现状

四川盆地风险勘探工作主要针对勘探和研究程度较低或空白地区开展综合石油地质研究工作，需要利用大量的钻井、地震、分析化验数据和前人研究成果[1]。整个勘探开发研究总体上可以划分为战略选区及勘探部署研究、储量计算与提交、有利区带评价、开发方案设计、井位优选及论证、钻完井设计及随钻研究六大业务领域[2-5]。研究工作涉及数据收集整理、地震研究、区域概况研究、构造研究、沉积研究、储层研究、成藏研究、地质建模、数值模拟等九大核心研究活动（图 1）。

六大业务研究领域可以形成一个闭环，是相互继承、不断细化的过程[7]，如它们都基于研究流程进行管理，实现从计划、启动、执行研究、验收到成果归档的全周期

第一作者简介：张富利（1983—），男，四川眉山人，2006 年大学本科毕业于西南石油大学，工程师，主要从事油气田信息化建设工作。通信地址：四川省成都市天府大道北段 12 号科技大厦，邮政编码：610041，E-mail：zfl0833@163.com。

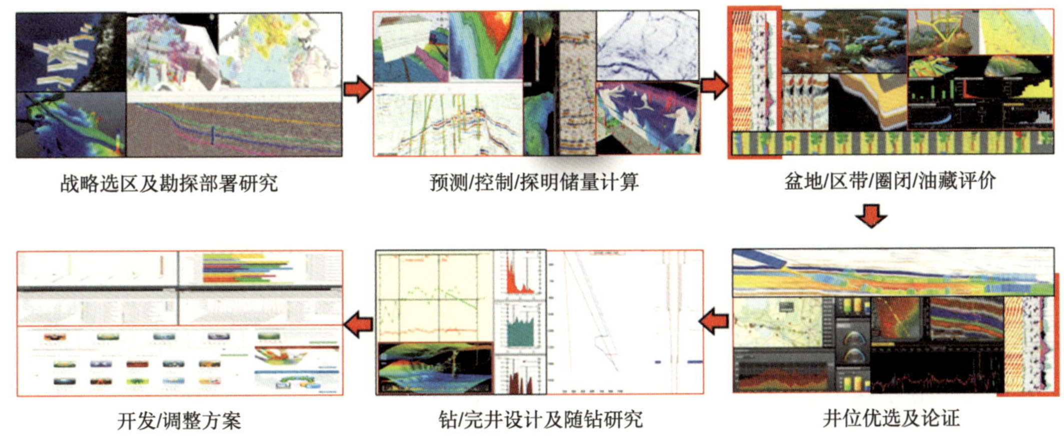

图 1　勘探开发核心研究领域

管理，包括盆地初步评价结果进行勘探部署，勘探成果进行区带评价并可以提交储量，区带的评价结果和储量进行进一步的勘探部署，区带勘探部署可以进行圈闭评价，探井的井位部署，钻完井设计及随钻研究，提交控制储量、探明储量，进行开发方案设计及井位部署。

勘探开发研究核心业务涉及方法繁多，包括正演、反演、模型对比方法等；研究手段多样，包括物探、地质、地球化学、古生物及数学模拟等手段。目前油气勘探开发研究工作大多数是传统模式，在研究过程中资料数据准备的方式部分仍处于原始的人工模式[7]。虽然油田公司已有的多个统建或自建的业务系统能够提供部分所需数据，但科研人员仍需要花费大量时间在各系统间人工查找和搜集数据、人工分类整理、计算汇总、读入专业软件等（图 2）。同时，油田公司不同部门各项目组工作呈“条带”

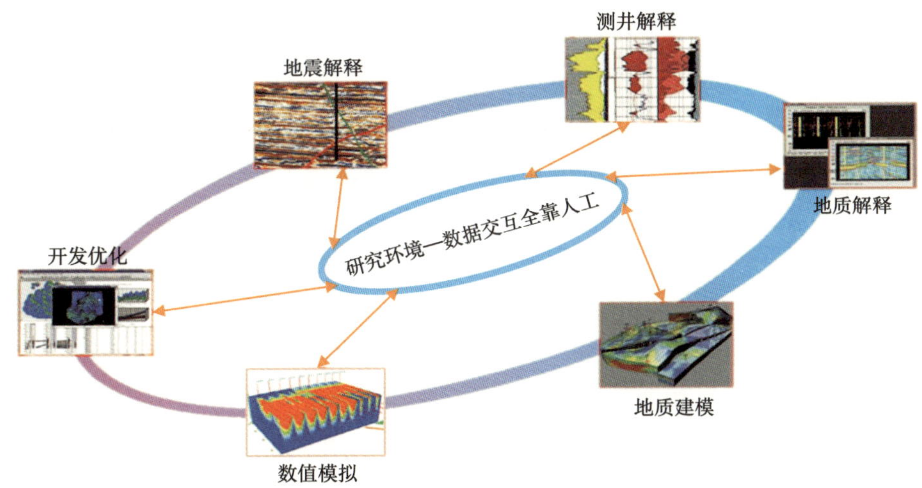

图 2　传统科研工作模式

分割状态，彼此间必要的数据交互依靠人工协调和手工拷贝，没有一个总控协同机制和软件环境，使得中间成果的流转效率低，造成勘探开发研究成果的流转效率低。

2 梦想云在风险勘探研究中的应用

2.1 探索新模式——“平台+项目+业务”模式

为了解决传统风险勘探研究工作中存在的问题，西南油气田依托中国石油勘探开发梦想云，以勘探开发一体化研究业务流程为主线，整合数据资源，集成专业软件和研究成果。建立统一的数据库环境，搭建统一的信息基础平台，建设通用的业务应用系统。建立基于梦想云平台的网络化、跨平台、多专业的一体化研究环境。梦想云+四川盆地现有风险勘探研究项目+勘探开发研究院风险勘探研究业务，即“平台+项目+业务”模式，为四川盆地风险勘探数据组织和管理工作提供了创新的管理方法（图3）。

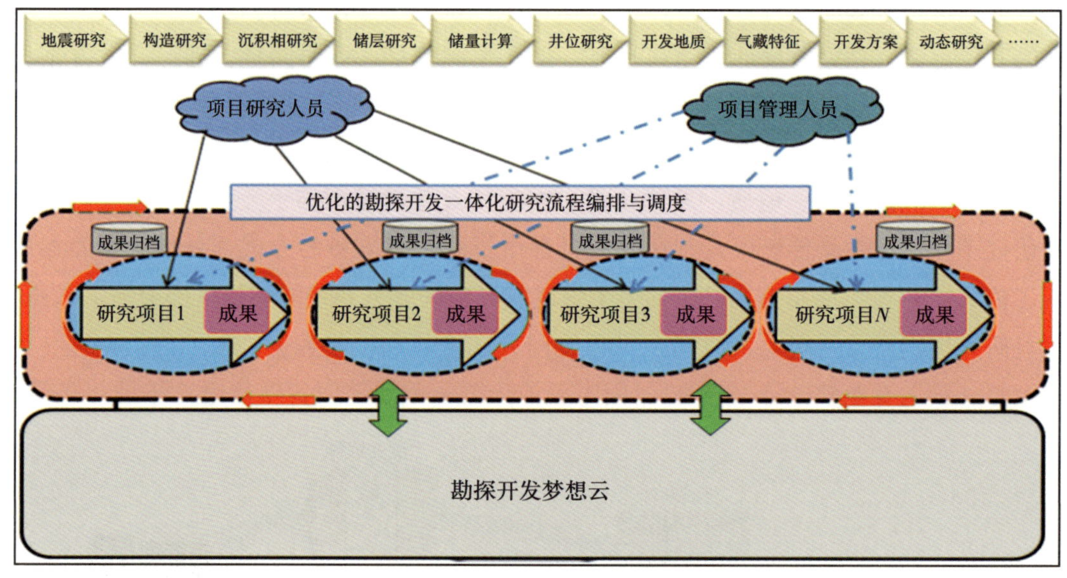

图3 科研协同研究工作新模式

“平台+项目+业务”模式将自动为用户获取所需资料数据，匹配相应软件，将数据直接导入专业软件中。同时，协同工作机制和项目过程管理机制为多用户、多项目组提供高效共享的业务处理资源网络，保证中间成果数据、最终成果有序流动。这两者相结合，能实现用计算机和网络将数据资源、设备资源、人力资源有效结合和高效管理，节省个体人员时间和精力，打破传统勘探研究和开发研究间的壁垒，促进勘探开发一体化进程，提高整体工作质量和效率，提高勘探开发科研工作管理能力，促进管理规范化并降低成本。

借助“平台+项目+业务”模式，科研人员能够通过办公计算机和较低带宽的信息网络进行地震资料解释、储层预测以及三维可视化等各种地质研究工作[7]，实现计算资源共享，打破以往研究工作必须依赖高性能工作站的传统模式。

2.2 研究与应用实践

四川盆地风险勘探数据组织和管理工作包括勘探主题相关数据，探井和开发井基础数据，与井位论证决策相关的地震数据体、解释层位和断层，各类地质研究成果的图件、文档、汇报材料等。

实现研究过程中对物探、钻井、录井、测井、试油数据的快捷查询，以及井位汇报中对原始数据的快速展示。对地震数据体的加载、图件文档的上传管理、成果数据的采集入库进行常态化处理，实现数据的高效组织与应用共享。

2.2.1 区域地质背景研究

四川盆地风险勘探研究首先开展区域地质背景研究，利用数据湖内的钻录测试数据、在线研究小工具以及集成的专业软件，分析制约油气成藏的关键要素，对有利区开展地震资料解释和成藏条件评价，依据研究结论对目标进行精细刻画和优选。本文以四川盆地川中地区长兴组的ZT1井位论证为例，介绍应用情况和效果。

通过借助平台对不同构造单位进行综合研究对比，在线框选四川盆地川中地区研究区域范围，在线查阅框选范围内的所有钻井、录井、试油报告等相关资料，减少来回跑档案室借阅资料时间，提高研究工作效率。如图4、图5所示，选择万家场构造的WJ1井，在线浏览该井的录井报告、试油报告等资料的详细情况。

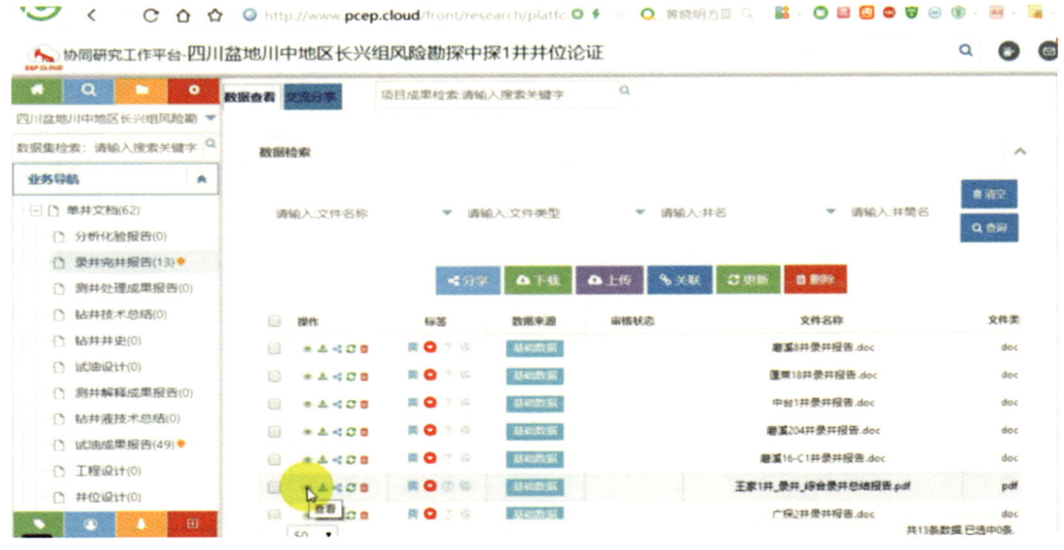

图4 梦想云——井资料筛选

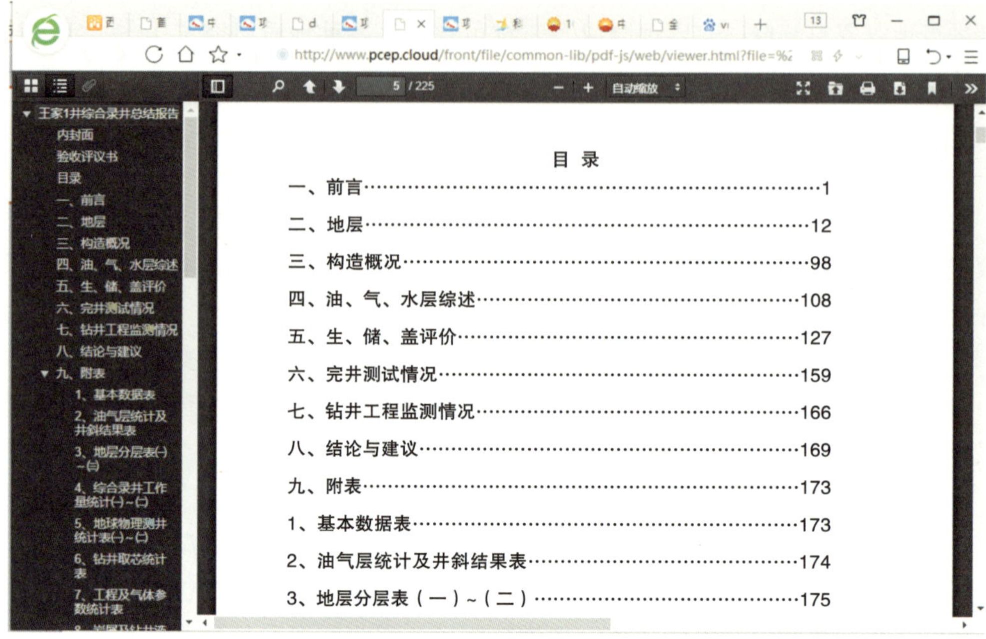

图5　梦想云——在线浏览录井报告界面

储层和烃源岩条件是制约成藏富集的关键，通过对蓬溪—武胜台凹东侧和广安台内高带等老井的详细录井和试油复查（图6），分析揭示：在蜀南和川东地区长兴组已获得

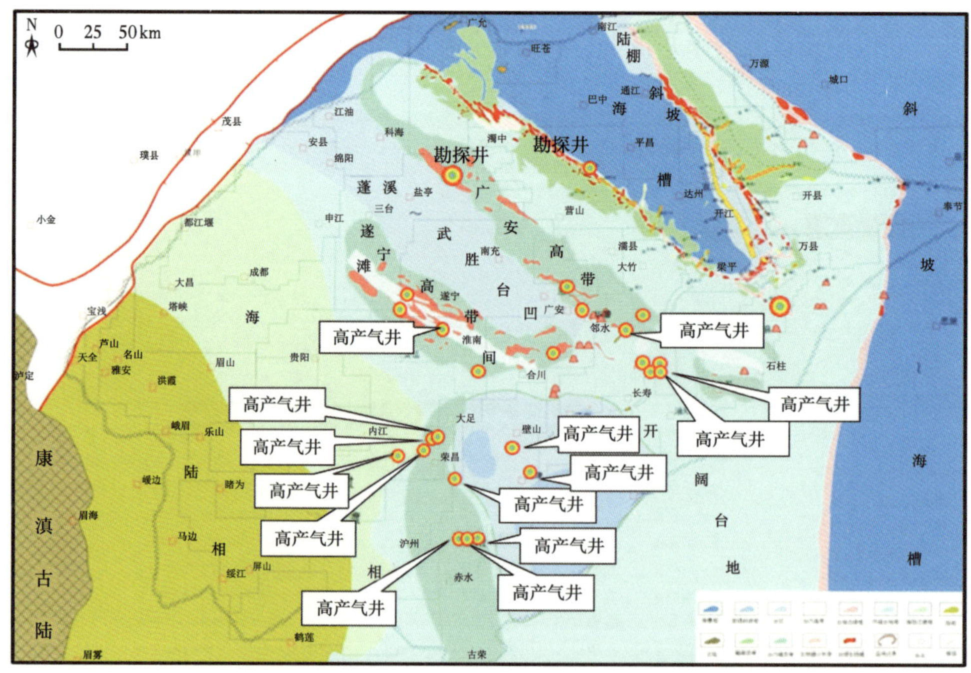

图6　四川盆地二叠系—三叠系礁滩勘探成果图

勘探发现，多口井测试日产气量超过 $50\times10^4m^3$，而川中地区长兴组则未获突破，钻井有低产气流，也有气水同出，台地边缘礁、滩多口井获高产气流。川中地区整体勘探程度低，具较大的勘探潜力。

2.2.2 沉积格局研究

应用梦想云在线地震研究模块，通过选取相关区块，自动关联相关数据，将相关数据导入地震研究软件中。例如，通过自动关联相关数据到专业研究软件中，对蓬溪—武胜台凹及广安台内高带特征进行精细刻画（图 7），落实台凹北部的广安台内高带古地貌整体比南部高，北部广安台内高带长兴组厚度为 45~60ms，南部广安台内高带厚度为 35~50ms，台内凹槽厚度为 15~20ms。可对图件进行任意放大和缩小，对地质单元、钻井等的距离、面积等重要参数的直接测量，改变了传统的汇报材料模式。

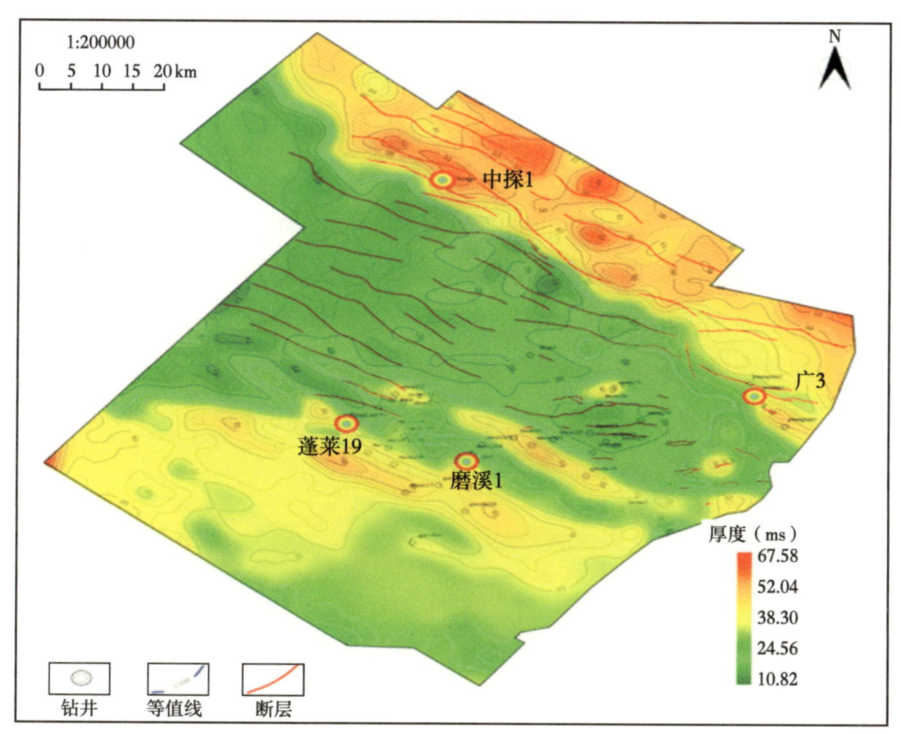

图 7 川中地区长兴组时差厚度图

根据平台检索提供的关于开江梁平海槽的研究报告（图 8），综合本次刻画的川中地区蓬溪—武胜台凹的结果，建立对广安台内高带的沉积格局基本认识。研究认为蓬溪—武胜台凹长兴组沉积时处于相对较低位置，广安台内高带位于台内较高部位，为储层发育有利区。

2.2.3 烃源岩条件研究

借助梦想云集成的多图联动展示模块，将各种具有地理坐标信息的图件联动显示，

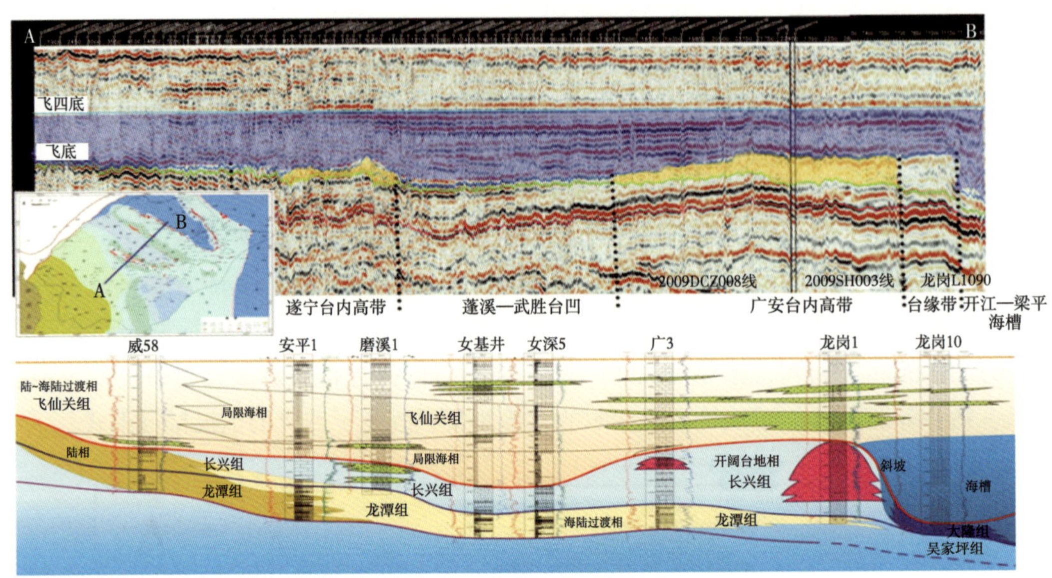

图8　威远—龙岗地区长兴组—飞仙关组沉积相对比图

在其中一个图上放大、缩小、移动的同时另外相关的图件也会有相应操作，辅助了四川盆地海相碳酸盐岩的风险勘探研究工作。四川盆地海相碳酸盐岩风险勘探，需对海相碳酸盐岩的多个因素进行综合分析，形成多个海相碳酸盐岩成藏条件分析的单因素图，这些图件的叠合分析是对有利区带和目标优选的基本前提。通过对中台山地区多套海相烃源岩进行纵向叠置分析（图9），分析的基本结论为该区长兴组下伏发育多套烃源岩层系，为该区的成藏提供了充足的烃源条件。

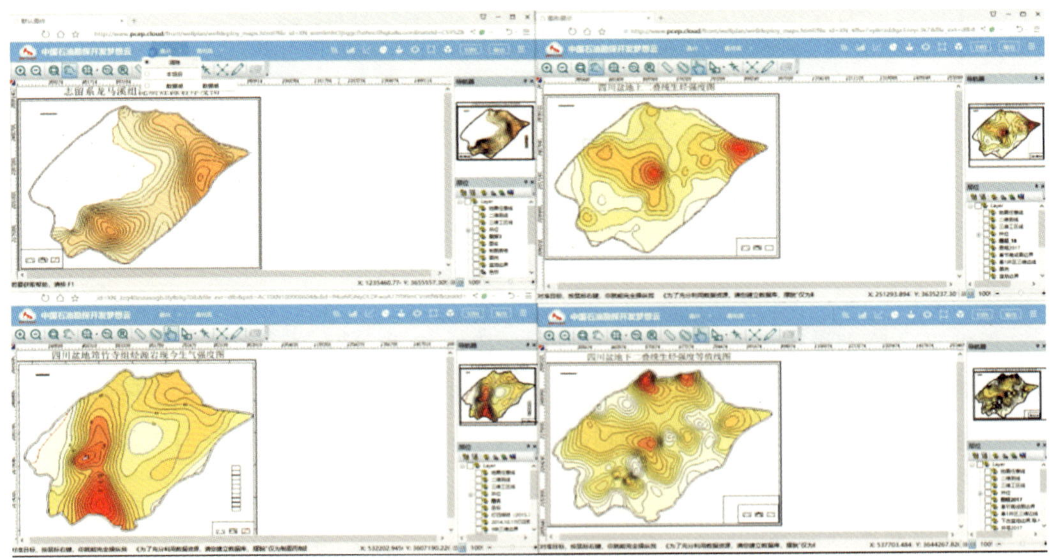

图9　二叠系—三叠系礁滩各烃源岩层系厚度图

2.2.4 有利区带目标研究

梦想云集成的本地云化专业应用软件，将相关数据自动传输到专业应用研究软件中。通过对中台山三维工区内的长兴组礁滩进行精细刻画，发现并落实三维地震工区内台内高带面积 146.6km^2，其中礁滩异常 9 个，面积共 47.28km^2（图 10）。

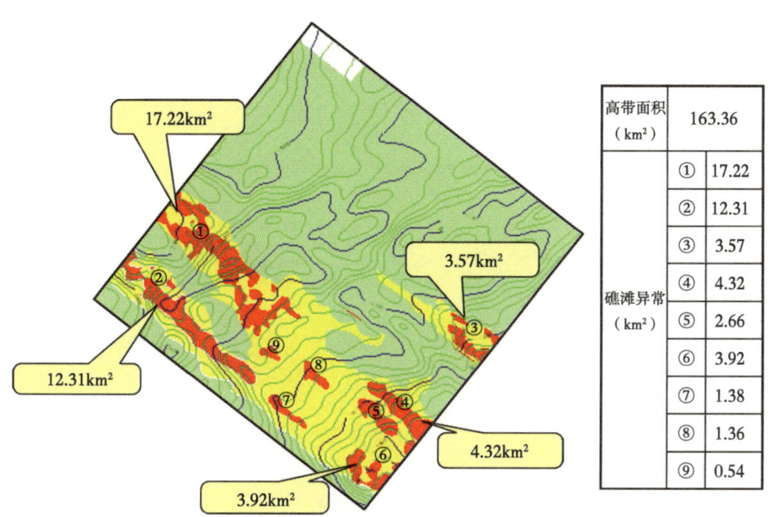

图 10　中台上地区长兴组生物礁平面分布叠合构造图

2.2.5 井位设计部署研究

借力梦想云大数据共享、多软件整合协同、多专业成果综合分析等优势，深化地震解释与构造研究、沉积储层研究、油藏研究、含油气评价、井位部署论证研究，提高了研究效率，增强了井位决策的科学性。平台支撑了 QL16、ZT1 等相关井位的论证，通过生储、圈闭等多因素叠置和联动显示，最终选定最佳位置，直接生成坐标信息（图 11）。

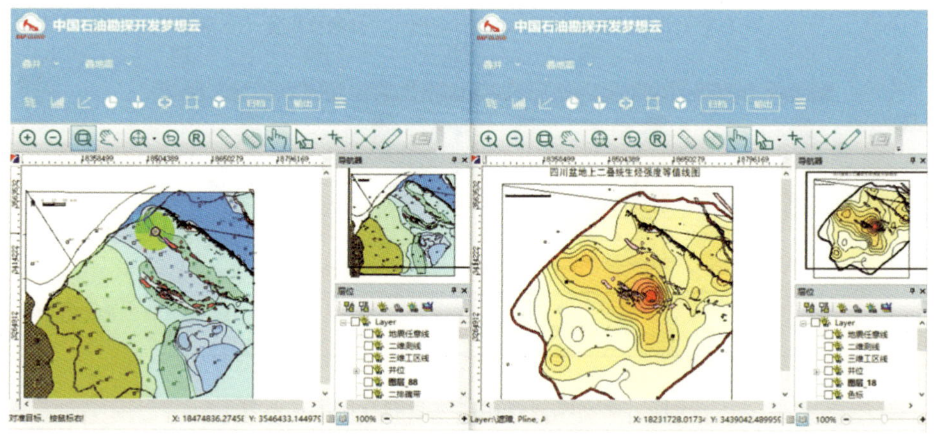

图 11　中台山地区 ZT1 井意向井设计界面

3 应用效果

（1）建立了四川盆地风险勘探应用研究全新模式，实现了科研工作方式转型。

基于“平台+项目+业务”模式，为四川盆地建立了形式灵活、运转高效的勘探井位部署工作模式，建立了“基础环境+信息系统+数据+专业软件”协同研究工作环境，创建了一种新的科研生产方式（图12），支撑起了四川盆地风险勘探应用研究与决策，为四川盆地风险勘探井位论证研究部署探索出了一条实施路径，并取得良好的应用效果。

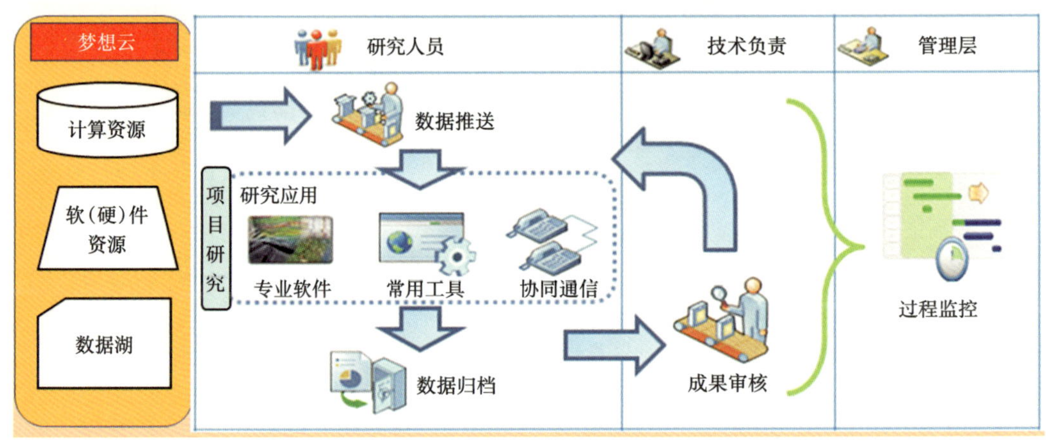

图12 科研工作新方式

（2）统一了业务流与数据流（图13），支撑了井位论证部署研究。

依托“平台+项目+业务”模式，开展四川盆地风险井位论证部署研究，为井位论证提供了全方位的、相互佐证的新模式，不仅提高了决策效率，还提高了决策的科学性。

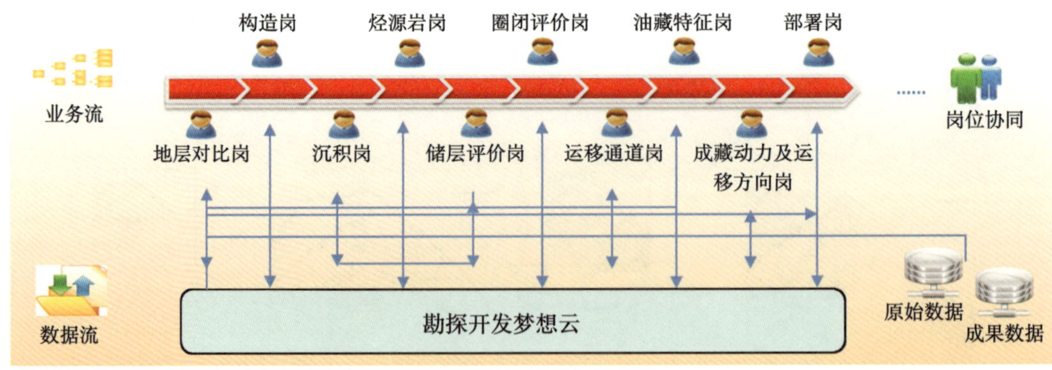

图13 业务流与数据流统一的井位论证研究

2018 年以来，西南油气田科研团队借助“平台+项目+业务”模式，充分运用梦想云提供的基础数据及专业软件，持续开展地质—测井—地震联合攻关研究，在含油气地质条件分析基础上，精细雕刻了秋林—射洪地区沙溪庙组河道砂组，优选沙溪庙组 7 号、8 号等优质规模河道砂组开展勘探部署，以 QL16 井、QL17 井论证研究作为梦想云试点运行项目开展研究。

2019 年 8 月 16 日，QL16 井经射孔加砂压裂，测试喜获 35. 51×$10^4m^3/d$ 高产工业气流（图 14），证实本区沙溪庙组具有良好的勘探效益。以 QL16 井为代表的致密气勘探成果表明四川盆地致密气沙溪庙组具有较大勘探开发潜力，为下一步致密气规模上产及效益开发奠定了坚实基础。

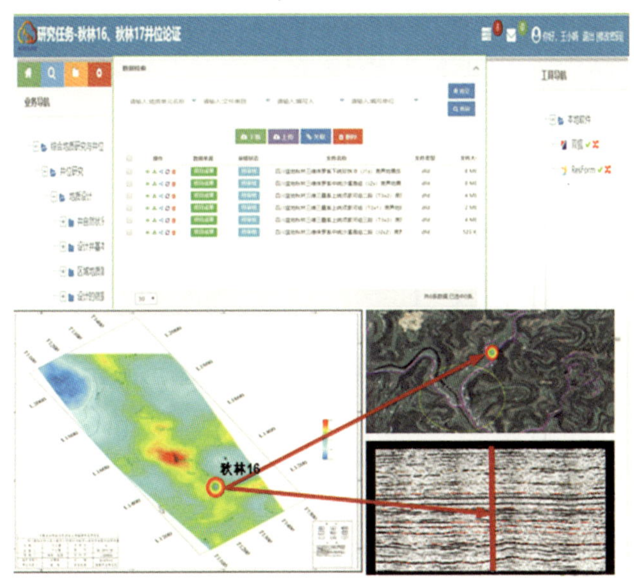

图 14　依托梦想云部署的 QL16 井位

（3）实现了勘探开发研究与管理一体化，形成油气田勘探开发研究管理自动化、信息化、智能化的新形态。

基于工作任务，由基础研究人员进行基础研究，技术管理层进行动态跟踪与审查，提供决策层及油气藏专家的决策应用场景，进行决策分析。借力梦想云对勘探开发研究过程内外部资源和生产要素的聚合、集成、配置与优化，改变油气勘探开发研究领域长期以来形成的“单兵作战”工作模式、条块分割的管理思维，促进传统科研组织方式的变革，注入油气田可持续发展新动力，形成油气田勘探开发研究管理自动化、信息化、智能化的新形态（图 15）。

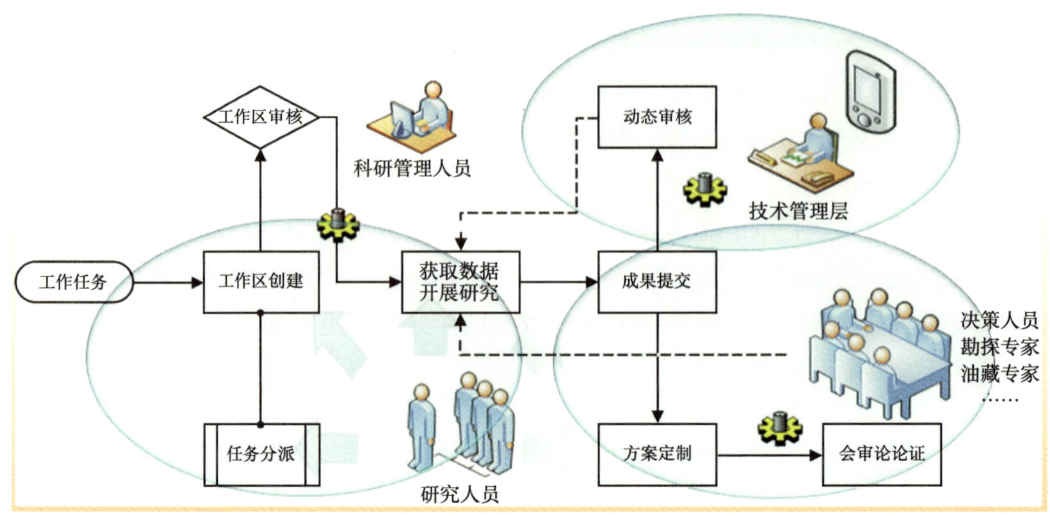

图 15　勘探开发研究管理新形态

参考文献

[1] 谢军．“互联网+”时代智慧油气田建设的思考与实践［J］．天然气工业，2016，36（1）：137-145

[2] 龙飞．勘探井位部署论证辅助决策支持系统研究与应用［J］．断块油气田，2014，21（1）：49-52

[3] 武力超．矿权叠置区内多层系致密气藏有利区评价及集群化井位部署研究［D］．西安：西北大学，2017

[4] 段文燊．川西岩性气藏实时井位部署系统研究［J］．内蒙古石油化工，2014，9（1）：148-151

[5] 范德军．大港油田勘探开发项目协同环境研究与建设［J］．中国石油和化工标准与质量，2010，9（1）：121

[6] 法考森蒂诺．油藏评价一体化研究［M］．李阳，王大锐，张正聊，等译．北京：石油工业出版社，2003

[7] 张华义，张苏罗涛，汪福勇，等．油气勘探开发研究协同工作环境架构与建设探索［J］．石油工业计算机应用，2017，25（2）：13-17

梦想云协同研究环境在歧口凹陷的应用研究

石倩茹　韩国猛　董越崎　范德军　胡瑨男
唐鹿鹿　任仕超　侯　璐
（中国石油大港油田公司）

摘要　基于梦想云协同研究平台，运用平台化软件的集成功能，集成 GeoEast、GeoMap、Resform、Forward 及井筒一体化等专业软件和常用工具。利用三维地震、测录井等资料，通过构造解释、砂体展布特征、储层横向预测、油气成藏研究、测井评价、含油气评价等场景任务的研究应用，全线上完成了构造解释及其分析、沉积储层及砂体展布特征、油气成藏控制作用分析等研究工作，实现了由“构造找油”向“主砂体带岩性找油”转变，应用效果显著，对梦想云的推广应用起到了重要的示范和引领作用。

关键词　协同研究　场景任务　全线上　精细勘探

1　引言

随着油田开发难度的加大，勘探开发研究工作承担越来越大的压力，为了提高工作效率和质量，急需利用信息技术手段，解决现有研究过程中存在大量需求，包括软硬件资源云化共享需求、统一平台环境支撑需求、成果数据共享等方面需求。在软硬件资源云化共享方面，计算机硬件和专业软件是开展勘探开发协同研究的基础，由于科研人员、项目研究的需求迫切，软硬件资源需求迫切，但是传统服务器部署、单机部署等方式，造成资源独占与浪费、闲忙不均、无法共享等问题，制约着协同研究工作的实现；由于软硬件资源的分散、独立部署与独占，造成各类资源，包括项目数据、研究成果多数情况下无法快速交换与共享，用户需要从各种渠道才能获得所需的项目研究数据和成果。此外，由于没有统一平台，研究工作管理无序，项目进展、任务分配、成果归档等都处于人治状态，靠人与人的沟通、协调才能完成，造成效率低下、

第一作者简介：石倩茹（1971—），女，甘肃会宁县人，1996 年本科毕业于中国地质大学（武汉），高级工程师，主要从事石油地质综合研究及油气勘探方面的工作。通信地址：天津市大港油田公司勘探开发研究院，邮政编码：300280，E-mail：719805979@ qq. com。

资源浪费、共享协同困难。

为了解决以上问题，中国石油开展了勘探开发协同研究及应用平台项目，梦想云的建设。梦想云为勘探开发研究人员提供了业务协同工作平台、智能化创新平台、专业软件共享平台、应用集成平台、应用开发工作平台。勘探开发研究人员可以获得井筒数据服务、项目管理服务、成果共享服务、专业软件应用服务、常用工具服务等功能。

大港油田既是梦想云参建者，又是其试点单位，积极进行推广应用。本文以滨海断鼻综合评价项目为例，叙述应用梦想云取得的认识和成效。

2 梦想云协同研究应用

2.1 项目概况

研究区滨海地区位于歧口凹陷中部，为依附于滨海断裂下降盘的大型鼻状构造（图1），西接港西凸起，向东逐步过渡至歧口主凹，构造面积为 $260km^2$[1-3]。滨海断鼻以古近系—新近系沉积为主，自下而上发育古近系沙河街组三段、沙河街组二段、沙河街组一段、东营组和新近系馆陶组、明化镇组[4,5]。该区紧邻歧口生油主凹，油气资源丰富，是一个多层系含油的复式油气聚集区，油气纵向分布差异大[6-10]，断鼻上覆为开发50余年的新近系复杂断块型港东油田，勘探初期以构造找油为思路，在断鼻中

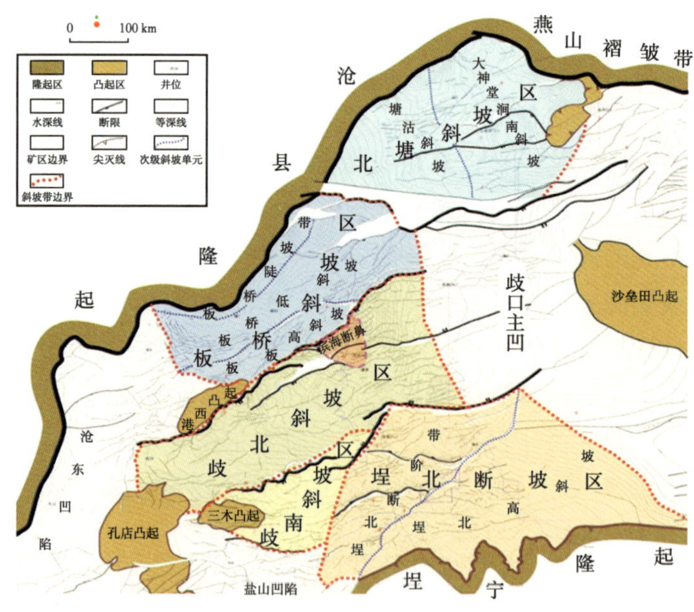

图1 歧口凹陷构造单元划分图

段沙一段下亚段发现了背斜型马东油田和马西油田，之后鲜有发现，勘探工作陷入停滞。2018 年，基于梦想云协同研究平台，分别定制 GeoEast、GeoMap、Resform、Forward 及井筒一体化等专业软件和常用工具，运用平台化软件的集成，全线上完成了构造解释及其分析、沉积储层及砂体展布特征、油气成藏控制作用分析等场景任务研究工作，并及时归档，实现数据及成果的共享。项目研究成果实时指导滨海断鼻勘探部署，实现规模效益增储。

2.2 构造解释研究

首先从梦想云数据湖选取多井的井坐标、井斜、井轨迹、测井等数据，推送到研究项目中，批量发送到 GeoEast 地震工区，改变了原先单口井、单条曲线、单轨迹，一样样定义格式的原始加载法，极大地节约了建立地震工区基础数据库的时间。利用平台集成的 GeoEast 地震解释软件，完成了 14 个五级层序主力层的构造精细解释及工业化成图。时间切片、相干切片相互印证，重新梳理滨海断鼻断裂展布及其构造发育特征，明确滨海地区主要发育港东、唐家河、滨海等主干断裂及其派生的一系列次级断裂，这些断层呈北东向和东西向两组不同走向展布，其中主干断裂的走向方向为北东向，控制了断鼻的形成及演化；一系列次级断裂与主干断裂斜交，平面上构成了西侧收敛向东撒开的帚状断裂系。受两组断裂系的控制，滨海断鼻平面上呈现东、西分带的构造特征（图 2）。

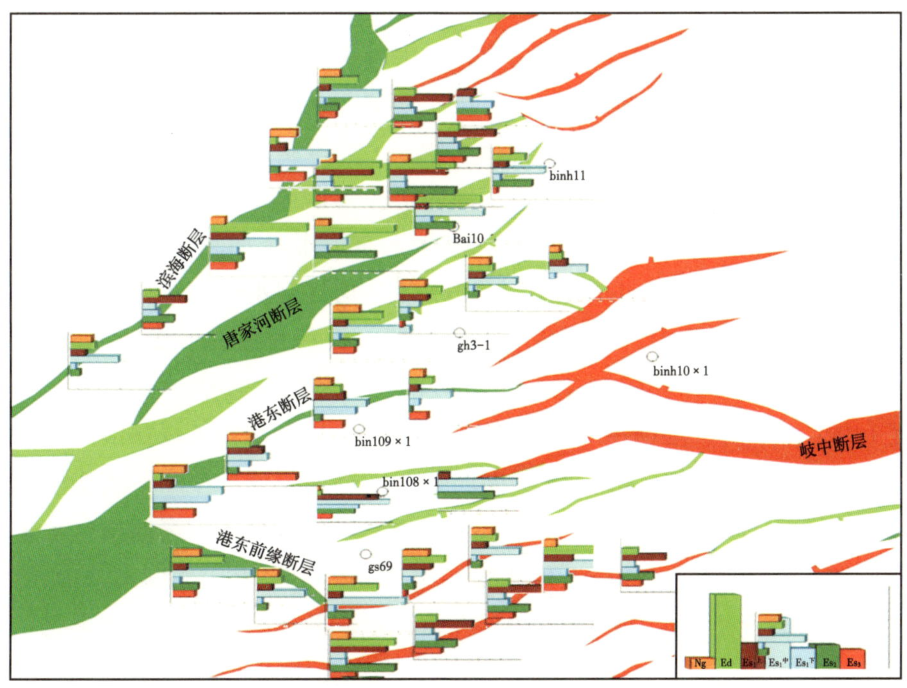

图 2　滨海断鼻区断裂纲要图

西翼构造简单，断鼻形态完整，由深层至浅层具有明显的继承性。港东断层在此部分活动较弱，断距小，各个层系断距均小于400m，断层上下两盘地层厚度变化不大，次级断层不发育。东翼断层发育，构造特征复杂。滨海等大断层活动强烈，与港东断层雁列式排列，断鼻主体被一系列近东西向展布的南倾顺向断层切割，形成复杂化的断鼻构造。

港东、滨海等深大断裂及其派生次级断层长期发育，切穿沙三段主力烃源岩，构成油气垂向运移体系，断裂的活动时期与油气生排烃期相互匹配，为多期成藏和复式聚集提供了优越条件。

2.3 沉积储层及砂体研究

滨海断鼻受北部燕山褶皱带及西部沧县隆起两大盆外物源共同控制，发育了扇三角洲、辫状河三角洲、远岸水下扇等多种沉积相类型[11-13]。沙河街组以三角洲和重力流沉积为主，沙三段至沙二段沉积时期为湖盆初始扩张期，发育辫状河三角洲沉积，其中辫状河三角洲前缘水下分支河道和河口坝为主要的沉积体。

本次研究，依托A6先进平台，植入大港油田特色模块——井筒一体化，对海量数据进行一键式精准可视化提取，自动生成单井综合集成图，使得单井岩心、测井、录井、解释结论、试油、薄片、分析化验等数据一目了然，便于对比、查看。从梦想云数据湖中提取所需井测井、录井数据，批量发送到Resform、Forward等专业软件，进行细分五级层序的地层精细对比，井震结合，以地震反射可识别、可追踪为依据，将沙二段、沙一段划分为14个五级层序，分别进行渗透砂岩厚度的统计，结合沉积古背景研究，明确各砂层组渗透砂岩的展布特征。沙一上②砂组发育沧县隆起葛沽物源远岸水下扇，重力流水道发育，砂体在东部滨海断鼻主体砂体与断层垂向接触，形成东翼沟槽控砂带，多期砂体呈叠置分布，砂体横向变化快，向两侧快速减薄，xg508、bins13x1等井均钻遇厚砂层，bin17x1、gs69x1等井均打到水道间，储层不发育。在滨海断鼻西翼，砂体沿断层根部断槽发育，与断层大面积接触，形成西部断槽控砂带，主相带砂体厚（15~30m），如bin104x2、bin111x1等井均钻遇厚砂层（图3），物性好（孔隙度14%~24.2%、渗透率10.31~140.46mD），从而改变了以往滨海断鼻西翼断槽区“砂体不发育，物性差”的认识，向西拓展了勘探领域；沙一下板2上、下两个砂组沉积时期，来自葛沽物源的重力流水道砂体继承性发育，东翼断槽区水道主体砂体厚（15~45m），物性好（沙一下孔隙度12%~29%、渗透率0.12~4.3mD），受沉积古背景控制，发育三个近北西—南东向展布古凹槽，砂体沿古凹槽向南输送，形成三个富砂带，在板2上、下砂组g801井、gs42X1井、bin108X1井均钻遇了厚砂岩，而这几口井之间的gs42、gs64及bins13X1等井均未钻遇储层。

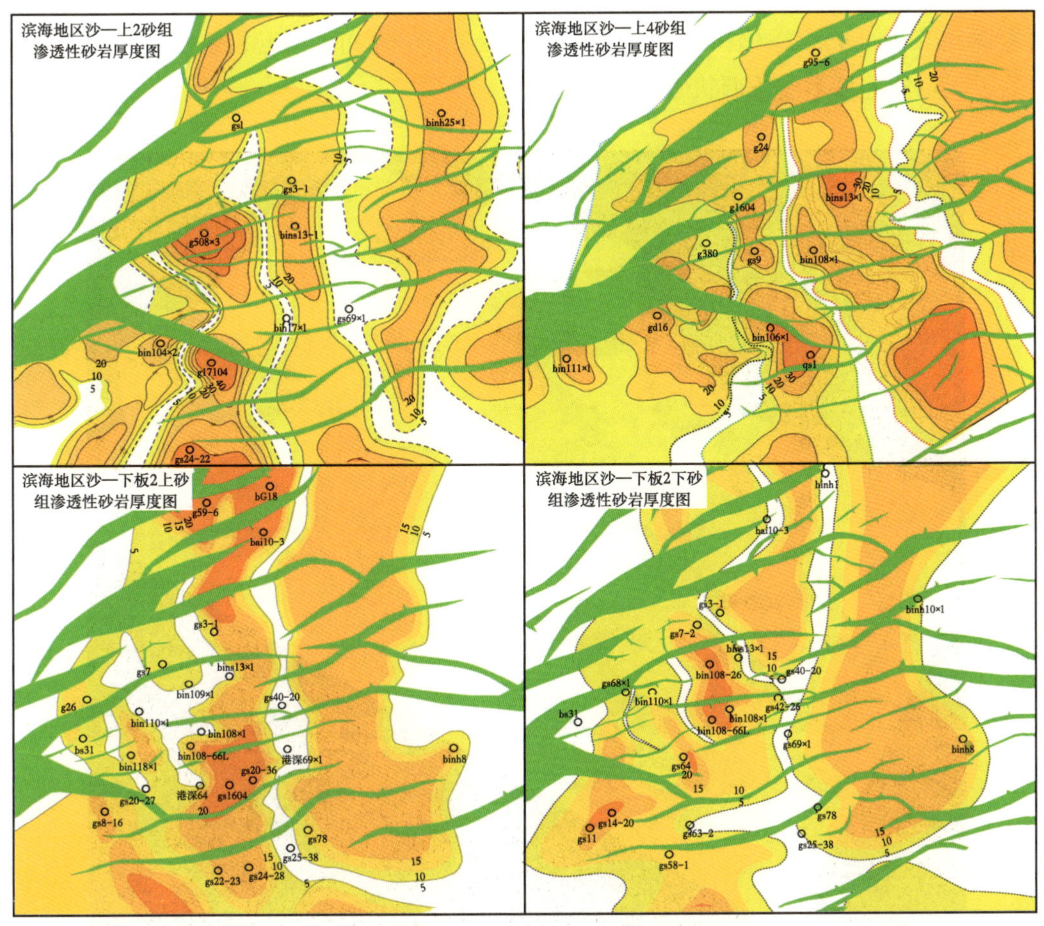

图 3　滨海地区分层系砂岩厚度图

2.4　储层横向预测研究

利用梦想云 GeoEast 地震解释软件，对重点层系多属性提取，将 GeoEast 地震解释工区的解释层位、断层道一键发送到金双狐专业软件，完成滨海断鼻分尺度古地貌图件的编绘与研究工作，结合构造、砂体展布等方面的规律，地震地质相结合，指导滨海断鼻储层横向预测。

滨海断鼻优势砂体受沉积古背景控制，具有东西分带的特点。西翼断槽区既港东断层下降盘，砂体展布受沉积古背景控制，古水深相对较深，具备较大的可容纳空间，顺断裂走向方向发生沉积物的卸载，砂体连片分布；东翼沟槽区既滨海断鼻主体，沙一段各油组继承性发育多个近南北向展布的古凹槽，受古凹槽控制，来自北部葛沽物源的远岸水下扇多期次水道砂体沿古地貌低势区沉积充填，纵向上表现出多期次水道砂体沿沟槽呈叠置连片分布，平面上表现为指状或条带状展布的砂体定向排列向前推进。运用梦想云 GeoEast 软件立体雕刻，显示滨海断鼻东翼古沟槽与砂体分布具有良好的配置关系（图 4），砂体在沟槽区富集，而在古沟槽之间的凸起区，砂岩厚度快速减薄尖灭，总体上呈多支条带状砂体向南延伸。

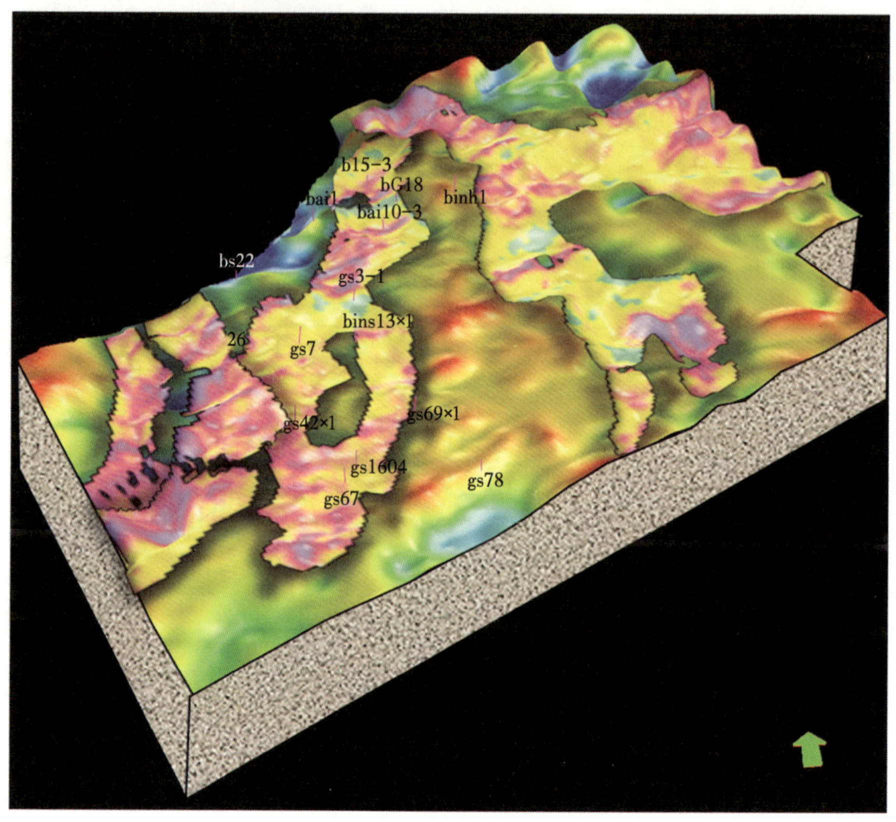

图 4　滨海断鼻板 2 上砂组古地貌与储层预测叠合图

2.5　油气成藏研究

2.5.1　油源断裂供油

前人对歧口凹陷的烃源岩进行了大量系统性研究工作，已经证实滨海断鼻的油气主要来源于沙三段烃源岩，为典型的下生上储型油气藏，因此油气的富集程度与断层垂向输导能力密不可分[14,15]。本文运用梦想云专业软件，不光研究滨海、港东等深大断裂的活动性，还重视与大断层派生的次级断层的活动性分析，重新梳理出 40 多条沟通油源的次级断层，这些断层共同构成油气垂向输导体系，油气沿断面脊汇聚运移，断裂的活动期与东营组、明化镇组油气充注时期具有良好的配置关系，油气垂向输导能力强。

2.5.2 优势砂体储油

储层横向预测场景任务研究表明，滨海断鼻东翼主体砂体受古地貌控制，古近系继承性发育多支近南北向条带状展布的水道砂体，主相带砂体厚，物性好；滨海断鼻西翼，砂体沿断层根部断槽发育，与断层大面积接触，形成西部断槽控砂带，主相带砂体厚（15~40m），物性好（孔隙度 14%~24.2% 、渗透率 10.31~140.46mD），储油能力强。油气充注实验证明，油气优先运移于厚度大、砂地比高、物性好的储层，其储油能力也强（图 5）。

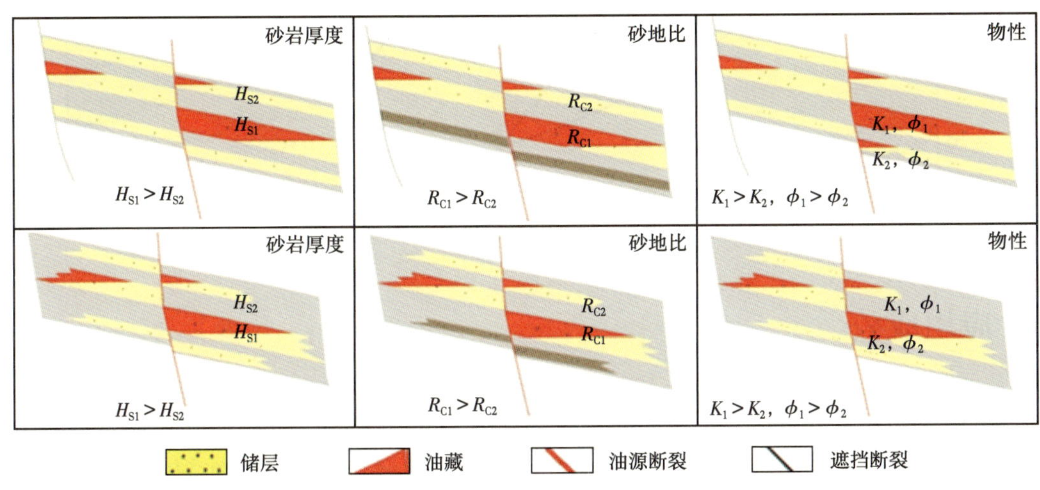

图 5 滨海断鼻油气富集模式图

2.5.3 断裂—砂体耦合控藏，优势相富集高产

滨海断鼻东西两翼具有不同的断砂组合模式，西翼为顺向型断砂组合模式，砂体沿港东断裂走向方向呈大面积连片分布，砂体展布方向与断裂方向一致，油源断裂与优势砂体大面积接触，易于油气富集高产，形成单条主断裂供烃、断裂—砂体顺向匹配—多层系立体含油的成藏模式，在古近纪形成大型的岩性—构造油气藏，新近系断裂继承性活动切穿东二段 400m 区域盖层，油气运移至馆陶组、明化镇组，形成逆牵引背斜构造油气藏。断鼻东翼主要发育垂向型断砂组合模式，砂体沿断鼻区呈南北向条带状展布，主水道砂体厚度大，向两侧水道间砂体减薄，砂体横向连通性较差，砂体与油源断裂垂直相交，单砂体与断裂接触面积较小，但由于主、次断裂发育，多期次砂体均与断裂具有良好的空间配置关系，构成垂向型断砂组合控藏模式，形成多期砂体横向叠置连片、纵向多层系立体含油，优势相富集高产的岩性—构造油气藏（图 6）。

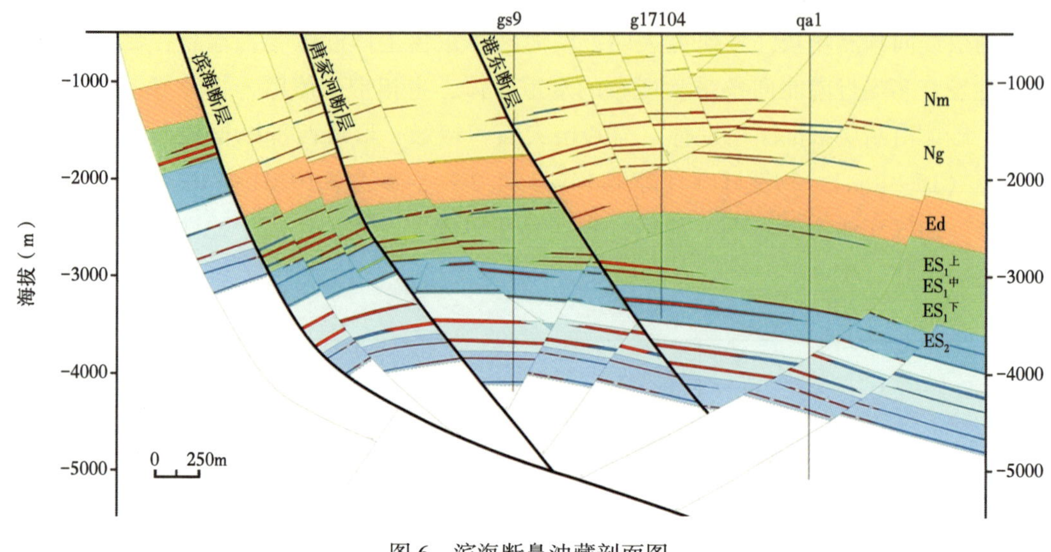

图 6　滨海断鼻油藏剖面图

3　应用成效

应用梦想云，完成了构造解释等多个场景任务的研究工作，制作各类成果图件 65 张。应用梦想云协同研究环境，形成了优势运移选断裂、多尺度古地貌定背景、四相合一划相带、平剖结合描砂体、多元耦合建模式、立体评价优部署的“断裂—砂体耦合控藏”靶区精细优选六步法，指导滨海断鼻勘探部署。共部署探评井 27 口，完钻井 14 口，7 口井获日产百吨的高产油气流，探井成功率达 91.6%，极大地提高了探井的成功率，在滨海断鼻形成千万吨级的规模效益储量区，实现由“构造找油”向“主砂体带岩性找油”的转变，应用效果非常显著。

参 考 文 献

[1] 李洪香，董越崎，王国华，等．歧口凹陷斜坡区岩性油气藏成藏机制与富集规律［J］．特种油气藏，2013，20（3）：19-22

[2] 任建业，廖前进，卢刚臣，等．黄骅坳陷构造变形格局与演化过程分析［J］．大地构造与成矿学，2010，34（4）：461-472

[3] 李明刚，漆家福，杨桥，等．渤海湾盆地黄骅坳陷新生代结构特征及构造动力学模式［J］．地球学报，2009，30（2）：201-209

[4] 吴永平，周立宏，王华，等．歧口凹陷层序构成样式的时空差异性研究［J］．大地构造与成矿学，2010，34（4）：473-483

[5] 周立宏，李洪香，王振升．歧口凹陷歧北斜坡地层岩性油气藏精细勘探与发现［J］．特种油气藏，2011，18（6）：31-35

［6］李洪香，董越崎，王国华，等．歧口凹陷斜坡区岩性油气藏成藏机制与富集规律［J］．特种油气藏，2013，20（3）：19-22.2013，20（3）：19-22

［7］庞雄奇，李丕龙，陈冬霞，等．陆相断陷盆地相控油气特征及其基本模式［J］．古地理学报，2011，13（1）：55-74

［8］王华，周立宏，韩国猛，等．陆相湖盆大型重力流发育的成因机制及其优质储层特征研究：以歧口凹陷沙河街组一段为例［J］．地球科学，2018，43（10）：93-114

［9］周立宏，卢异，肖敦清，等．渤海湾盆地歧口凹陷盆地结构构造及演化［J］．天然气地球科学，2011，22（3）：373-382

［10］赵贤正，蒲秀刚，周立宏，等．断陷湖盆深水沉积地质特征与斜坡区勘探发现——以渤海湾盆地歧口凹陷板桥—歧北斜坡区沙河街组为例［J］．石油勘探与开发，2017，44（2）：5-16

［11］吴永平，杨池银，王华，等．歧口凹陷构造—层序—沉积一体化研究及其应用［J］．大地构造与成矿学，2010（4）：451-460

［12］赵贤正，周立宏，肖敦清，等．歧口凹陷斜坡区油气成藏与勘探实践［J］．石油学报，2016（S2）：1-9

［13］王华，廖远涛，陆永潮，等．中国东部新生代陆相断陷盆地层序的构成样式［J］．中南大学学报（自然科学版），2010（1）：277-285

［14］于学敏，何咏梅，姜文亚，等．2011．黄骅坳陷歧口凹陷古近系烃源岩主要生烃特点［J］．天然气地球科学，22（6）：1001-1008

［15］肖敦清，姜文亚，蒲秀刚，等．渤海湾盆地歧口凹陷中深层天然气成藏条件与资源潜力［J］．天然气地球科学，2018，29（10）：31-43